印前处理和制作员职业技能培训教程

平版制版

中国印刷技术协会
上海新闻出版职业教育集团 组织编写

中国轻工业出版社

图书在版编目（CIP）数据

平版制版 / 中国印刷技术协会，上海新闻出版职业教育集团组织编写．— 北京：中国轻工业出版社，2022.1

印前处理和制作员职业技能培训教程

ISBN 978-7-5184-3703-0

Ⅰ．①平… Ⅱ．①中… ②上… Ⅲ．①平版制版－技术培训－教材 Ⅳ．① TS823

中国版本图书馆 CIP 数据核字（2021）第 214836 号

责任编辑：杜宇芳　　责任终审：劳国强　　整体设计：锋尚设计
策划编辑：杜宇芳　　责任校对：吴大朋　　责任监印：张　可

出版发行：中国轻工业出版社（北京东长安街6号，邮编：100740）
印　　刷：艺堂印刷（天津）有限公司
经　　销：各地新华书店
版　　次：2022年1月第1版第1次印刷
开　　本：787×1092　1/16　印张：13.25
字　　数：330千字　插页：1
书　　号：ISBN 978-7-5184-3703-0　定价：59.80元
邮购电话：010-65241695
发行电话：010-85119835　传真：85113293
网　　址：http://www.chlip.com.cn
Email：club@chlip.com.cn
如发现图书残缺请与我社邮购联系调换
190144J4X101ZBW

印前处理和制作员职业技能培训教程
编写组

一、编写机构

1. 组织编写单位

中国印刷技术协会、上海新闻出版职业教育集团

2. 参与编写单位

上海出版印刷高等专科学校、山东工业技师学院、东莞职业技术学院、杭州科雷机电有限公司、上海烟草包装印刷有限公司、中国印刷技术协会网印及制像分会、中国印刷技术协会柔性版印刷分会

二、编审人员

1. 基础知识

主　编：王旭红

副主编：李小东　龚修端

参　编：李　娜　魏　华

主　审：程杰铭

副主审：朱道光　姜婷婷

2. 印前处理

主　编：文孟俊

副主编：金志敏

参　编：盛云云　刘金玉　潘晓倩　刘　芳

主　审：程杰铭

副主审：朱道光　姜婷婷

3. 平版制版

主　编：田全慧

副主编：李纯弟

参　编：李　刚

主　审：程杰铭

副主审：朱道光　姜婷婷

4. 柔性版制版

主　编：田东文

副主编：陈勇波　吴宏宇

参　编：霍红波　李纯弟　殷金华

主　审：程杰铭

副主审：朱道光　姜婷婷

5. 凹版制版

主　编：肖　颖

副主编：淮登顺　马静君

参　编：许宝卉　施海卿　苏　娜　郝发义　张鑫悦　宁建良　韩　潮
　　　　刘　骏　裴靖妮　石艳琴　汪　伟　陈春霞

主　审：程杰铭

副主审：朱道光　姜婷婷

6. 网版制版

主　编：纪家岩

副主编：高　媛　王　岩

参　编：宋　强　张为海

主　审：程杰铭

副主审：朱道光　姜婷婷

前言

“印前处理和制作员”是2015年颁布的《中华人民共和国职业分类大典》中的印刷职业工种之一。印前处理和制作员是整个印刷工艺流程中的第一道工序，对印刷品质量的控制起着关键的作用。依据中华人民共和国人力资源和社会保障部颁布的《印前处理和制作员国家职业技能标准（2019年版）》中对不同等级操作人员的基本要求、知识要求和工作要求，并结合国内外印前处理和制版的新设备、新技术、新工艺、新材料。中国印刷技术协会组织编写了印前处理和制作员职业技能培训教程。教材分为《基础知识》《印前处理》《平版制版》《网版制版》《柔性版制版》《凹版制版》六部分，以职业技能等级为基础，以职业功能和工作内容为主线，以相关知识和技能要求为主体，讲述了行业不同等级从业人员的知识要求和技能要求，通过学习，受训人员不仅能掌握印前处理技术的职业知识，还能提高专业技能水平，为职业技能等级的提升打下良好的基础。

本书以初级、中级、高级、技师与高级技师五个职业技能等级为主线，以印前处理和制作员国家职业技能标准为主体，以平版印刷制版的各个环节为主要内容，包括平版印版的种类、制版工艺、计算机直接制版技术工艺，印版显影处理控制技术和生产管理、技术管理等。本教材采取了篇、章、节、单元的编写结构，在每章之前给出本章“学习目标”，便于学员抓住学习重点。教材内容，深浅适度、条理清晰，便于学员全面掌握平版制版的相关技能，提高学员的分析和解决问题的能力。

本书的主要内容第一到第五篇由上海出版印刷高等专科学校的田全慧老师完成，其中第一篇的第二、三章与第三篇的第二、三章，第四篇的第一章由杭州科雷机电有限公司的李纯弟老师编写，第二篇的第五章由上海烟草印刷厂的李刚老师编写。本书在编写过程中得到了上海出版印刷高等专科学校、杭州科雷机电有限公司、上海烟草包装印刷有限公司等单位和滕跃民教授、顾萍教授和纪家岩、刘艳、黄慧华、钱志伟等专业老师的大力支持和帮助，在此表示深深地谢意。

印前处理和制作员职业技能培训教程在编写过程中得到了上海出版印刷高等专科学校、中国印刷技术协会网印及制像分会、中国印刷技术协会柔性版印刷分会、杭州科雷机电工业有限公司、上海烟草包装印刷有限公司、山东工业技师学院、东莞职业技术学院、运城学院等单位的支持和帮助。

本书编写内容难免挂一漏万和有不妥之处，恳请专家和读者批评指正。

印前处理和制作员职业技能培训教程编写组

目录

第二篇

平版制版

（中级工）

第三篇

平版制版

（高级工）

第四篇

平版制版

（技师）

第五篇

平版制版

（高级技师）

绪 论

学习目标

1. 掌握平版制版的基本概念与方法。
2. 了解传统 PS 平版制版的基本工艺流程与特点。
3. 了解直接制版基本工艺流程与特点。
4. 掌握平版制版工作的基本流程。

第一节 平版制版分类与流[illegible]

平版制版是将原稿制作成平版印刷印版的工艺过程。平版印刷的印版上印刷部分和空白部分几乎在同一平面上，其空白部分具有良好的亲水性能，吸水后能排斥油墨，而印刷部分具有亲油性能，能排斥水而吸附油墨。印刷时便利用其特性，先在印版上用水润湿，使空白部分吸附水分，再上油墨，因空白部分已吸附水，不能再吸附油墨，而印刷部分则吸附油墨，印版上印刷部分有油墨后便可印刷。常用的平版有PS版、平凹版、蛋白版（平凸版）、多层金属版等。每种印版的表面均由亲油疏水的图文部分和亲水疏油的空白部分组成的。

如何使印版上的图文具有良好的亲油性、空白部分具有稳定的亲水性，根据使用的材料和方法不同，有多种制版方法。

一、分类

1. 按版材分类

平版制版的版材有石版、锌版、铝版、纸基等类型。

石版是最早的平版印刷的版材，石版版材笨重，只能直接印刷，所以现在已不再使用。锌版和铝版是现今常用的版材。纸基是近年才发展起来的，用于静电制版，印刷数量较少的印刷品以及轻印刷。

2. 按制版方式分类

平版制版按制版方式分为手描版、转印版、即涂版、预涂版、多层金属平版、平凹版、静电版、干式平版等。其中手描版是原始的平版制版方法，用汽车墨手工描绘在版材上建立印刷部分，现在已不再使用。

3．按印版表面分类

按印版表面分为平版、平凸版、平凹版。

二、平版制版工艺流程

平版制版的关键技术是将印版的表面处理为亲水疏油的空白部分与亲油疏水的图文部分。平版制版工艺从最初的以石版制版为基础的技术，经过不断发展，已经形成非常成熟的技术，其中主要有传统的预涂感光版制版工艺和计算机直接制版工艺两种。

第二节　传统平版制版

一、传统 PS 版

PS版是预涂感光版（Pre-Sensitized Plate）的缩写。

PS版的版基是0.5mm、0.3mm、0.15mm等厚度的铝板。铝板经过电解粗化、阳极氧化、封孔等处理，再在版面上涂布感光层，制成预涂版。

二、PS 版分类与流程

PS版按照感光层的感光原理和制版工艺，分为阳图型PS版和阴图型PS版。

阳图型PS版的制版工艺过程为：

曝光→显影→除脏→修版→烤版→涂显影墨→上胶。

曝光是将阳图底片有乳剂层的一面与PS版的感光层贴在一起，放置在专用的晒版机内，真空抽气后，打开晒版机的光源，对印版进行曝光，非图文部分的感光层在光的照射下发生光分解反应。常用的晒版光源是碘镓灯。

显影是用稀碱溶液对曝光后的PS版进行显影处理，使见光发生光分解反应生成的化合物溶解，版面上便留下了未见光的感光层，形成亲油的图文部分。显影一般在专用的显影机中进行。

除脏是利用除脏液，把版面上多余的规矩线、胶粘纸、阳图底片粘贴边缘留下的痕迹、尘埃污物等清除干净。

修补是将经过显影后的PS版，因种种原因需要补加图文或对版面进行修补。常用的修补方法有两种，一种是在版面上再次涂上感光液，补晒需要补加的图文；另一种是利用修补液补笔。

烤版是将经过曝光、显影、除脏、修补后的印版，表面涂布保护液，放入烤版机中，在230～250℃的恒定温度下烘烤5～8min，取出印版，待自然冷却后，用显影液再次显影，清除版面残存的保护液，用热风吹干。烤版处理后的PS版，耐印力可以提高到15万印以上。如果印刷的数量在10万印以下，不必对PS版进行烤版处理。

涂显影墨是将显影墨涂布在印版的图文，可以增加图文对油墨的吸附性，同时也便于检查晒版质量。

上胶是PS版制版的最后一道工序，即在印版表面涂布一层阿拉伯胶，使非图文的空白部分的亲水性更加稳定，并保护版面免被脏污。

PS版的砂目细密，图像分辨率高，形成的网点光洁完整，具有良好的阶调、色彩再现性。

将在印刷中用过的PS版，清除版面上残存的油墨和感光层，在原来的铝版基上重新涂布感光液，形成新的感光层，便可重新制成供打样或正式印刷版。这种用过的PS版的铝版基重新制作PS版的方法叫作PS版的再生，它使铝版基可重复使用，因此PS版是平版印刷中使用最多的印版。

第三节 平版计算机直接制版

一、平版计算机直接制版

计算机直接制版机技术出现于20世纪90年代，在1995年Drupa印刷展览会上，展出了42种CTP系统。在Drupa2000上，来自世界各地的90多家直接制版系统及材料生产商展出了近百种产品。

计算机直接制版是一种数字化印版成像技术。计算机直接制版是采用数字化工作流程，直接将文字、图像转变为数字，用计算机直接控制，用激光扫描成像，再通过显影生成直接可上机印刷的印版，省去了胶片这一材料、人工拼版的过程、半自动或全自动晒版工序。CTP的特点采用计算机直接制版工艺（无软片）、速度快、效率高、工序减少、流程简化、可变因素降低、全程数字技术处理，信息量增加、稳定性提高、管理规范。

计算机直接制版采用数字化工作流程，直接将文字、图像等作业转变为数字信号，用计算机直接控制制版设备扫描成像，再通过冲版机显影生成印刷的印版。图0-1为CTP工艺流程图。

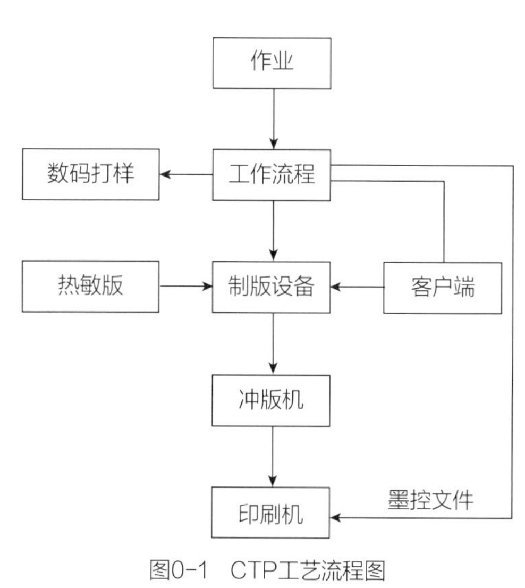

图0-1 CTP工艺流程图

计算机直接制版机由精确而复杂的光学部分，电路部分及机械部分构成。

光学部分由激光器、光纤耦合器、密排头、光学镜头、光能量测量等组成。

机械部分：机架、光鼓、墙板、送版部、版头开闭部、装版辊部、卸版部、排版部、丝杆导轨部、扫描平台部等组成。

电路部分：编码器、主副伺服电机、各执行机构步进电机、真空泵、主控制板、接线板、激光驱动板、各位置传感器等组成。

由激光器产生的单束原始激光，经多路光学纤维或复杂的高速旋转光学裂束系统分裂成多束（通常是200~500束）极细的激光束，每束光分别经声光调制器按计算机中图像信息的亮暗等特征，对激光束的亮暗变化加以调制后，变成受控光束。再经聚焦后，几百束微激光直接射到印版表面进行刻版工作，通过扫描刻版后，在印版上形成图像的潜影。经显影后，计算机屏幕上的图像信息就还原在印版上供胶印机直接印刷。

制版机的结构原理如图0-2所示，采用16/32/48/64/96/或是16~96个任由配置且独立的830/NM/1W或405/NM半导体激光作为光源。通过光纤耦合把N个光源导到密排面上，密排面上射出的激光通过光学镜头聚焦在并紧密吸附在光鼓表面上的版材上，对版材进行热烧蚀或光感。工作时装有版材的光鼓做高速旋转运动，而装有光纤密排系统的及光学镜头系统的扫描平台做横向同步运动。驱动电路系统根据计算机的点阵图像来驱动各独立的激光器进行高频的开关，从而在版上形成点阵图像潜影。

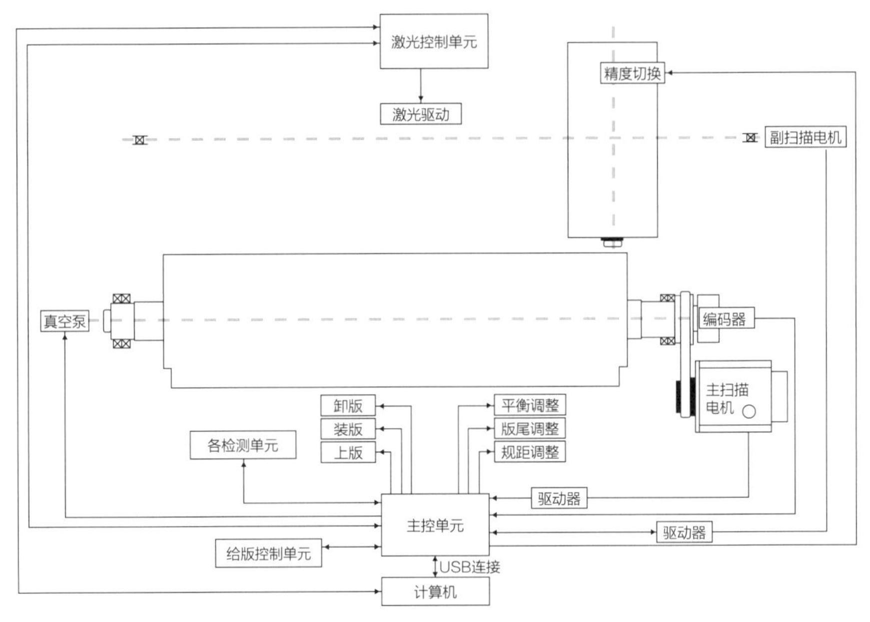

图0-2　制版机结构原理

二、平版计算机直接制版工作流程

1．平版制版的工作流程

平版制版的工作流程主要经过五个环节：

（1）印版输出前的准备，通过输出流程软件进行输出印版的参数与模版设置；

（2）印版输出，通过制版机的操作实现平版印版的激光曝光与输出；

（3）印版的显影，曝光后的印版通过显影机，将印版表面处理为可以上机使用的平版印版；

（4）印版质量检测，针对制版输出的印版的图文进行观察，并检测相关的区域与标识，判断印版的制版质量；

（5）印版的后处理，为了提高印版的印刷适应性，经曝光显影后的印版还需要经过烤版、涂胶等后处理工序。

2. 印版输出前准备（以科雷佳盟软件为例）

（1）流程软件的工作步骤

① 启动

a. 启动优联服务器。佳盟优联是建立在C/S工作模式上的。服务器是整个流程的核心，客户端与服务器进行交互操作。客户端的每一步操作都经过服务器来进行处理，服务器控制客户端的运行。输出器与服务器进行传输操作，文件经服务器解释并传输到输出器，然后在输出器进行相关输出操作。

启动优联服务器是运行佳盟优联流程的第一步，只有当服务器成功启动后，相应的功能模块才能开启，才能执行相应的各工序处理，客户端程序也才能运行登录。

注意：在启动服务器前，首先要保证网络连接正确，与之相连的计算机，特别是客户端电脑应该可以正常访问这台服务器。

在桌面上，双击“Server”图标或在“开始”菜单中选择“JoinusUnity”下的“server”程序，即可启动优联服务器。如果安装的是限时试用版，流程服务器启动时，首先将弹出提示流程加密锁使用期限的对话框，上面会明确提示整个系统的使用期限。

继续单击“确定”，即可打开服务器界面。

在界面上，可以查看服务器已登录用户的信息及功能模块是否成功启动。服务器界面分为左右两部分：

客户端连接信息：左侧显示登录到服务器的客户端信息，包括ID、用户名、IP地址。

ID：登录序号，按登录顺序自动生成；

用户名：登录的用户名称或输出器的名称；

IP地址：登录的客户端或输出器所在主机的IP地址。

工单处理器信息：右侧显示服务器已启动的功能模块。

连接数据库成功：表示数据库已成功启动并与服务器正常连接，如果显示“数据库连接失败”则流程无法正常工作。

规范化模块已启动：表示规范化处理器模块已成功启动。

拼版模块已启动：表示拼版处理器模块已成功启动。

输出模块已启动：表示输出处理器模块已成功启动。

如果运行时没有检测到加密狗或者软件使用的授权码与当前使用的加密狗不对应时，将提示“加密狗错误！”。

b. 启动优联客户端。客户端是用户的操作端口，用户在客户端提交规范化、拼版、输出等操作到服务器，并将每一步处理后的结果显示在流程客户端中。

只有在流程服务器成功启动后，用户才能启动客户端。

用户在登录客户端时，首先，要确定这台机器和服务器所在机器连接正常，客户端与服务器端最好设置在一个局域网内，每台机器都拥有自己的IP地址，这样客户端才能更好地访问到服务器。其次，客户端在一台机器上只能启动一个，即不允许多个客户端同时在一台机器上操作；当用户在不同的机器上启动客户端时，不能重复使用同一个用户名登录，即同一个用户同时只能登录一次。

在桌面上，双击“client”图标或在“开始”菜单中选择“JoinusUnity”下的“client”。稍后即可打开客户端登录对话框，如图0–3所示。

在对话框中，输入正确的用户名、密码、服务器IP地址，单击“确定”按钮，即可打开佳盟优联客户端。如果输入的IP地址不对，将提示“连接服务失败”，单击“确定”，退出登录界面。优联客户端成功登录后，在“优联服务器”界面上，显示出该用户登录的信息。

c. 启动优联输出器。优联输出器是流程中的重要组成部分，负责整个流程的输出工作，接收服务器解析的页面文件，并控制文件向相应的设备进行输出。

由于流程中同一类型的输出器按照IP地址管理，因此在每一台计算机上只能启动一个输出器。并且输出器可以与服务器在同一台计算机上启动。

图0–3　客户端登录对话框

优联输出器分为CTP输出器和数码印刷输出器。双击桌面上相应的佳盟优联输出器图标或单击“开始>程序>JoinusUnity>CTP输出器或数码印刷输出器”，打开输出器启动界面。

稍后即可打开相应的输出器登录对话框。在对话框中输入正确的服务器IP地址，所设IP地址为服务器所在计算机的IP地址，这样才能成功地与服务器连接。单击“确定”按钮，即可打开相应的输出器界面。

启动前，要确定两台计算机可以正常访问。

输出器成功登录后，在“流程服务器”界面上，将显示出该输出器登录的信息，表示相应的输出器已成功登录到服务器端。

② 流程软件的工作过程

首先需要新建一个作业，为每个作业输入唯一的工单号。创建作业完成后，在流程服务器的文件系统中就会产生相应的作业文件夹，如图0–4所示。

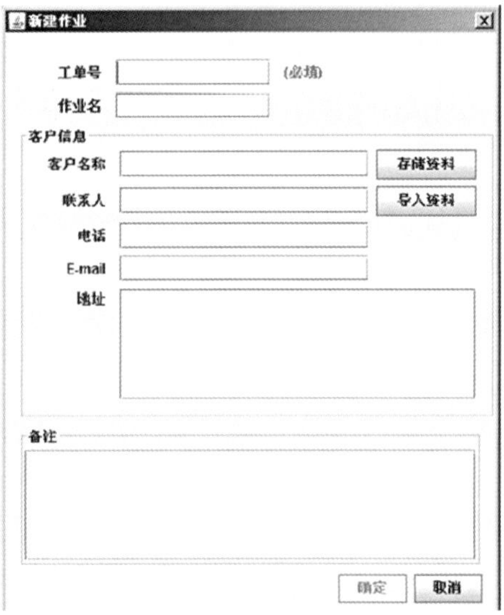

图0–4　新建作业

根据工作需要，给该作业添加若干个处理模板，通常至少需要一个规范化模板，还要对模板进行相关的设置。这些包含JTP 参数的处理模板就构成了该作业的“数字工单”。

工单号：工单号是整个系统中作业的唯一标识，不能与其他作业的工单号重复；

作业名：该作业的名称；

处理模板：为作业选择一个在模板库中定义好的流程模板；

客户信息：该作业所属的客户的信息和资料工单号是必填项。作业名可与工单号名称相同，也可以对其命名其他名称。它们的名字中都不能包含下列字符：/ ? \ | * ：“”< >。

（2）设置作业处理模板　处理模板界面的主要功能是建立当前作业所需的处理模板。用户可根据本次作业的需要来建立所需模板。新建作业时如果预设了处理模板，将显示在处理模板界面中，如图0–5所示，打开作业的窗口显示的处理模板。

模板是流程各个处理节点的参数设置数据，每一个节点就是流程中一个具体工序。作业处理模板中保存着处理这个作业所需要的各个节点模板。想要使用一个处理节点，就需要先把一个节点模板添加到作业中。

① 添加源文件。设置好处理模板后，用户要向该作业中添加源文件。流程会将添加的源文件上传到服务器的作业文件夹中。同时在工作间的源文件区域中，会列出这些源文件列表。

② 规范化文件。用户将源文件提交给规范化模板，触发流程服务器上的规范化处理器开始工作。该JTP根据规范化模板中的参数，读取相应的源文件并进行运算处理，生成规范化后的PDF文件。规范后的PDF文件以单页形式存在，称为“规范页”。规范页数据同样被保存在流程服务器上的作业文件夹中。

注意：从以上描述可以看出，在规范化过程中，客户端仅仅发出指令，所有执行都在流程服务器中得以完成，即由服务器的CPU执行规范化程序，从服务器中读取源文件并进行处理，将处理的结果存放回服务器中。整个过程中，没有任何页面数据在服务器和客户端工作站之间传递，这就是典型的客户端/服务器系统的工作模式。

③ 建立页面列表。经过规范化后的规范页可以在页面列表窗口中被整理成页面列表，可以由不同源文件的规范页共同组织成一个页面列表。每个页面列表可以理解成一本有页码

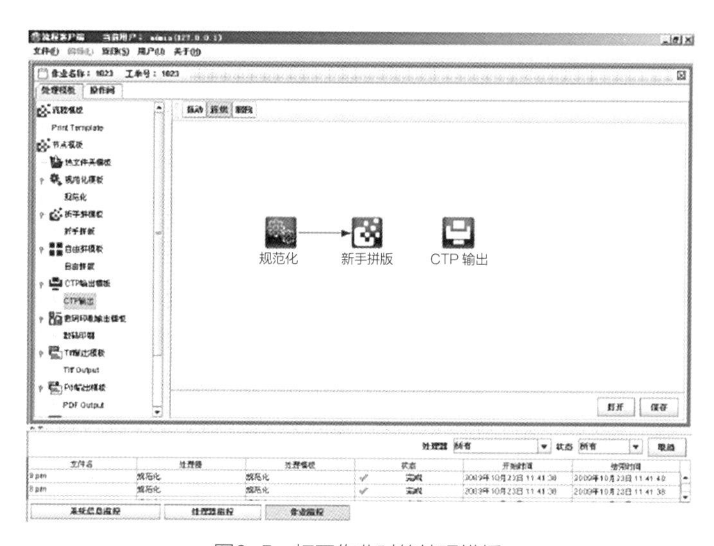

图0–5　打开作业时的处理模板

顺序的书。

（3）制作版式　整理好的页面列表，需要赋予它一个折手版式，以便进行折手拼版。折手版式是一个独立的数据文件，该文件记录了各个单独页面在大版上的排列位置和顺序。优联流程中内置了专门的版式设计程序，可以用它来预先设计好各种拼版版式。

① 折手拼版。给页面列表制定好版式后，就可以提交给“折手拼版处理器”进行折手拼版操作。这个操作同样在流程服务器上得到执行。处理器读取各个小版单页数据，根据版式要求，把它们拼成一个大版文件，这个大版文件同样是一个PDF文件，也同样保存在流程服务器的相关作业文件夹中。

拼版完成的大版文件，会出现在“印张样式”窗口中。在这个窗口中可以进行整个版面的预览检查，检查完后就可以提交给输出器进行输出。

② 输出印版。优联流程为每个输出设备配备了一个输出服务器，输出器是一个单独运行的程序，可以运行在不同的计算机上。想要使用一个输出器输出，需要在流程作业中添加一个此类设备的输出模板，并且将模板中的IP地址指向相应的输出器程序所在计算机。然后，向这个输出模板提交拼好版的大版文件，文件就会被输出到指定的输出器中。当输出页面出现在输出器的作业列表中后，说明该页面包括光栅化、加网在内的所有印前处理都已执行完毕。在输出器中还可以进行最后精细的预视检查，包括进行网点预视和叠印检查，检查完毕后就可以放心地将其输出到印版上进行印刷，或输出到数码印刷机上打印出成品。

3. 印版输出

制版机的整个工作流程如图0–6所示。

模版建立：参数设置（版材幅面、精度、曝光功率）。

（1）供版　如果是自动供版模式，首先判断是否已预供版，如果无预供版，则吸嘴下移，并判断是纸或版，是纸则去纸并返回执行前次动作，是版则供版到主机入版口；如果是手动模式或已供版，则跳过前面动作。

（2）装版　先进行光鼓定位，光鼓定位在装版位置后，打开版头夹，随后送版系统把版送到版头夹处进行前定位，侧拦规系统对版材侧边进行定位，接着闭上版头夹，然后装版辊压下，光鼓转动装版，等转到版尾位置时，打开版尾夹，光鼓反转，把版尾送入版尾夹板下，关闭版尾夹，装版辊抬起。

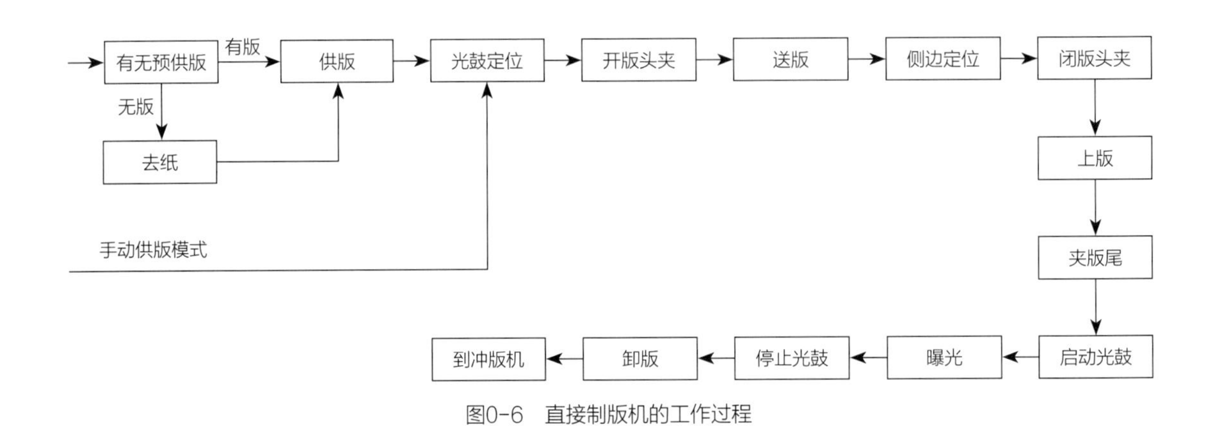

图0–6　直接制版机的工作过程

（3）成像　启动光鼓，此时若是自动供版模式，则同时启动供版机再次供版，等到光鼓转速达到设定值时，且达到真空压力后曝光开始，光学平台上的激光系统，将携带有计算机点阵信息的激光光束照射在板材上，实现文字和图像信息的传递。光学平台做匀速直线移动，滚筒旋转一周，平台移动对应光路数线距离，点阵信息结束，即完成一版曝光，而后，光鼓减速停止。

（4）卸版　光鼓停止后再次定位，卸版机构开始工作进行卸版，排版机构将版材送入过桥，版经过过桥入到冲版机。

（5）冲版　根据版材的显影温度、时间，进行显影、水洗、上胶、烘干等操作。

4．印版的显影

曝光后的印版通过冲版机对印版进行显影处理。冲版过程中使用的显影药水具有化学腐蚀性和沉淀积聚性。

（1）设备结构　目前平版制版通常通过自动显影机进行印版的显影处理。自动显影机一般由传动系统、显影系统、水洗系统、涂胶系统、烘干系统等部分组成（如图0–7所示）。

① 传动系统。是引导印版运行的驱动装置。电机通过涡轮蜗杆或链轮链条带动传送辊转动，并通过对压胶辊驱动使印版通过显影机的各个工作环节。

② 显影系统。印版显影过程中，显影液槽通过加热器、冷却系统、循环过滤系统确保了显影液能在一个恒定的条件下工作，当印版通过显影槽时，毛刷辊在一定压力和速度下对印版进行刷洗，印版上的感光层快速溶解。

③ 水洗系统。由两组喷淋管向印版正面和反面喷淋清水，以除去显影生成物和残留的显影液，并通过挤压辊挤去版面的水分。该系统具备二次水洗的功能。

④ 涂胶系统。是清洗后的印版上涂布一层薄薄的保护胶，已确保在印刷前，印版的清洁和抗氧化。

⑤ 烘干系统。由送风管和胶辊组成，通过吹风和加热使印版迅速干燥。

（2）调试操作说明（以虎丘影像（苏州）有限公司PT系列印刷冲版机为例）　安装完成后进入机器的调试阶段，首先向显影药槽内注入清水直到从溢出口溢出为止（如果机器是带有水洗内循环功能，水洗槽中也需加入清水至溢出为止），同时检查一下机器是否水平。显影补充液和胶水可先用清水代替。

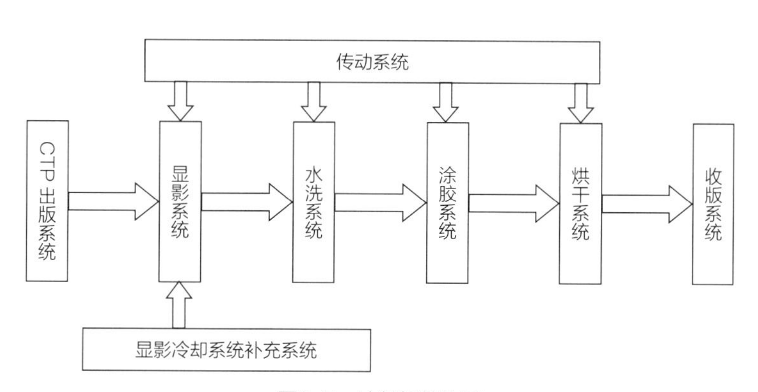

图0–7　冲版机结构图

注：在注入清水的同时不能让水溅入电器部件内，如有请用电吹风吹干为止，否则绝对不能通电试验。

通电开机，首先利用操作界面设定必要的工艺参数，如显影温度、电机速度、显影时间等。在工艺参数设定完成以后，选择相应的程序让机器进入工作状态。机器进入加温状态，与此同时，仔细观察循环泵的工作正常与否，具体可看液体的流动状态或用温度计测量显影温度是否上升。建议用户在正式调试以前对各项冲洗功能进行手动测试，并在正式运行后要观察各项功能是否正常。

冲版机各档轴的压力大小，直接影响出版质量，所以调好各档轴的压力至关重要，但由于使用的版材和药水差异很大，对各档轴的压力要求也不尽相同，所以请参考表0–1中的压力数值范围，根据实际使用版材和药水的要求，调节各档轴的压力至合适范围以满足实际出版需求。

表0–1　冲版机参数

轴序号	拉力	备注
显影1（橡胶轴）	60~70N	
显影2（毛刷轴）	3.7~3.8N	测试环境：
显影3（毛刷轴）	3.7~3.8N	温度28℃
显影4（橡胶轴）	80~90N	湿度50%
水洗1（橡胶轴）	60~70N	版材规格：
水洗2（毛刷轴）	3.5N	宽30mm
水洗3（橡胶轴）	80~90N	厚0.27mm
上胶1（橡胶轴）	80~90N	

注：表内的数据都是在轴表面干燥时测得的数据。

测量方法：从版厚0.27mm的版材上裁剪一条宽30mm的版条，用合适的方法将拉力计的一端与版条一端固定，然后将版条的另一端从被测的一对轴中间插入，来测量辊轴转动时的拉力。

测试完成后，关闭冲版机主电源，将冲版机中的清水排放干净（过滤器中的水也需要排放干净），放完水后，注意要将调节后的阀门复位，然后向显影槽中加入显影液直至溢出为止，若有水洗内循环功能且要求使用此功能，请在水洗槽中加入清水直至溢出为止。将显影补充桶和胶水桶里的清水分别换上显影补充液和胶水。

开机，正式冲版测试。根据客户实际使用的药水和版材的要求，设置好冲版工艺参数（如显影温度、显影时间、毛刷转速等），待机器达到冲版要求后，正式冲版，根据出版的测试结果，对冲版机相关功能进行微调（如显影时间、辊轴压力、上胶量大小等），使版材冲洗效果达到要求。

（3）注意事项　仔细阅读产品的主要参数和技术指标，确认用户冲版要求是否与设备指标相符。

每天启动设备后，应注意观察设备工作状态是否正常。

水洗水流量应经常注意观察，尤其在水压不稳定地区，必要时安装流量压力表，每天结束工作时应排尽水。

不要将宽度和长度不符合表格所列的版材规格以及卷曲的版材送入机器内进行冲洗，一旦发生版材在设定的时间内没有从出版口出来，应立即按紧停按钮进行检查以免发生卡版现象。

按照提供的保养方法，必须定期进行清洗和保养。

每天结束冲版工作时，宜在待机状态下关机，依次关闭电源开关，空气开关，最后切断总电源闸，关闭水龙头。千万不可直接拉电源闸，这将有损机器的使用寿命。

严禁非专业人员私自开启电气箱，以免造成人身危险和设备故障。

5．印版的后处理

显影处理后的印版，需要经过检查与测试。确认印版没有错误，并且质量符合标准后，需要对印版进行后处理。目前很多冲版机可以直接进行印版的后处理，即通过上胶与烘干系统实现。

（1）烤版　烤版是将经过曝光、显影、除脏、修补后的印版，表面涂布保护液，放入烤版机中，在230～250℃的恒定温度下烘烤5～8min，取出印版，待自然冷却后，用显影液再次显影，清除版面残存的保护液，用热风吹干。烤版处理后的印版，耐印力可以提高，如果印刷数量较少则无须对印版进行烤版处理。

注意事项：

① 因烤版之后的感光膜吸附在版面很牢固，所以PS版在烤版之间一定要将版面上的胶带、脏点清除干净。

② 烤版保护胶擦得不宜过多，过多易出现留痕状痕迹，严重时不易着墨。

③ 修版后用清水将修版液冲洗干净，否则烤版后，残余的修版液及被溶解的物质会污染版面，引起上脏。

④ 烤版时必须待版面保护胶干燥后才可进行烤版。

⑤ 涂烤版保护胶要用脱脂纱布，以免用脏布涂擦，污染版面，引起上脏。

⑥ 涂烤版保护胶用力不要过大，以免纤维脱落而影响烤版质量。

（2）上胶　印版上胶可以保护版基表面细小的砂目，增强砂目的耐磨性，提高耐印力；可以保护版基的亲水层，提高图文部分的着墨性，有助印刷时快速达到水墨平衡；可以呵护印版，避免轻微刮花或划伤；可以有效封住砂目不让灰尘等进去，防止印版直接暴露在空气中引起印版过快氧化。

上胶是平版制版的最后一道工序，即在印版表面涂布一层阿拉伯胶，使非图文的空白部分的亲水性更加稳定，并保护版面免被脏污。

第一篇

平版制版

（初级工）

第一章

平版制版初级基础知识

学习目标

1. 了解直接制版机的基本工作原理。
2. 理解输出分辨率及其设置。
3. 理解加网的作用。

第一节　直接制版机的基本工作

一、直接制版机及其结构

计算机直接制版是一种数字化印版成像技术。由激光器产生的单束原始激光，经多路光学纤维或复杂的高速旋转光学裂束系统分裂成多束（通常是200~500束）极细的激光束每束光分别经声光调制器按计算机中图像信息的亮暗等特征，对激光束的亮暗变化加以调制后，变成受控光束。再经聚焦后，几百束微激光直接射到印版表面进行刻版工作，通过扫描刻版后，在印版上形成图像的潜影。经显影后，计算机屏幕上的图像信息就还原在印版上供胶印机直接印刷。

计算机直接制版机由精确而复杂的光学系统，电路系统，以及机械系统三大部分构成。

二、直接制版机的种类及成像原理

计算机直接制版系统从曝光系统方面可分为：内鼓式、外鼓式、平板式几大类。从版材品种方面可分为：银盐版、热敏版（烧蚀式热敏版、非烧蚀式热敏版）、感光树脂版和聚酯版（非金属版基）等；从技术方面可分为：热敏技术（普通激光成像）、紫激光技术、UV光源技术等。

1．重氮型版材

重氮型版材通常用作平印版材。重氮版材中光化分子数，直接与光照量和重叠的部分吸收有关，感光范围局限于光谱的紫外区域，无扩大效应，适用于大功率的氩离子激光器曝光。

2. 光聚物型版材

光聚物型版材的性能与重氮型类似，也无扩大效应，使用的光聚物的种类很多。机理与重氮型版材十分相同，用于制备平印版。曝光后形成交联型图像适用紫外激光器曝光。

3. 银盐感光版材

银盐感光材料的机理是利用光化作用，将银盐转化成金属银，以及这些银颗粒的催化扩大，促进周围银离子的还原。

4. 感光抗蚀剂版材

该版材与光聚物型和重氮型版材一样，感光范围通常限于紫外部分，柯达生产的感光抗蚀剂MC929晒制平凹镁版用，可用氩离子激光和可见光激光光器曝光，得到优质图像。

第二节 输出分辨率及其设置

1. 设备像素

印版在制作过程中通过激光曝光，形成印版上的线条、文字与网点，每一个曝光点就是“设备像素”。

2. 输出分辨率

印版输出在单位距离内输出设备像素的数量叫“输出分辨率”，以点/英寸（dots per inch，dpi）为单位。

设备像素越密集，打印出来的图像越精细。也就是说，输出分辨率越高，输出就越精细。

2400dpi是现在输出系统默认的输出分辨率，可以满足精细印刷的需要。以2400dpi输出的曲线非常光滑，而且小号字也很清晰。

3. 输出分辨率与加网线数的关系

加网线数（lpi）仅仅是加网部分的分辨率，输出分辨率（dpi）是整个印版的分辨率。

在一张印版上可以有不同的lpi，如一个印版上整体使用175lpi，但是其中一张图片需要使用100lpi做特殊效果，但是输出时整个印版使用同一个dpi进行输出。

lpi比dpi小得多。针对彩色印刷，它们的配置通常是175lpi，2400dpi。

在一定范围内提高lpi能使加网部分更精细，但对不加网的实地、文字和线条没有影响。提高dpi既让实地、文字与线条理念精细，也让网点更饱满，从而提高加网部分的输出质量。因此，纯文字印刷品需要足够的dpi而不是lpi，图文并茂的印刷品两者都要。例如，纯文字小说的加网线数可以是80lpi，但是有插图，就要至少133lpi，但是dpi都是2400。输出公司针对各类业务将输出分辨率统一设定为2400dpi。加网线数与输出分辨率的关系为：

$$\text{加网线数（lpi）} = \frac{\text{输出分辨率（dpi）}}{\text{网目调单元宽度（点，设备像素）}}$$

例如，输出分辨率为2400dpi，一个网目调单元的宽度为16点（即16个设备像素），则加网线数为24000/16＝150lpi。

在dpi固定的情况下，若要增加lpi，则只能减少网目调单元可以容纳的设备像素数量。即：

$$网目调单元宽度（点）= \frac{输出分辨率（dpi）}{加网线数（lpi）}$$

4．输出分辨率与图像分辨率的关系

输出分辨率（dpi）与图像分辨率（ppi）的关系有以下三种情况需要考虑：

对于全部加网的图像，只根据lpi设置ppi（通常是300ppi），设计师必考虑dpi。

对于全部不加网的图像，ppi越接近dpi，打印质量就越高。通常输出时就2400dpi，若将图像的分辨率设成2400dpi，将获得最佳的打印效果（只有在这种情况下dpi和ppi才等同，一个位图像素对应于一个设备像素）。如果2400dpi使图像文件过大，也可选择900dpi、1200dpi等。

对于部分加网的图像，加网部分只要求300ppi，不加网部分却要求900ppi以上。如果完全照顾不加网部分，可能使文件过大，这时可取一个中间值，比如600dpi。

第三节　加网的作用及

一、网点

印刷采用网点再现原稿，印刷成品放大看，就会发现是由无数个大小不等的网点组成的。网点越大，印刷出来的颜色越深；网点越小，印刷出来的颜色越浅。

网点的排列位置与大小是由加网线数决定的，例如，加网点数为150lpi，即1英寸的长度或宽度上有150个网点。不同颜色的网点会按不同的角度交错排列，以免所有颜色的油墨叠印在一起。

二、加网

在印前处理中，使用“加网”的方法，用一定数量的像素组合呈现明暗变化的“网点”，一个网点可以由不同大小阵列的像素构成。

加网方法目前主要有调幅加网与调频加网。目前，绝大多数平版印刷工艺都是使用调幅加网，调幅加网有三个加网参数控制。

1．网点形状

印刷中的网点形状是以50%着墨率情况下网点所表现出的几何形状来划分，可以分为方形网点、圆形网点和菱形网点三种。图1–1–1（见彩插）为显微镜下显示出的印刷网点形状。

方形网点在50%覆盖率下，成棋盘状。它的颗粒比较锐利，对于层次的表现能力很强。

适合线条、图形和一些硬调图像的表现。

圆形网点无论是在亮调还是在中间调的情况下，网点之间都是独立的，只有暗调的情况下才有部分相连。所以对于阶调层次的表现能力不佳，四色印刷中较少采用，如图1-1-2所示（见彩插）。

菱形网点综合了方形网点的硬调和圆形网点的柔调特性，色彩过渡自然，适合一般图像、照片。

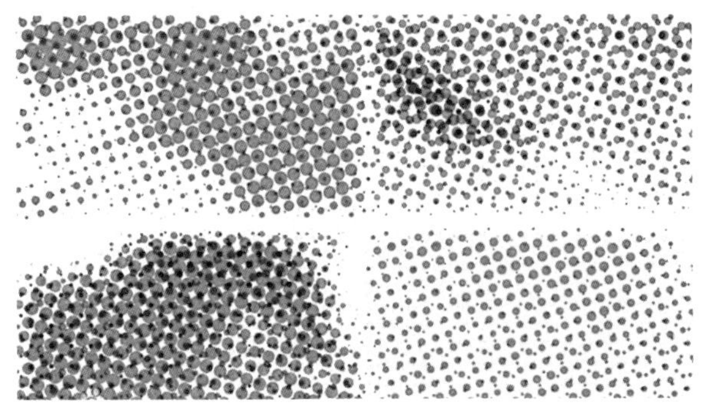
图1-1-1　显微镜下显示出的印刷网点

2. 网点角度

印刷制版中，网点角度的选择有着至关重要的作用。选择错误的网点角度，将会出现莫尔条纹。

常见的网点角度有90°、15°、45°、75°等。45°的网点表现最佳，稳定而又不显得呆板；15°和75°的角度稳定性要差一些，不过视觉效果也不呆板；90°的角度是最稳定的，但是视觉效果太呆板，没有美感。

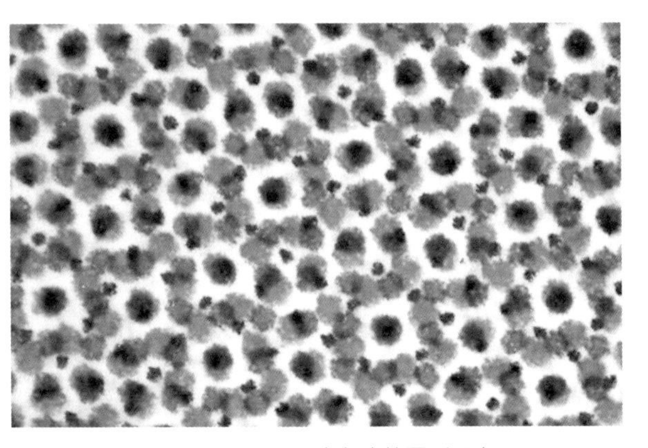
图1-1-2　不同网点角度的圆形网点

两种或者两种以上的网点成一定角度叠印在一起，会产生一定的透光和遮光效果，当角度较小时会产生莫尔条纹，严重的会影响印刷图像的美观和质量，这种条纹俗称“龟纹”。

一般来说，两种网点的角度差在30°和60°时，整体的条纹还比较美观；其次为45°的网点角度差；当两种网点的角度差为15°和75°时，产生的条纹会影响印刷图像质量。

图1-1-3　加网线数与图像精细程度

3. 网点线数

网点线数的大小决定了图像的精细程度，如图1-1-3所示。常见的网点线数为：

10~120线：低品质印刷，远距离观看的海报、招贴等面积比较大的印刷品，一般使用新闻纸、胶版纸来印刷，有时也使用低克数的亚粉纸和涂料纸。

150线：普通四色印刷一般都采用此精度，各类纸张都有。

175~200线：精美画册、画报等，多数使用涂料纸印刷。

250~300线：质量要求最高的画册等，多数用高级涂料纸和特种纸印刷。

第二章

印版输出准备工作

学习目标

1. 能在直接制版机上装、卸印版。
2. 能设置定印版尺寸。
3. 能启动机器并操作控制面板。
4. 掌握显影机的维护、保养。

第一节　制版机及外接设备

一、制版机的基本构造

以科雷的直接制版机热敏系列TP-46、TP-36、TP-26为例，CTP直接制版机由光学部分、机械部分及电器部分构成，如图1-2-1所示。

通过USB通讯线将CTP制版机连接至计算机，连接线位于罩壳右下侧USB接线端口，采用数据接口螺钉固定，确保连接可靠。

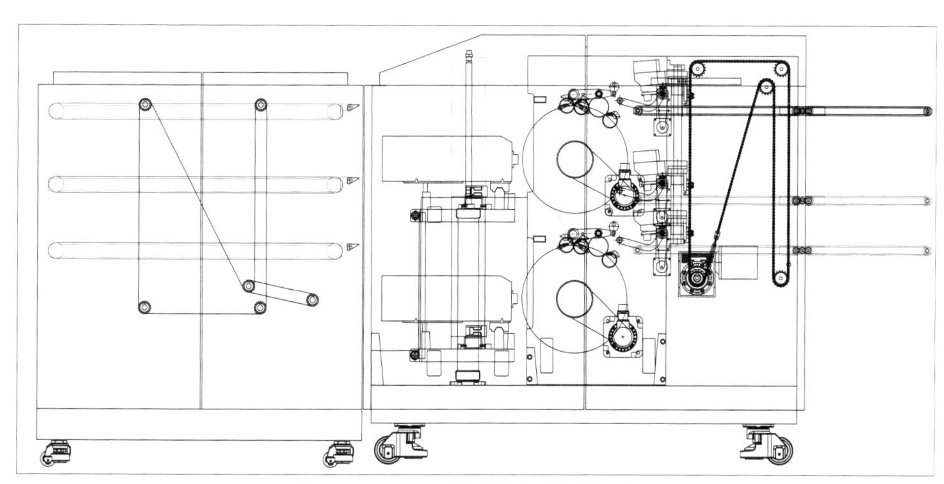

图1-2-1　CTP直接制版机的结构示意图

二、供版机

CTP供版机是实现纸版分离、自动进版的设备，用来实现CTP制版设备的自动供版操作，其结构如图1-2-2所示。

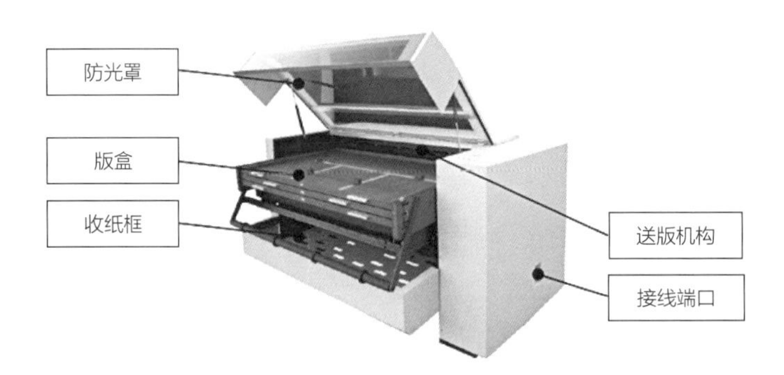

图1-2-2　供版机结构

1. 供版机的连接

① 连接供版机通讯线，位于主机USB接线端口侧。

② 连接供版机电源线，位于主机USB接线端口侧，电源备用端口。

③ 将供版台扣入固定孔，然后将螺钉紧固。

2. 供版机工作模式设定

① 连接供版机设备需要在工作模板中勾选供版机选项，可以进行供版机工作设置。

② 设置单板供版机参数：设置供版吹纸吸版压力，根据版材大小及纸张重量选择合适的工作压力，有高、中、低三挡可选。

③ 设置多版供版机参数：设置供版吹纸吸版压力，根据版材大小及纸张重量选择合适的工作压力，有高、中、低三挡可选；设置供版机版盒参数，最多支持5版盒。

三、内置打孔

内置打孔为选配外设，是一种可以集成安装CTP设备内部，完成同步套印打孔的模块。内置打孔的结构如图1-2-3所示。

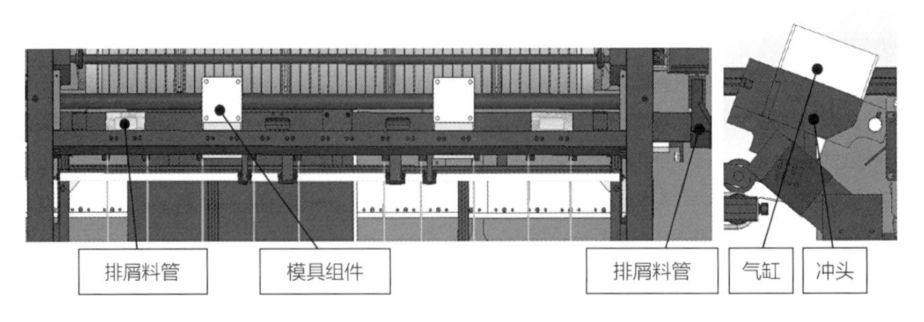

图1-2-3　内置打孔机结构

1．内置打孔的连接

① 单击软件操作界面（图1–2–4）的“辅助设置”项，调出“外部设备设置”对话框，选择“打孔过桥”设置界面。

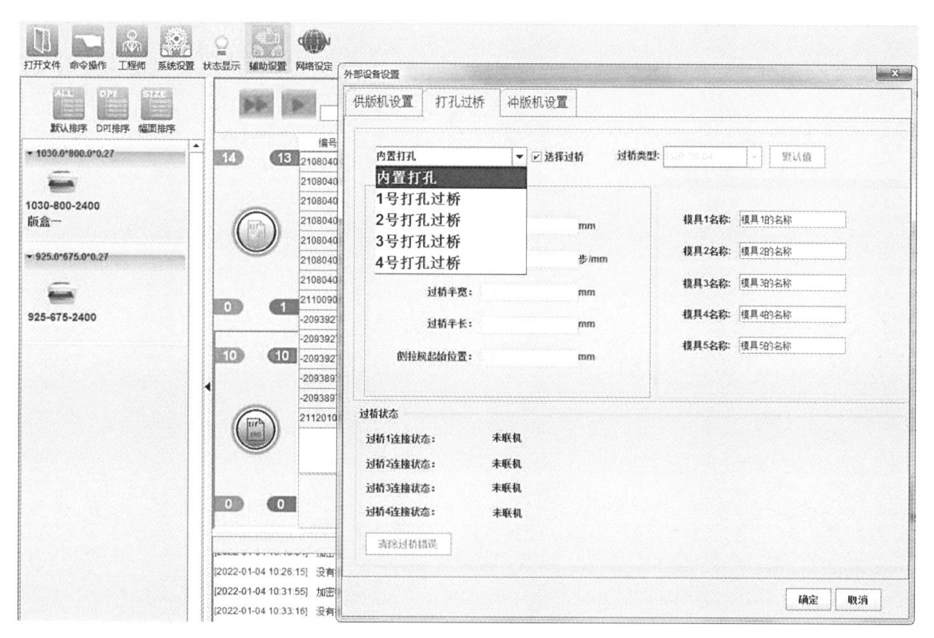

图1–2–4　打孔设置界面

② 选择对话框中的“内置打孔”，在“选择过桥”的勾选框中打钩。

③ 无须设置过桥类型及左侧过桥参数。

2．内置打孔工作设置

① 包含内置打孔功能的设备需要在工作模板中勾选打孔过桥选项，可以进行内置打孔工作设置。

② 设备编号。选择“内置打孔”。

③ 进口方向、出口方向。内置打孔无须设定。

④ 模具选择。用来选择当前工作模具的组号，仅支持单组工作，最多支持3组模具安装。

3．内置打孔的维护

① 定期观察铝屑是否毛边，必要时修模，延长模具使用寿命。

② 定期检查气缸滑杆润滑及密封情况。

③ 每24个月更换气缸密封件一次。

四、打孔过桥

打孔过桥为选配外设，是一种可以根据CTP设备设定，自动完成套印打孔的机器，主要功能有：自动匹配CTP制版设备使用的规格版材、自动套印打孔，四向版材输入/输出，并且自动连接到冲版设备。BGP打孔过桥的结构如图1–2–5所示。

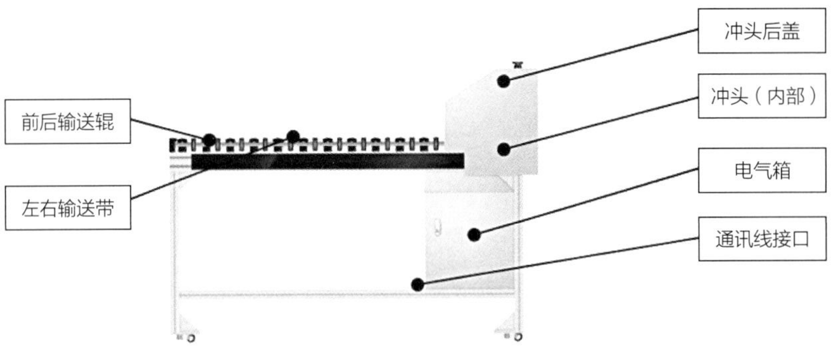

图1-2-5　BGP打孔过桥的结构

1. 打孔过桥辅助设置

① 单击软件操作界面“辅助设置”调出“外部设备设置”对话框，选择“打孔过桥”设置界面（图1-2-6）。

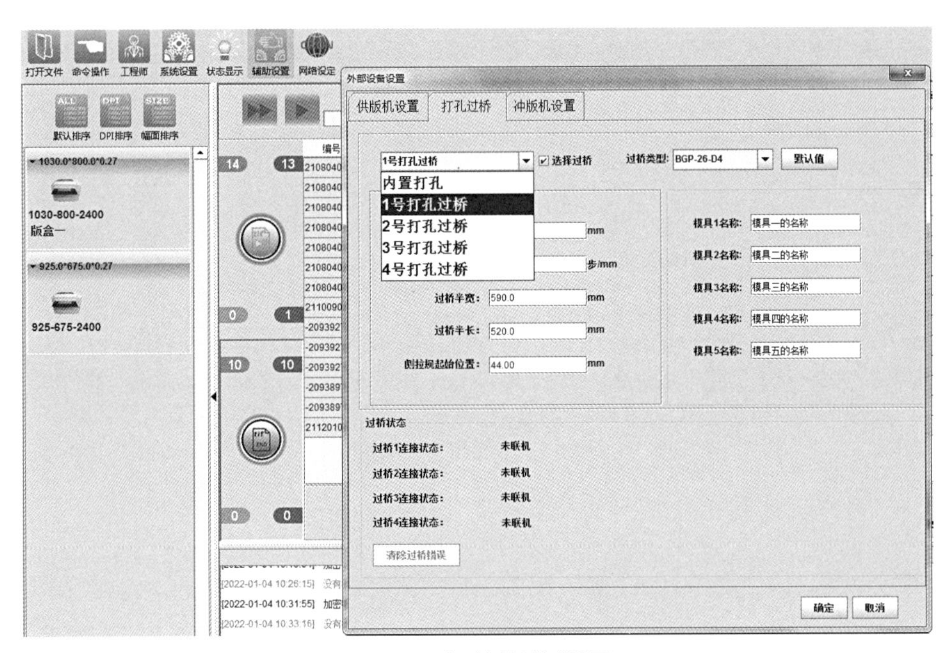

图1-2-6　打孔过桥辅助设置

② 依照BGP设备连接数量选择有效的过桥号（在“选择过桥”的勾选框中打钩），最多支持4组过桥连接。

③ 根据机型设置正确的“过桥类型”，参数可以参考随机电气箱上粘贴的参数标签。

2. 打孔过桥工作设置

① 连接BGP打孔过桥的设备需要在工作模板中勾选打孔过桥选项，可以进行打孔过桥工作设置，如图1-2-7所示。

② 设备编号。用来选择当前BGP设备的顺序编号，本设备支持多组BGP设备联线使用。

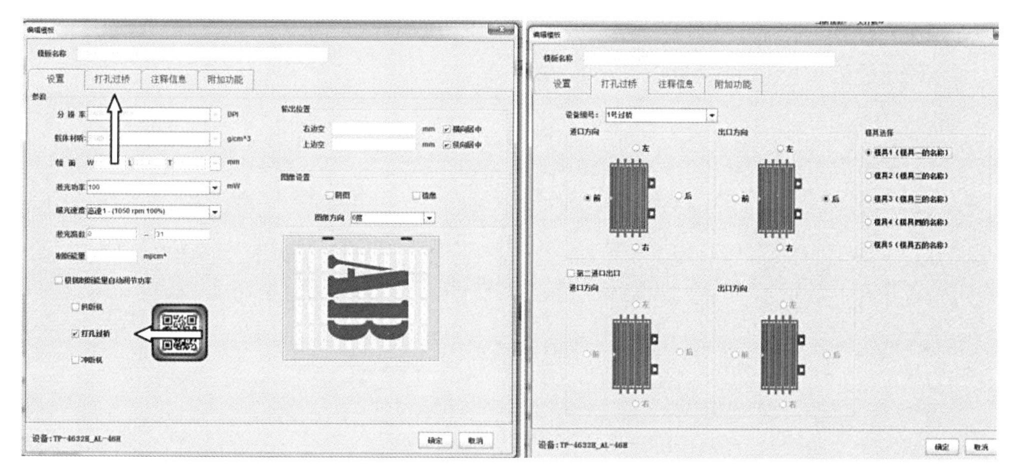

图1-2-7　打孔过桥工作设置

③ 进口方向。设定版材进入BGP设备的方向，本设备支持四向可选。

④ 出口方向。设定版材离开BGP设备的方向，本设备支持四向可选。

⑤ 模具选择。用来选择BGP设备当前工作模具的组号，仅支持单组工作，本设备最多支持3组模具安装；支起短过桥，后端位置与冲版机入口对齐。

五、吸尘除味机

TPV-1180吸尘机为选配外设，用来清除设备曝光过程中所产生的灰尘，结构如图1-2-8所示。

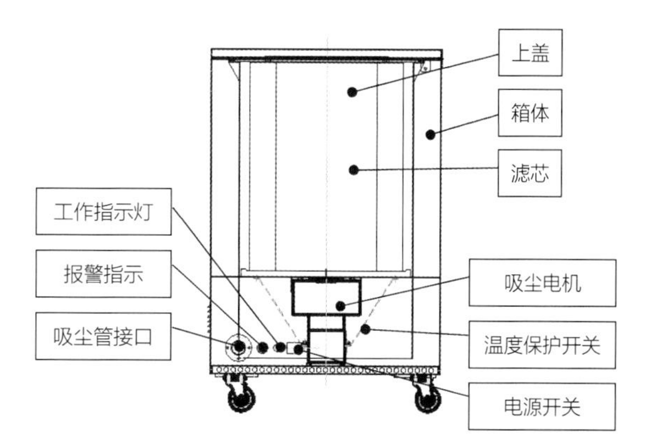

图1-2-8　TPV-1180吸尘机结构

1. 连接

① 吸尘管连接。吸尘机软管ϕ32连接到主机端吸尘机转接头上，使用不锈钢抱箍ϕ25-38将两端紧固。

② 电源线连接，吸尘机电源线连接主机吸尘机电源接头上。

2. 工作状态

① 本机工作状态受主机设备控制，设备发版时吸尘机工作，工作状态指示灯亮，设备完成发版动作时，吸尘机停止，工作状态指示灯灭。

② 吸尘机电机温度大于80℃时，设备报警指示灯亮，提醒用户主要设备状态，必要时停机休息甚至维修。

③ 吸尘机电机温度大于100℃时，设备报警指示灯亮，提醒用户主要设备状态，同时切断吸尘机工作电源。

3. 维护

① 定期清理。每3月清洗一次吸尘滤芯，每年更换一次吸尘滤芯。

② 滤芯更换方法。

a．打开吸尘机上盖；

b．取出内置滤芯清洗或更换；

c．放入清洗后（新）的滤芯；

d．锁闭吸尘机上盖。

第二节 冲版机

CTP印版输出后需要通过冲版机进行显影，显影成像的CTP印版才能进行上机印刷使用，因此在印版输出前需要调整与确认冲版机的状态。为达到最佳性能，冲版机及周围区域必须保持干净。应在每个工作日的开始和结束时清洁冲版机。

进行清洁时，请遵循以下规则：

① 禁止使用硬毛刷、研磨材料、溶剂、酸性或普通碱性溶液来清洁辊轴和其他组件。

② 只能使用规定的化学品清洁冲版机。

③ 不能使用砂纸、百洁布或其他研磨材料去除冲版机零部件上的污渍或物质。

④ 使用白色的无绒布清洁冲版机。

一、目测检查

每周至少对冲版机所有部件进行一次仔细的检查。

注意：在打开冲版机罩盖前，应先关闭主电源。

表1-2-1显示了在检查冲版机和执行相关维护任务时要查看的内容。

表1-2-1 检查冲版机和执行相关维护任务的内容

显影部分	维护任务
机盖上存在由水和显影剂的混合物造成的严重沉积物、残留物或结晶	排干并清洁显影剂罐，然后注满新的显影剂
显影剂液面较低	向显影槽中提升显影液
循环泵喷淋管	检查喷淋管里的沉淀物和被阻碍的孔。如有必要，进行清理
水洗部分	维护任务
喷淋管被阻塞	清洗喷淋管
挡水轴上有沉淀物	用潮湿的布擦净
上胶部分	维护任务
胶浓度过高	清洗上胶部分

续表

滚轴部分	维护任务
上胶轴上留有余胶或变硬的胶料	用温水清洗上胶轴。如有需要，更换上面的套管
轴上有残渣	用干净，潮湿的软布擦净
冷凝部分	维护任务
冷凝液液位过低	加冷凝液

二、显影部分维护

注意：显影剂有腐蚀性。请戴上安全镜、橡胶手套。根据当地相关法规处理废弃的显影药液。

1. 排干显影液药槽

排干显影液以便更换显影液和执行显影槽部分的维护和保养任务。

注意：根据当地法规弃置显影剂废液。

从冲版机中排干显影液：

① 确保冲版机的主开关关闭；

② 准备空容器装显影废液；

③ 将显影槽排液管插入空的容器（确保显影废液管顺直，以便显影剂完全排出）；

④ 打开显影槽的排液阀；

⑤ 当废液容器充满时，关闭排液阀，然后换另外一个空容器；

⑥ 当显影槽排尽时，关闭排液阀。

2. 显影部分的清洗

当执行维护和服务时需清洗显影部分。清洗显影槽前，必须确保显影液已排尽，排液阀被打开。排水管必须是空的，在放入排液槽或空的容器里时。

显影部分的清洗：

① 确保主电源开关已关闭；

② 打开大盖，压下互锁开关；

③ 检查进版传感器，清理周边残渣；

④ 取出防氧化盖及导向装置并用温水清洗；

⑤ 开机；

⑥ 在手动模式下，运行主电机和毛刷电机，使橡胶轴和毛刷轴转动；

⑦ 当滚轴旋转时用水枪冲洗滚轴；

⑧ 用专用的清洗液清洗显影槽及其部件；

⑨ 重新装回导向装置；

⑩ 重新装回防氧化盖；

⑪ 关闭显影槽排液阀。

3．更换显影过滤器

注：在执行显影部分操作时需穿戴相应的防护衣服、眼镜和手套。

① 确保冲版机的主电源开关已经被关闭。

② 关闭显影过滤器的进液阀和出液阀，如图1-2-9所示。

③ 将一个空桶放在过滤器壳下面。

④ 打开过滤器排液阀。

⑤ 按下位于显影过滤器室顶部的红色压力释放按钮。

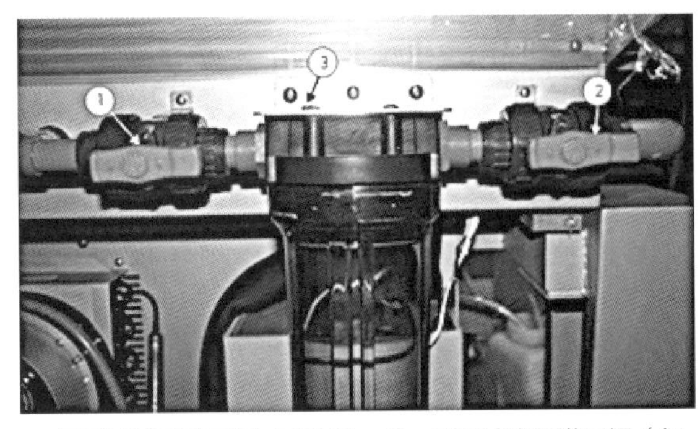

1- 显影过滤器出口阀（打开）；2- 显影过滤器进口阀（打开）；3- 压紧—释放按钮

图1-2-9　显影过滤器

⑥ 将过滤器里面的显影液排到桶里。

⑦ 当过滤壳里的显影液被排净，关闭排液阀。

⑧ 使用专用的扳手完全松开过滤器壳，然后将其卸下。

⑨ 从过滤器壳里取出过滤芯（按照当地的规定来处理过滤芯）。

⑩ 用温水冲洗过滤器壳。

⑪ 用干净的布擦干过滤器壳。

⑫ 将新过滤芯放入过滤器壳，确保过滤芯适合地放入过滤器壳底部。

⑬ 将过滤器壳装上，并使用扳手将其拧紧，确保O形密封圈就位。

⑭ 打开过滤器进液和出液阀，使显影液从药槽中注入过滤器壳内。

⑮ 用新显影液补充显影药槽。

三、水洗部分的维护

1．排干水洗药槽

① 确保冲版机的主电源开关关闭。

② 准备空容器装废水。

③ 将水洗部分排水管放入空容器或排水槽（要点是排水管必须顺直，否则不能完全排干水）。

④ 打开洗涤部分排水阀。当废液容器充满时，关闭排液阀，然后换上一个空容器。然后继续排水，直到水洗槽里的水排尽。

⑤ 关闭排水阀。

注：

① 根据当地排放标准处置废水。

② 当水洗第一对橡胶轴上显影液结晶较多时，需要彻底清洗直到结晶被清洗干净，否则会出现版材表面有划痕或有水流顺版材表面流进显影槽的现象。

③ 如果使用再循环水运行冲版机，应每天排干洗涤水，或者至少两天一次，并换成清水。

2．水洗部分的清洗

在执行周期性的维护和服务时，应清洗水洗部分。

水洗部分的清洗：

① 排空水洗部分（不要关闭排液阀）。

② 开机。

③ 打开大盖，压下互锁开关。

④ 在手动模式下，运行主电机和毛刷电机，使橡胶轴和毛刷轴转动。

⑤ 当滚轴旋转时用水枪冲洗滚轴。

⑥ 将合适的清洁溶液涂在水洗槽及其组件上，然后冲洗。

⑦ 关闭水洗部分的排液阀。

3．更换水洗过滤器

① 确保冲版机的主电源被关闭。

② 关闭水洗过滤器的进出口阀。

③ 将一个空桶放在过滤器壳下面。

④ 打开过滤器的排液阀。

⑤ 按下过滤器上面的红色按钮，让水从过滤器中完全排出。

⑥ 旋下过滤壳。

⑦ 将过滤芯取下（按照当地的规定来处理过滤芯）。

⑧ 用温水清洗过滤壳。

⑨ 用干净的布擦干过滤壳。

⑩ 更换一个新的过滤芯。

⑪ 装回过滤壳（确保O形密封圈就位）。

⑫ 打开过滤器进出口阀门。

⑬ 如果冲版机配置为使用再循环水运行，则在处理印版之前，必须将水充入洗涤部分。

四、上胶部分维护

要防止胶料变硬，请在每个工作日结束时，执行以下操作：

① 将剩余胶料放回容器。

② 冲洗上胶部分。

1．上胶部分的清洗

① 将上胶部分排空。

② 运行上胶清洗程序。

③ 卸下上胶轴。

④ 用温水清洗，用清洁软布擦拭除去胶料和沉积物。

⑤ 如有必要，用沾有温水的干净的布擦拭其他胶料部分辊轮。

⑥ 将上胶轴装回冲版机。

2．执行温水冲洗

① 将上胶管放入一个热水桶里（水温40℃）。

② 在手动操作界面，进入上胶泵子界面。

③ 运行上胶泵。

④ 停止上胶泵。

⑤ 如果需要，可重复运行。

⑥ 将上胶管放入上胶桶里。

五、冷凝器部分维护

冷凝器位于冲版机底架前面，用来冷却显影部分中的显影液。

冷凝器由以下组件组成（图1–2–10）：制冷单元（压缩机、散热片和风扇）、冷凝液容器、冷凝液循环泵。

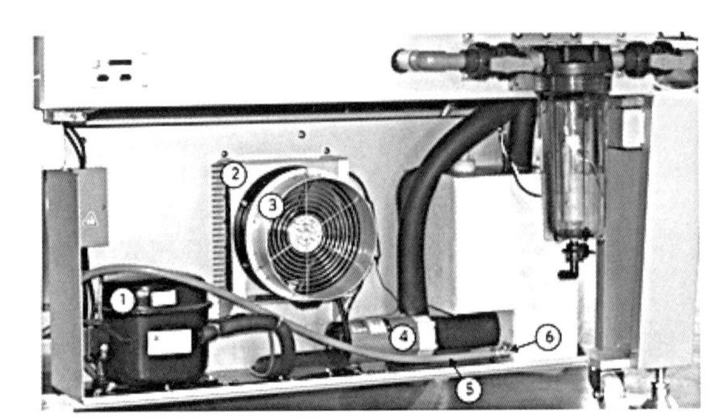

1—压缩机；2—散热器；3—风机；4—泵；5—排液管；6—排液阀

图1–2–10 冷凝器

将冷凝液存放在冷凝单元容器里。当显影部分的温度超过规定最大极限，循环泵开始工作让冷凝液在显影部分的冷凝管里循环，起到降温作用。应定期检查冷凝液容器中的液位。从容器侧面可以看到液位，确保容器保持大约8L冷凝液。

1．向冷凝液容器里添加冷凝液

打开容器顶部的塞子，用延长管将冷凝液加入容器里直到指定位置（8L）。每6个月更换一次新的冷凝液。

2．冷凝液容器里冷凝液的排出

在冲版机的下面放置一个空桶，然后将容器箱的排液管放入空桶里。

打开冷凝液容器箱上的排液阀。

第三章

印版的输出

学习目标

1. 能按工艺单设定输出参数。
2. 能对栅格图像处理器（RIP）处理后的数字文件进行检查。
3. 能完成印版的显影。

第一节　CTP印版输出

CTP制版机开机前①打开UPS电源，打开冷气。打开空气压缩机，观看指针在绿色的位置里；②打开CTP右侧红色电源开关；③打开与制版机连接的电脑电源；④打开CTP制版机上面的轻触式开关，等待机器自检5min；⑤打开驱动的软件，检查软件和机器的状态（图1–3–1）。

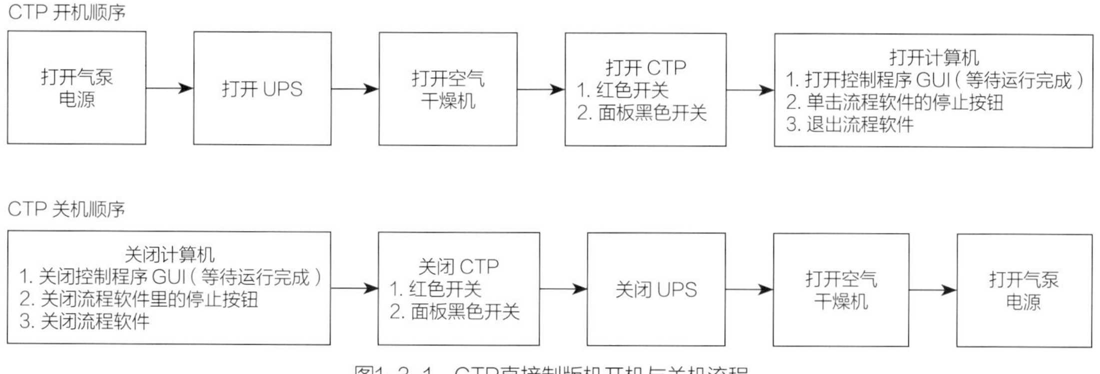

图1–3–1　CTP直接制版机开机与关机流程

一、启动

CTP制版机使用时，首先打开UPS电源，打开冷气。打开空气压缩机，观看指针在绿色的位置里；开启设备电源使用凸轮开关的设备，将凸轮开关打到图1–3–2所示位置。

使用微型断路器的设备，将断路器向上打开到导通位置，接入设备电源（右侧为3相电源断路器），如图1-3-3所示。

图1-3-2　凸轮开关

打开CTP上面的轻触式开关，等待机器自检5分钟。确认制版机设备驱动程序安装正确，在“计算机管路”→“设备管理器”展开目录下，确认制版机设备驱动程序已经正确安装，正确安装时，在通用串行总线控制器下可以找到以下硬件“Cron laser device，V1C”（图1-3-4）。

如果安装不正确，软件将无法连接设备，这时可以通过收到更新驱动程序的方式来人为协助安装制版机设备驱动程序，软件驱动程序文件存放于软件根目录下–“USBDrv128B”文件夹内，请手动更新，直至设备驱动正确安装。

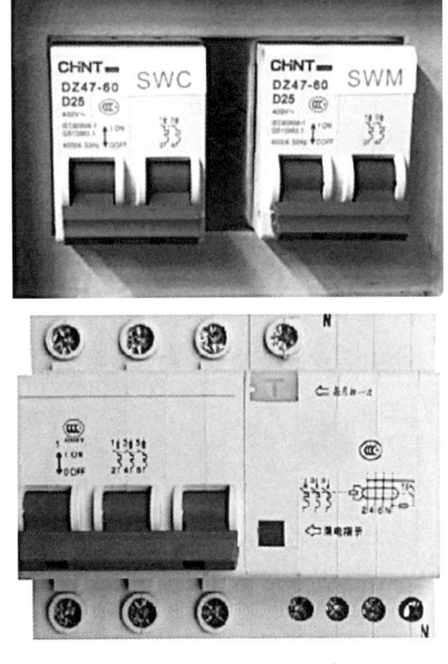

图1-3-3　电源断路

图1-3-4　确认制版机设备驱动程序安装

正确安装完软件后，双击桌面的Laboo5.1.0软件快捷方式图标，弹出启动界面，加载完成启动程序后即完成启动Laboo输出器。

二、设定初始模板

新装软件首先需要设定初始模板，单击新建模板对话框，设定一个初始模板：根据机型规格设定允许范围内的模板，确认输入“模板名称”“分辨率”“载体材质”“幅面”“制版能量”“曝光速度”等参数（图1-3-5），参数说明见表1-3-1。

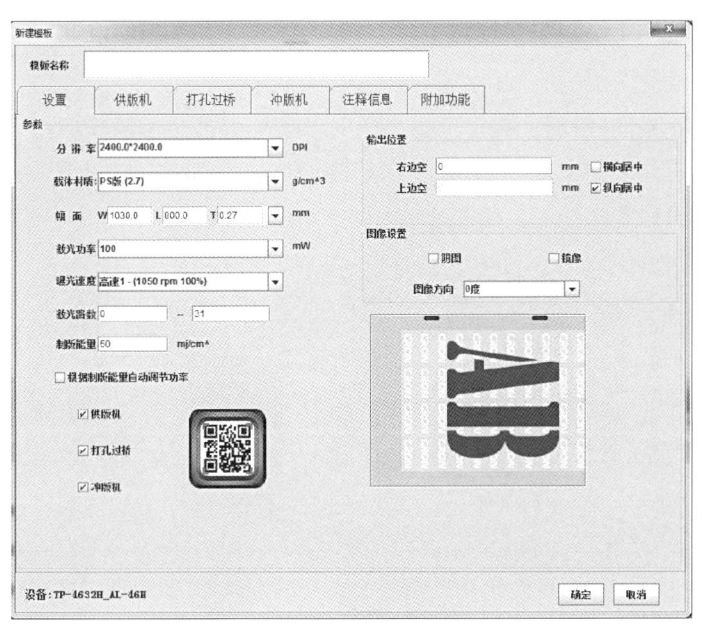

图1-3-5　新建工作模板

表1-3-1　设置参数列表

名称	说明
模板名称	设定模板名称；建议规范命名：版材幅面-分辨率-版材厚度。如：510-400-2400-0.135
分辨率	设定模板使用的图像分辨率（机型配置不同，支持的分辨率也不同）
载体材质	设定模板使用的版材材质，支持材质：PS版、胶片（机型配置不同，支持的材质也不同） 注意：材质设定错误会造成离焦，设备抖动等问题，影响成像质量
幅面	设定模板的版材幅面尺寸，厚度依照实际测量为准（最大最小幅面由机型决定）
激光功率	激光功率为手动设定值，依照版材的能量需求而定，其值不超过设备出厂功率 注意：如勾选根据制版能量自动调节则无须手动设定，建议选择
曝光速度	曝光时的光鼓转速选择，依照实际生产设定，其最高速由制版能量、最大功率及最高限速决定
激光路数	设定路数0-128（激光路数由机型决定）
制版能量	制版能量由版材特性决定，由版材供应商提供或实测而得
供版机	自动供版选项-如勾选，则该模板工作时包含供版机自动供版（机型决定）
打孔过桥	打孔选项-如勾选，则该模板工作时包含自动打孔功能（机型决定）
冲版机	冲版机选项（由机型决定）

新建工作模板：单击“新建模板”按钮，调出新建模板对话框，根据实际的工作需求设定一个工作模板；设定完成后确认，建立一个热文件夹可以便于后续的批量操作。

三、编辑工作模板添加作业

编辑工作模板：工作模板设定完成后，如需要更改模板参数，可以通过编辑模板功能实现模板的再编辑，编辑模板时，模板名称、载体材质、分辨率参数将会锁定无法编辑，仅限于可调参数的更改及变更。

通过添加TIFF文件添加任务：单击“打开文件”按钮，选择相应目录下的*.Tiff和*.PPG文件作业，选择需要使用的文件及下方对应的模板（需保证参数一致）；确认后，该文件即出现在软件的输出列表中（图1-3-6）。

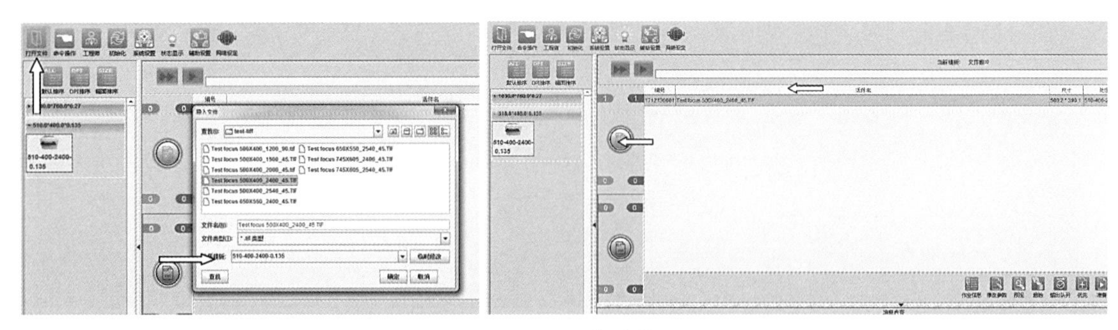

图1-3-6　添加文件

四、出版前检查

认真核对文件；根据工单选择正确的文件输出CTP版材；对TIFF文件进行最后的常规检查（角线，色标，尺寸，分色，咬口，针位线）。

在流程软件里设定版材输出参数，根据输出版材的实际需求设定出版功率、转速、图像位置等相关参数。

五、CTP 上版操作

依照软件操作说明，选择正确的模板，执行“模板调整”，将设备模板调整到对应位置；检查版材的平整，有没有黑点白点；看清版材尺寸，和电脑的提示操作；上版时，需要把版材的下沿对齐机器的边缘，然后按动进版键；下版时需要轻拿轻放，小心，平整放到冲机上。

注：放置版材

① 将版材放置在简易供版台对应位置上，版材右侧边靠近居中靠规位置，离开靠规约1mm左右。

② 将一批次数量的版材（最多50张）放置到设备的供板台上，前端靠齐前规，右侧靠近居中靠规位置，离开靠规约1mm。

六、出版操作

1. 设定输出参数

“初始化”（图1-3-7）设备初始化为设备对各项执行机构进行复位自检，同时根据所选择的版材信息模板进行调整。

单击“初始化”按钮弹出设备初始化对话框（图1–3–8）。

对系统进行参数设置如图1–3–9所示。

① 单位设置即输出图像的计算单位，可选择毫米或英寸。

② 保留信息行数。在设备执行动作时会自动保留任何返回的信息，本功能可设置需要保留的行数。在返回信息界面单击右键，可以清除所有保留信息。此处显示为保留信息行数的最大值2000。

③ 保留文件个数。此处显示为保留文件个数的最大值500。

④ 慢转光鼓启动时间。当设备处于待机状态下，启动光鼓慢转开始时间。

⑤ 慢转光鼓停止时间。当光鼓处于慢转状态下，停止转动的时间。

⑥ 热文件夹扫描间隔。系统自动搜索热文件夹时间周期，默认值为10s。

⑦ 热文件夹默认路径。可设置热文件的默认状态指定哪个文件夹。

⑧ 信息栏双击弹出右键菜单。选中此选项后在信息栏对话框内可右击选择操作。

⑨ 最后一个作业不自动供版。最后一个作业完成后，自动供版机不自动供版。

⑩ 自动供版输出时幅面切换提醒。不同幅面切换时，软件给予提醒。

⑪ 允许大版小幅面输出。选择本功能可以使用比图样尺寸大的版来输出该图样。

⑫ 大版小幅面输出确认。选择该功能后，大版小幅面输出前将提示用户，是否确认使用大版输出小幅面功能。

⑬ 错误状态下声音警告。如输出失败或出现错误，会不间断地发出警告声，移动鼠标，声音停止。

⑭ 是否每张激光检查。选择该功能后，在每张作业输出时检查激光功率。

⑮ 选择语言。界面语言由中文与English。

⑯ 设置主机ID。设置当前设备编号。

⑰ 网点补偿。对制版网点进行线性化补偿。

图1–3–7　初始化

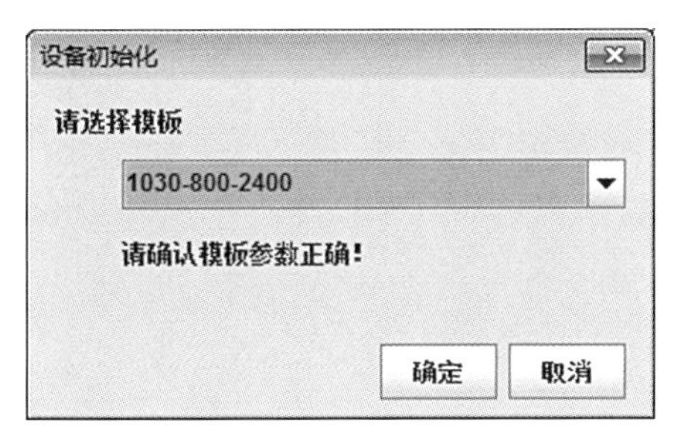

图1–3–8　初始化对话框

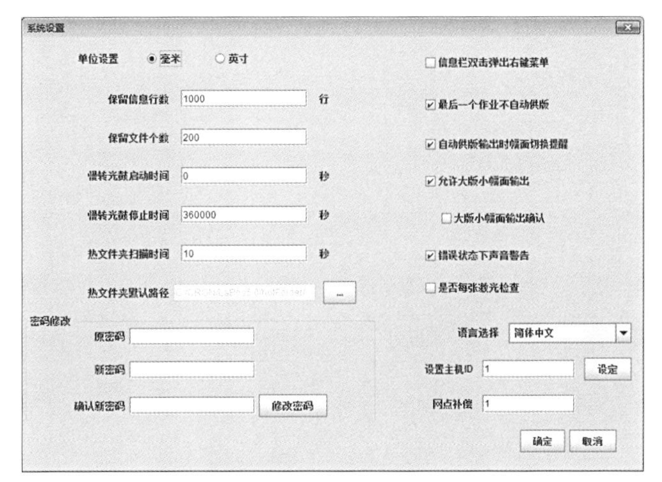

图1–3–9　参数设置

2．状态显示项

状态显示项（图1-3-10），用于显示和隐藏设备的状态。显示时窗口置于屏幕最前面。

具体的参数意义：

ET：设备温度

LT：激光箱温度

DPI：当前模版的分辨率

DS：光鼓转速

PW：当前模版的激光功率

UL：表前卸版或者后卸版

PS：当前模版尺寸及厚度

OS：当前模版下每小时的输出版材张数

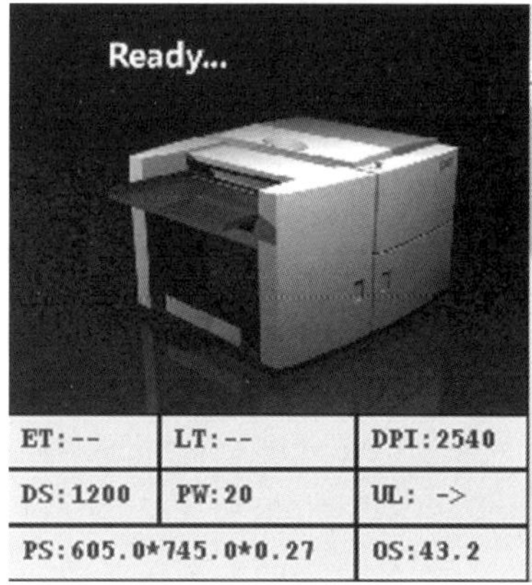

图1-3-10　状态显示

（1）关于温度

① 启动软件后第3s读取设备温度，以后每隔10min读取一次。如果激光箱温度大于32℃或小于18℃；环境温度小于10℃或大于40℃，设备停止工作。

② 如果激光箱温度小于23.5℃或大于26.5℃，每张作业输出前都将锁定激光。

③ 如果运行激光检测程序，设备将不检测温度。

④ 如表1-3-2为设备状态监控器各状态的说明。

（2）图片状态　图1-3-10中的右图中的图片显示的是设备所处的状态，其每个图片所表示的意义如表1-3-2所示。

表1-3-2　状态示意表

视图	注释	视图	注释
 Ready...	设备就绪，或联机空闲	 Plate Loading...	装版
 Running...	运行	 Plate Unloading...	卸版

续表

视图	注释	视图	注释
	图像扫描		当设备操作出现一般性错误，或脱机
	设备状态不正常或损坏		

3．辅助设置

（1）供版机设置　设置供版机的相关使用参数及状态显示如图1–3–11所示。

① 多用版盒。多用版盒是支持不同版材尺寸的多功能版盒。

② 1号、2号、3号版盒。定义相关版盒使用的版材尺寸。

③ 吸纸强、中、弱。根据版材衬纸的类型不同下，可选择三挡不同压力的吸纸方式。

④ 吹气强、中、弱。根据版材衬纸的类型不同下，可选择三挡不同压力的吹纸方式。

⑤ 供版机状态。当前供版机的联机状态。

（2）打孔过桥（如图1–3–12）

① 选择过桥。根据作业需要选择过桥；

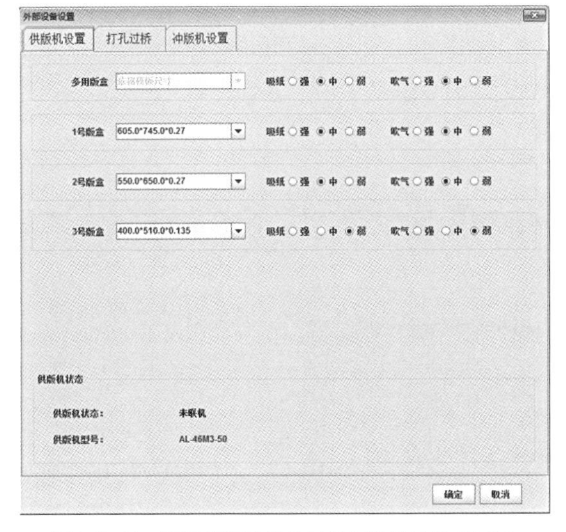

图1–3–11　设置供版机的相关使用参数及状态显示

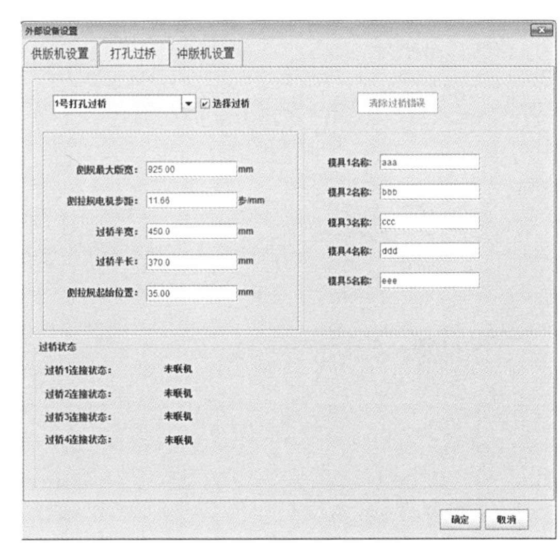

图1–3–12　设置打孔过桥的相关使用参数及状态显示

② 侧规最大版宽。当前过桥工作最大版材幅面；

③ 侧拉规电机步距。侧拉规步进电机1毫米所运动的脉冲数；

④ 过桥半宽。当前过桥支持最大版材幅面宽度的一半；

⑤ 过桥半长。当前过桥支持最大版材幅面长度的一半；

⑥ 侧拉规起始位置。工作状态下，侧拉规拉版的起始位置；

⑦ 模具一、二、三、四、五名称。自定义当前过桥模具的名称；

⑧ 过桥状态。当前过桥联机状态。

4. 添加文件

Laboo输出器有两种添加文件的方式。一种是来源于CRONY流程中，另一种是直接添加一位tiff文件。添加TIFF的步骤：

① 在“工具栏”中选择“打开”按钮。

② 在弹出的打开对话框中选择要添加的*.tif或*.PPG文件和选择应用到拽定的模板，如图1-3-13所示；添加成功后软件界面的信息区后提示“添加文件成功”。

③ 所有添加的作业会出现在文件的“等待输出队列”。

注：如果输出模板里设置了热文件夹且已经激活，可以通过热文件夹向输出器添加文件。

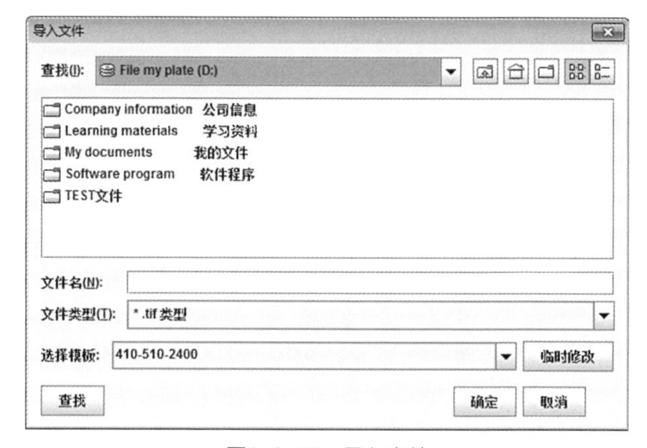

图1-3-13 导入文件

热文件夹激活方式：选中一个模板，右键中选择“启动热文件夹”即可，如图1-3-14所示。启动完成后模板左上方显示“HOT”文字。

5. 输出作业

设备在输出文件之前会自动检查当前设备并调整为当前作业模板。

单击“单个输出”，也可单击“连续输出”，相同模板下的作业文件即从上至下按次序输出，已经完成输出作业将自动移到“已完成作业队列”中，所有操作过程信息将在工作信息栏中体现。当文件处于输出状态时，“单个输出”会变为“停止输出”，单击“停止输出”，设备停止输出工作。

补充实用操作：上版后如需取消制版，可单机停止输出，在紧急情况下可以按急停开关。设备停止运转后，运行卸版命令，取出版材。

光量偏移等报错提示，只需按“确认”键即可，某些报错按照提示进行相应操作即可。

6. 注意事项

① TIFF文档复制到相应尺寸出版文件夹，系统会对不符合尺寸、分辨率的文件自动反馈，放印版前先确认所拿印版与机器显示尺寸一致。

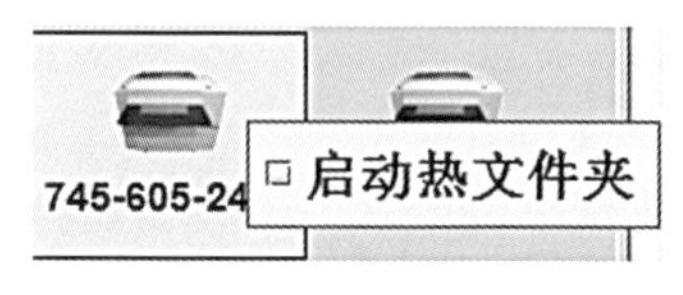

图1-3-14 启动热文件夹

② 从箱内取版前应确保双手干净无灰尘、手面无水保持

干爽。

③ 取版时，印版与衬纸一并拿出，否则版面易受到摩擦而产生划痕。

④ 取版放版时手指勿用力过大，且应轻拿轻放，防止折版。注意版面不要受到外物碰擦。

⑤ 版放置上版平台前，应检查版面是否平整，尤其注意版边缘是否折翘，保证平整，否则极易造成制版机卡版。

⑥ 放版时对准正确的位置尺寸，注意不要放斜，过斜会导致上版过程中卡版。

⑦ 盖盖门应轻力，不可用力过大重扣，否则易导致激光器震动，版面上会留下长的蓝线。

⑧ 上等候版应在前一张版100%曝光前完成上版操作。

⑨ 出不同尺寸印版衔接时，按上版键前应记住调整至相应尺寸出版模式，否则会卡版，会导致调节传感器零件扭曲变形报错，开闭门不能打开。

⑩ 置顶某文件前，需先确认机器内已上的等候版是否与该文件尺寸相对应。总之要保证等候版与下一个出版文件尺寸相对应。

⑪ 手动冲版机时，注意不要放斜，过斜会导致冲版过程中卡版，卡版时应及时按“急停”键。

⑫ 稍微使些推力，以保证前端胶辊充分咬住印版，不然印版会在前方平台停滞。

⑬ 无自动收版设备，需要及时手动收版，避免前后两张版叠加而刮伤版面。

⑭ 收版后，版与版之间应夹衬纸，防磨伤刮坏。

⑮ 原版和成品版都不可长时间见光，出完版后，将箱盖再盖回去。

7. 日常工作及维护保养

① 出版需登记入账。

② 每天早上核对前一天账单，补版单也需核对。

③ 每天早晚出版各测一次版。偏差范围应控制在±1之内，如网点偏差较大，原因可能是由于近期出版量过多导致药水药性提前减弱，或因为药水过长时间没更换导致，或者是由于水槽外循环排水口被堵住导致水流入显影槽而造成药水药性减弱。采取措施是更换新药水，水槽外循环排水口若被堵应拆掉毛刷等构件后捅顺排水口。排除药水和机器原因外，仍有误差则可能是文件本身有问题。

④ 保证地面干净。

⑤ 室内温度要控制在21~25℃。

七、CTP 关机操作

使用计算机里的设备驱动软件关闭CTP制版设备；关闭CTP制版机的电源、计算机和切断电源。

制版机使用注意事项：

① CTP制版机工作时不可关机，否则会卡版。

② 放置CTP版时须药膜朝上平行放入冲版口，不可放斜或反放。

第二节　设置印版的分辨率与加

一、直接制版流程中印版输出分辨率的设置

直接制版流程中印版输出分辨率的设置通过输出流程模板的参数设置完成，如科雷佳盟流程软件就是通过规范化模版参数设置实现。

规范化模板是将源文件解释为标准的单个PDF文件。在模板中，分为四个参数设置标签页，常规设置、字体设置、图像压缩、PS（EPS）设置。其中的常规设置选项如图1-3-15所示。

1．页面设置框

设置规范化页面的规格。该设定仅适用于没有页面描述的EPS、PS、PDF文件，对于包含这些信息的文件不起任何作用。

（1）默认尺寸　在下拉菜单中，可选择相应的尺寸，如A3、A4。也可自定义页面尺寸，选择“自定义”选项，在下边“长”和“宽”中写入相应的尺寸，以mm为单位。

（2）分辨率　该参数定义了标准化分辨率。如果将要处理的PostScript编码中没有包含任何的分辨率信息，就会使用标准分辨率。分辨率主要定义了PostScript阴影的加网线数。这对图像和字体没有任何影响。

2．效果设置框

设定规范化页面的缩放倍率和生成预览图的分辨率。

（1）横向缩放　设置页面横向缩放的倍率。规范化时按照设定的比例，将文件进行放大或缩小。默认值为100%。

（2）纵向缩放　设置页面纵向缩放的倍率，默认值为100%。

（3）预览图分辨率　设置规范化页面后，生成预览图的分辨率。默认为72dpi。可在下拉菜单中选择分辨率，如72dpi、144dpi等。

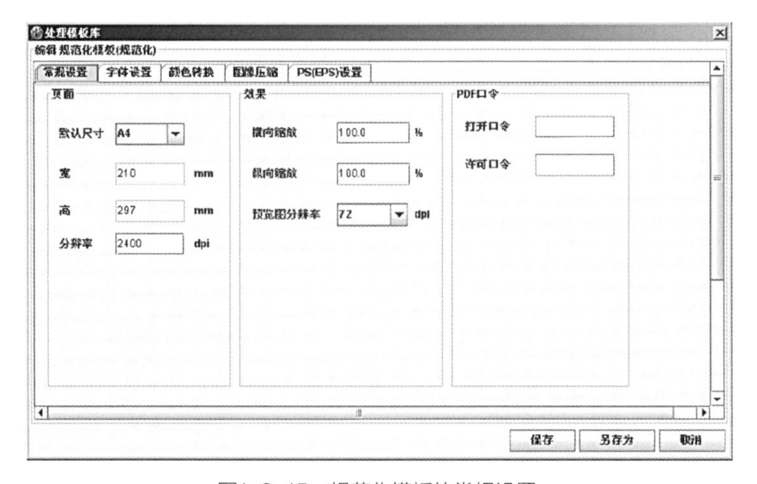

图1-3-15　规范化模板的常规设置

3. PDF口令设置框

有些PDF文件中设置了口令，没有口令不能正常处理文件，所以必须在此处设定所需的口令，才能正常的进行规范化。

（1）打开口令　输入PDF文件的打开口令。

（2）许可口令　输入置PDF文件的许可口令。

二、直接制版流程加网参数的设定

加网参数设定通过制版输出流程的输出模板来完成，其中科雷佳盟流程软件通过CTP输出模板的RIP设置来实现（图1-3-16）。CTP输出模板是将文件解释输出到CTP输出器，是流程的核心部分。在模板中分为五个参数设置标签页，分别为RIP设置、输出设置、颜色转换、曲线校正、印版设置。

1. 常规设置项

（1）色空间　“色空间”反映了输出设备对色彩及图像数据的处理方式，其实质是告诉用户以怎样的方式处理待输出的文件：是否需要RIP分色、是输出二值加网数据还是连续调数据等。

在“色空间”下拉列表中可选择不同的色空间。例如对于照排机、直接制版机（CTP）等单色设备只能选择Gray（Halftone）和CMYK Separations（Halftone）；对于彩色喷墨打印机可选CMYK（Halftone）；对于TIFF输出则几乎所有的项目都可选用。

① Gray（Halftone）。表示单色加网模式，制版软件前端分色，无须RIP分色，生成二值点阵数据。

② CMYK Separations（Halftone）。表示RIP分色加网模式，前端制版软件生成的为复合色文件，需要RIP对其进行分色加网，为每个色版生成一个二值点阵图像。

关于“前端分色模式”和“RIP分色模式”的说明：

对于RIP而言，所有照排机及直接制版机（CTP）都是单色半色调设备，因此当设备为照排机及直接制版机时，色空间只有以上两项可选。

Gray（Halftone）通常也称为“前端分色模式”，要求排版软件前端分色，换言之，在排版软件中需要选择“分色”，生成的PS文件中已经包含了四个单色页面（假定只有CMYK四色），四个色版中的颜色数据都已确定，色版之间的压印（Overprint）、陷印（Trapping）等效果都已实现完毕，RIP对其只能进行单纯解释，已经不可能影响其颜色、压印、陷印等效果。

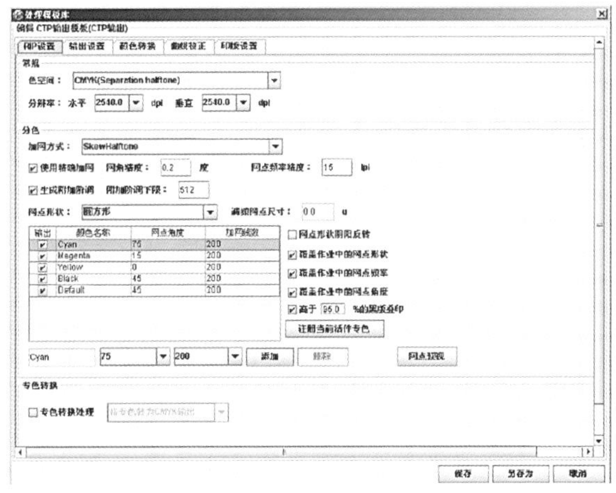

图1-3-16　RIP设置实现加网设定

CMYK Separations（Halftone）通常也称为“RIP分色模式”。要求排版软件生成复合色PS文件，即PS文件中包含单个彩色页面，对于这类文件，RIP可以有很大的作用空间，可以对其进行色彩管理；对专色进行灵活处理；由RIP控制生成压印、陷印效果等。Postscript 3标准中的很多新增指令都要基于复合色PS文件完成，并且在印前作业流程中会发挥更大的作用。

③ Gray（8bit contone）。单色连续调模式，解释成灰度图像。

④ CMYK（Separations 8bit contone）。RIP分色连续调模式，前端排版软件生成的为复合色文件，需要RIP分色，为每个色版生成一个灰度图像。

⑤ CMYK（8bit contone）。RIP分色连续调模式，前端排版软件生成的为复合色文件，需要RIP分色，生成一个彩色图像。

⑥ RGB（8bit contone）。输出RGB彩色图像模式，与上一项类似，前端排版软件生成的为复合色文件，需要RIP转换为RGB模式，并为每个色版生成一个彩色图像。

（2）分辨率　设置输出文件的分辨率，由后端输出设备决定。从下拉菜单中选择合适的水平和垂直分辨率，也可自定义输出分辨率。RIP将按照选定的分辨率来生成点阵文件。当选择的分辨率与输出设备实际分辨率不一致时会造成输出尺寸变形。

2. 分色设置项

该设置项的参数是否可使用，取决于“色空间”中设置的分色方式。在某些模式下，分色参数是无效的。

（1）加网方式　在下拉列表中，列出了Skew Halftone、HQS Halftone、Balance Halftone、External Halftone、Normal Halftone和LessIntaglio Halftone 6种调幅加网方式。

不同的方式对加网精度、网点玫瑰斑以及灰度层次的控制算法不同，Skew Halftone、HQS Halftone和Balance Halftone为最常用的加网方式。External Halftone为自定义网点加网方式，多用于凹版制版的加网。

（2）使用精确加网　选中此项后，可对“网角精度”和“网点频率精度”进行设置。

① 网角精度。网角精度是指RIP加网后的实际网点角度与设定网点角度之间的允许角度差。系统默认值为0.2°。

② 网点频率精度。网点频率精度是指RIP加网后实际网点频率与设定网点频率之间的允许频率差。系统默认值为每英寸15线。

以上两项设定用户不得自行更改，否则可能引起撞网现象。

（3）生成附加阶调　选中此项后，可对“附加阶调下限”进行设置。缺省值为512。输入的是灰度级数下限，灰度级数越高，输出图像的层次尤其是渐变的平滑程度越好，但对解释速度和网点形状有一定影响。

（4）网点形状　在下拉列表中，列出了31种不同的网点形状，可根据需要进行选择，还可通过单击模板下方的“网点预视”按钮，预览在不同网点角度，不同加网线数下的网点形状。

当加网方式为External Halftone时，网点形状将载入资源库中存储的“自定义网点”资源，可选择其中一个进行加网。

① 调频网点尺寸。当加网方式为调频加网方式时，设置网点尺寸。

② 网点形状阴阳反转。一般只应用于图像文件本身为阴图时，选中此项输出。

③ 覆盖作业中的网点形状。缺省为选中。

④ 覆盖作业中的网点频率。缺省为选中。

⑤ 覆盖作业中的网点角度。缺省为选中。

网点形状、频率、角度三项是否用RIP中的相关项目的设定值取代待输出文件中的设定值，选中则表示取代。

⑥ 高于%的黑版叠印：缺省为选中，该选项仅在RIP分色时有效。

为了减少印刷中套印难度，避免出现漏白边现象，当黑色达到设置值以上时进行压印，使下面的色版不镂空。

3. 色版打印设置列表

在模板的下部为“色版打印设置列表”，用来设置色版的输出，以及输出该色版时，使用的网角网线数，用户可以选中其中一个色版，通过下面的下拉菜单来设置每个色版的打印参数。

“Default”色版表示除了列表中所列色版外的所有色版。如模板中不添加专色时，则表示除了CMYK四色外所有的专色色版，可通过设置此项控制所有专色色版加网参数及输出。

列表右下方有“添加”和“删除”两个按钮，可以通过这两个按钮在列表中添加或者删除一个专色。单击“添加”后，在“色版打印设置列表”中，将自动出现一行数据，选中添加的这行数据，可以在下面的文本框中更改专色名称，以及在下拉菜单中设置该专色的默认打印参数。

“注册当前活件专色”选项是注册当前作业中所包含的专色色版。只针对于当前作业进行设置。单击后，流程会将当前作业中包含的专色色版注册到当前模板中。

如果对某专色的加网参数进行单独设置时，在“色版打印设置列表”中添加的专色名必须与文件规范化后文件的“文件信息”对话框中显示的专色名保持一致，否则对专色的设置将不起作用。

“色版打印设置列表”与“高于%的黑版叠印”只有在分色时才起作用，对于前端已分好色的PS文件，输出某个色版与否以及相互之间的叠印关系都已在源文件中描述好，在流程中将无法更改。

4. 专色转换设置项

专色转换是对作业中的专色色版的处理方法进行设置。专色转换处理选项是设置专色色版按照什么方式进行输出，分为“将专色转为CMYK输出”和“按活件设置处理专色”。

① 将专色转为CMYK输出。此参数表示模板中设置输出的所有专色转为四色进行输出。

② 按活件设置处理专色。此参数表示专色将根据作业中每个文件的属性——“文件信息”对话框里对专色的设置进行输出。这时，模板中只是控制专色是否输出。

第三节　CTP 印版的显影

一、印版显影基本操作

通电开机，首先利用操作界面设定必要的工艺参数，如显影温度、电机速度、显影时间等。在工艺参数设定完成以后，选择相应的程序让机器进入工作状态。机器进入加温状态，与此同时，仔细观察循环泵地工作正常与否，具体可看液体的流动状态或用温度计测量显影温度是否上升。

① 当补充液吸完又未及时更换新补充液桶，而导致显影槽药水液位偏低，换新补充液后，可在“手动操作”内用“Dev-Rep”吸一些药水进去，保证显影槽溢满。

② 该冲版机水槽水位感应器存在感应失灵现象，在已加满水后若仍报“Water tank is not full”（水槽不满）错误，用物触碰感应器几下即可。

③ 该机器用第2冲版程序，如不小心按到其他程序，会提示是否更改，按“NO”键，再在出现的新界面上按下“ESC”键即返回主页。

④ 急停操作：按下“急停”键后机器即停止转动，再拨回，然后按“绿色”按钮，再按报错界面边角处的“主页”键即返回主页界面。

⑤ 卡版处理：按下“急停”键，然后松动胶辊等构件后取出。

⑥ 如果版在前方平台停滞了一段时间，再推入后会出现中途停转现象，此时机器会自动报错，会有急促警示响声，应快速按下报错界面上的“主页”键，再把手指放到前方感应器，让机器重新运转起来。遇到这种情况一定要立即处理，因版不能在显影槽中停留时间过长。

⑦ 螺栓注意上紧。

二、注意事项

① 确认设备使用状况，如果是没使用过的新设备，完善附表之后可直接进行步骤9，否则放药准备清洗。

② 确认客户CTP设备的型号规格以及其他相关信息，并填写表单。

③ 将显影槽（水洗槽如果有）以及胶槽排空并关紧阀门，把过滤芯水放净，再摘除滤芯，摘除冲版机进版，显影，水洗以及上胶的胶辊和毛刷待清洗，注意做好记录，记好顺序，用干净水将三个槽都灌满冲洗至少两遍，中间需用抹布或者其他清洁用品擦洗揉搓，注意不要将水冲洗到电路部分造成短路。

④ 将显影槽灌满水，按照比例配入显影机清洗剂搅匀循环2小时以上（30°以上）。

⑤ 用显影机清洗剂原液直接擦洗拆下的胶辊，将胶辊清洗至露出原来橡胶的原色，整根胶辊两头比较难清洗但是也一定要洗干净。

⑥ 显影机毛刷如果有聚合粘黏物也必须清洗干净，可以采用清洗剂浸泡法或者在

保护措施到位的情况下可以用毛刷蘸取显影机清洗剂原液刷洗毛刷，再用清水浸泡重新干净。

⑦ 显影槽浸泡时间完成后放掉清洗剂，最少用清水灌满冲洗至少两遍，中间需用抹布或者其他清洁用品擦洗揉搓，遇到顽固部分要费力擦洗，注意不要将水冲洗到电路部分造成短路。

⑧ 将显影机内清洗设备的水全部放干，安装好胶辊和毛刷。

⑨ 把过滤水放净，摘除滤芯，清洗或更换滤芯。

此时应注意显影机内管道残存的水对显影液造成的影响，应在上药水时先将循环回路两端关闭，待少量显影液灌入显影槽时开启循环回路的一端，利用槽内的显影液将管道内的水排到过滤器内排掉，再关闭已经拍完水的一端开启另一端进行相同的操作，水排除干净以后将过滤器摘下安装过滤芯。

显影槽上液完成后可以升温调整显影条件，准备测试并将测试结果填至表1–3–3。

表1–3–3　印版测试记录表

公司全称		
制版情况		
制版机	型号:	数量:
	上版方式:	曝光方式:
使用条件	光值:	转速:
使用版材	型号:	批号:
	规格:	月均用量:
显影情况		
显影机	型号:	容量:
显影液	型号:	批号:
	冲版量:	使用时间:
	补液用量:	
显影条件	温度:	速度:
	动补:	静补:
保护胶	品牌:	配比量:
烤版胶	品牌:	配比量:
使用情况		
一、反映问题 二、情况了解 三、问题处理		

第四章

印版质量的检测

学习目标

1. 能目测印版的划伤、折痕、脏痕等缺陷。
2. 能对照签样检查版面尺寸，有无丢字、乱码、缺图和变形等问题。

一、印版在 CTP 中的检测

① 图像要呈居中状态。

② 咬口于印刷的要求一致。

③ 版尾压边宽度要达到5~6mm，可确保印版在光鼓高速运作中不飞版。

④ 网点还原率在1%内。

⑤ 印版要求无底灰。

⑥ 四色套印要求在0.01mm以内。

二、印版的缺陷

原文件和最后输出的印版之间的内容不同，不同的表现有色差、掉字、掉点、掉图、掉色、阴影不见、字型不同等。人工目测检查较为困难，一般通过一些自检软件进行自动对比，如TellRight等预检软件，在美工、拼版、Rip等各个环节进行自行检测。

外物造成印版划伤、折痕，主要在包装、运输及冲版过程中可能会产生。冲版划伤有可能是胶辊、毛刷老化或结晶较多产生的刮痕。外物造成的印版伤痕大多是无规则。

激光出错或震动也会对印版造成伤痕，该伤痕表现是版头到版尾的垂直的线，是有规律的。

能量不足、显影不足或显影液失效也会对印版造成伤痕，该伤痕主要体现在满版出现斑斑点点的呈现感光胶的颜色。

第二篇

平版制版

（中级工）

第一章

基础知识

学习目标

1. 掌握平版制版文件格式及格式特点。
2. 理解平版制版后端字体。
3. 掌握页面拼大版的基础理论。

第一节　平版制版输出文件

一、页面描述语言

页面描述语言从20世纪80年代诞生以来，得到了迅速发展和广泛应用。页面描述语言主要有Adobe System公司的PostScript、Xerox公司的Interpress、Image公司的DDL和HP公司的PCL 5等。其中最著名、应用最广的当属PostScript语言（以下简称PS语言）。

PS语言于1976年诞生于美国的益世（Evans & Sutherland）计算机公司，当时是作为电子印刷的一种页面描述语言而设计的。后来几经修改，直到由查理斯·格什克（Charles Geschke）和约翰·沃诺克（John Warnock）创建于1982年的Adobe System公司再次实现这类语言时才被正式定名。该公司于1985年推出了第一台配有PS语言解释器的Apple激光印字机。经过短短几年，PS语言就得到了广泛的应用，并成为高质量图文印刷输出不可缺少的重要组成部分。1990年，Adobe公司又开发出了面向彩色文件的、功能更强的PostScript Level 2和面向工作站多窗口环境的Display PostScript（即显示板PS）。由于PS语言卓越的性能和广泛的应用，它已经成为电子出版行业事实上的工业标准。Adobe公司通过扩展PS语言为不同层次的用户提供完整的打印解决方案，以此改进PostScript标准。新一代的页面描述语言有广泛的应用范围，从家庭和小型办公室到集团公司、从打印设备制造商到专业印刷行业都能适用。

二、页面描述文件与特点

EPS是Encapsulated Post Script的缩写。EPS格式是Illustrator CS5和Photoshop CS5之间可交

换的文件格式。EPS文件是目前桌面印刷系统普遍使用的通用交换格式当中的一种综合格式。EPS文件格式又被称为带有预视图像的PS格式，它是由一个PostScript语言的文本文件和一个（可选）低分辨率的由PICT或TIFF格式描述的代表像组成。EPS文件就是包括文件头信息的PostScript文件，利用文件头信息可使其他应用程序将此文件嵌入文档。

① EPS文件格式又被称为带有预视图像的PS格式，它是由一个PostScript语言的文本文件和一个（可选）低分辨率的由PICT或TIFF格式描述的代表像组成。

② EPS文件格式的“封装”单位是一个页面，也就是一个。另外，页面大小可以随着所保存的页面上的物体的整体长方形边界来决定，所以它既可用来保存组版软件中一个标准的页面大小，也可用来保存一个独立大小的对象的矩形区域。

③ 其文本部分同样既可由ASCII字符写出（这样生成的文件较大，但可直接在普通编辑器中修改和检查），也可以由二进制数字写出（生成的文件小，处理快，但不便修改和检查）。

④ EPS文件虽然采用矢量描述的方法，但亦可容纳点阵图像，只是它并非将点阵图像转换为矢量描述，而是将所有像素数据整体以像素文件的描述方式保存。而对于针对像素图像的组版剪裁和输出控制参数，如轮廓曲线的参数，加网参数和网点形状，图像和色块的颜色设备特征文件（Profile）等，都用PostScript语言方式另行保存。

⑤ EPS文件有多种形式，如按颜色空间有CMYK EPS（含有对四色分色图像的PostScript描述部分和一个可选的低分辨率代表像），RGB EPS，L*a*b EPS。另外，不同软件生成的各种EPS文件也有一定区别，如Photoshop EPS，Generic EPS，AI（EPS格式的Illustrator软件版本）等。在交叉使用时应注意其兼容性。

EPS格式支持在文件中嵌入色彩信息ICC特征文件（如图2-1-1所示）。EPS文件可嵌入两个颜色信息文件，一个是校样设置信息，另一个是ICC特性文件。当选择嵌入校样设置色彩信息时，图像文件的色彩信息将按校样设置中的信息进行转换，即所有图像上的色彩信息都

图2-1-1 Photoshop 存储EPS格式

将按校样设置的特征进行转换。当选择ICC特性文件时，图像文件的色彩信息仅时带有输出状态的信息，而图像的色彩信息将不会发生任何变化。

PostScript色彩管理将文件数据转换为打印机的颜色空间。如果打算将图像放在另一个有色彩管理的文档中，请不要选择此选项。只有PostScript Level 3打印机支持CMYK图像的PostScript色彩管理。若要在Level 2打印机上使用PostScript色彩管理打印CMTK图像，请将图像转换为Lab模式然后再以EPS格式存储。

⑥ EPS文件可以同时携带与文字有关的字库的全部信息。EPS文件可以同时携带与文字有关的字库的全部信息。特别强调的是：在向非PostScript设备输出时，只能输出低分辨率代表像。只有在PostScript输出设备上才能得到高分辨率的输出。所以在许多情况下，我们打印的校样图形非常粗糙，其原因就是我们使用的是非PostScript打印机来打印PostScript文件。只要换成PostScript打印机，近乎完美的图形就会打印出来。

三、便携式文档格式（PDF）及特点

便携式文档格式（PDF，Portable Document Format的简称），是由Adobe Systems用于与应用程序、操作系统、硬件无关的方式进行文件交换所发展出的文件格式。PDF文件以PostScript语言图像模型为基础，无论在哪种打印机上都可保证精确的颜色和准确的打印效果，即PDF会真实地再现原稿的每一个字符、颜色以及图像。

可移植文档格式是一种电子文件格式。这种文件格式与操作系统平台无关，也就是说，PDF文件不管是在Windows，Unix还是在苹果公司的Mac OS操作系统中都是通用的。这一特点使它成为在Internet上进行电子文档发行和数字化信息传播的理想文档格式。越来越多的电子图书、产品说明、公司文告、网络资料、电子邮件在开始使用PDF格式文件。

Adobe公司设计PDF文件格式的目的是为了支持跨平台上的，多媒体集成的信息出版和发布，尤其是提供对网络信息发布的支持。为了达到此目的，PDF具有许多其他电子文档格式无法比拟的优点。PDF文件格式可以将文字、字型、格式、颜色及独立于设备和分辨率的图形图像等封装在一个文件中。该格式文件还可以包含超文本链接、声音和动态影像等电子信息，支持特长文件，集成度和安全可靠性较高。

PDF主要由三项技术组成：

① 衍生自PostScript，用以生成和输出图形。

② 字型嵌入系统，可使字型随文件一起传输。

③ 结构化的存储系统，用以绑定这些元素和任何相关内容到单个文件，带有适当的数据压缩系统。

PDF文件使用了工业标准的压缩算法，通常比PostScript文件小，易于传输与储存。它还是页独立的，一个PDF文件包含一个或多个“页”，可以单独处理各页，特别适合多处理器系统的工作。此外，一个PDF文件还包含文件中所使用的PDF格式版本，以及文件中一些重要结构的定位信息。正是由于PDF文件的种种优点，它逐渐成为出版业中的新宠。

PDF文件格式在20世纪90年代早期开发，以作为能够包括文件的格式、内置图像的分

享方法，而且能够跨平台操作，即使完全不同的电脑平台之上收件者未必有相关或合用的应用软件接口可使用。当时与PDF一起竞逐跨平台文件格式的，还有DjVu（仍在开发中）、Envoy、Common Ground Digital Paper、Farallon Replica及Adobe自己本身的PostScript（.ps）格式。在当时万维网及HTML文本尚未兴起之时的最初几年中，PDF在桌面出版工作流技术当中很受欢迎。

PDF在早期文件格式分享历史的接受程度颇晚。可以阅读及产生PDF格式的程序Adobe Acrobat并非免费产品；早期版本的PDF也不支持外部链接，使之在互联网上的可用性减低；相较于全文本的格式显得很巨大的PDF文件，在当时仍然要利用modem来连接的年代需要更长的下载时间，再者以当年性能低的计算机要渲染PDF文件的过程也超慢。

从2.0版开始，Adobe开始免费分发PDF的阅读软件Acrobat Reader（现时改称Adobe Reader，创建软件依然称为Adobe Acrobat），而旧的格式依旧支持，使PDF后来成为固定格式文本业界的非正式标准。

及至2008年，Adobe Systems的PDF参考1.7版成为了ISO 32000：1：2008，从此PDF就成为正式的国际标准。亦因为这个缘故，现时PDF的更新版本开发（包括未来的PDF 2.0版本的开发）变成由ISO的TC 171SC 2WG 8主导，但Adobe及其他相关项目的专家依然有参与其中。

最初PDF只被看作是一种页面预览格式，而不是生产格式。然而市场的感觉并非如此，市场期望转化了这种格式的焦点，从而也改变了该产品。各种各样的电子书阅读器充斥着国内外市场，已经在很多领域取代纸质媒体。纸质媒体阅读率的下降很大程度上是因为广大读者将注意力从纸质媒体转向了电子类读物。虽然电子图书市场销售额远远不能同传统图书市场相比，但发展势头强劲。大多数电子阅读器厂商都开始全部或部分支持PDF格式。市面上使用较多的PDF电子阅读器有当当网手机阅读器、掌门科技的百阅、九月网的九月读书，以及安卓手机专用阅读器。

Adobe公司于2009年7月13日宣布，作为电子文档长期保存格式的PDF/Archive（PDF/A）经中国国家标准化管理委员会批准已成为正式的中国国家标准，并已于2009年9月1日起正式实施。PDF格式文件已成为数字化信息事实上的一个工业标准。

1．ISO标准化

自1995年起，Adobe参与了一些由ISO创建出版技术规范及在用于特定行业及用途的PDF标准专业子集（如PDF/X或PDF/A）进程中与ISO协作的工作组。制定完整PDF规格的子集的目的是移除那些不需要或会对特定用途造成问题，以及一些要求的功能的使用在完整PDF规格中仅仅是可选的（不是强制性的）功能。

2007年1月29日，Adobe宣布将发布完整的PDF 1.7规格给美国国家标准协会（ANSI）及企业内容管理协会（AIIM），为了由国际标准化组织（ISO）发布。ISO将制定PDF规格是未来版本，而且Adobe仅仅是ISO技术委员会的一员。

ISO“全功能PDF”的标准在正式编号ISO 32000之下发布。全功能PDF规格意味着不仅仅是Adobe PDF规格的子集；就ISO 32000-1而言全功能PDF包含了Adobe的PDF 1.7规格定义的每一条。然而，Adobe后来发布了不是ISO标准的一部分的扩展。那些也是PDF规格中的专有功能，只能作为额外的规格参考。

2．历史版本

（1）PDF 1.0　PDF 1.0于1992年秋季在Comdex发布，该技术获得Best of Comdex奖项，用以创建和查看PDF档案的工具Acrobat于1993年6月15日推出，对印前而言，这个第一次的版本是没有用的；它已经有内部链接、书签和嵌入字体功能，但唯一支援的色彩空间是RGB。

（2）PDF 1.1　Acrobat 2于1994年9月上市，它支援新的PDF 1.1档案格式，PDF 1.1新增的特点包括：外部链接（External Link）、文章阅读器（Article Threads）、保全功能（Security Features）、设备无关色彩（Device Independent Colour）和注解（Notes）。

Acrobat 2.0程式本身也有一些很不错的改进，包括Acrobat Exchange的支援插件以及能搜索PDF档案内容的新架构。Adobe公司自己本身就是PDF格式的第一个大用户，他们发布的所有开发者文件都是PDF档案，另一个早期就采用PDF格式的是美国税务当局，他们以PDF档案派发各式表格。Acrobat 2.1加入多媒体支援，可以在PDF档案内加入音频或视讯资料。

当时PDF并非唯一试图创造一种便携、与设备和作业系统无关的档案格式，其最大的竞争对手产品称为Common Ground。1995年Adobe公司的Acrobat Capture以4000美元的价格上市，在同一时间内，Adobe公司也开始在它自己的许多应用程式加入支援PDF格式，包括FrameMaker 5.0和PageMaker 6。

（3）PDF 1.2　1996年，Adobe公司推出Acrobat 3.0（程式开发代号：Amber［琥珀］）及配套PDF 1.2规格，PDF 1.2是第一个真正可用在印前环境的PDF版本，除了表单外，包括支援OPI 1.3规格、支援CMYK色彩空间、PDF内能包含特别色定义、能包含半色调函数（Halftone function）与叠印（Overprint）指令等印前相关的功能。

发布一个让Netscape网页浏览器内检视PDF档案的插件益增PDF档案在正值兴盛网际网路的人气，Adobe还增加了PDF档案与HTML网页之间的相互连接；PDF逐渐被输出印刷业接受，最初由黑白数位印刷市场在全录快速印刷机开始使用PDF输出。

在Acrobat 3.0下Acrobat Exchange的开放式架构终于获得其努力成果，1997年和1998年开始出现很多有趣的印前Xtensions，其中包括一些十分必要的印前工具；例如Enfocus公司的PitStop与CheckUp、Lantanarips公司的CrackerJack；爱克发是第一家在1998年推出的Apogee系统内推广全彩色商业印刷使用PDF格式的大型公司，其他厂商随后也都在跟进。

（4）PDF 1.3　1999年4月，Adobe公司推出了在内部被称为“Stout”的Acrobat 4，它为我们带来PDF 1.3，新的PDF格式规格包括支援：双位元的CID字体；OPI 2.0规格；称为DeviceN的一个新色彩空间，改善支援特别色能力；平滑渐层（smooth Shading），一项有效率与非常平顺渐层的技术（从一个色彩渐变到另一个色彩）；注解（annotations）。

（5）PDF 1.4　2000年中，Adobe公司做了一件怪异的事：他们推出Illustrator 9，虽然推出绘图应用程式的新版本并不奇怪，但Illustrator 9确有一个惊人的特点：它是第一个支援PDF 1.4和其透明度特征的应用程式，这是第一次Adobe公司并未伴随着新版本的PDF规格而推出一个新版本的Acrobat，他们也没有释放PDF 1.4的全部规格，虽然Technote 5407记载了PDF 1.4支援透明度。

（6）PDF 1.5　2003年4月，Adobe宣布Acrobat 6将于5月下旬开始出货，Acrobat 6内部代号为“Newport”，像往常一样，新版本的Acrobat同时带出了一个新版本的PDF格式，版本1.5。

PDF格式1.5带来了一些新的功能，可能需要相当长的时间才会被应用程式套用或支援，新的东西包括：

① 改良的压缩技术，包括物件流（Object Stream）与JPEG 2000压缩。

② 支持层（Layers）。

③ 提高标签（Tagged）PDF格式的支持。

④ Acrobat本身提供更多于新的PDF档案格式的立即好处。

（7）PDF 1.6　2005年1月，Adobe推出具新PDF功能的Acrobat 7，PDF 1.6做了改进：

① 改进了加密演算法。

② 注解和标注功能的一些改进。

③ OpenType字体可直接嵌入到PDF，不再需要以TrueType或PostScript Type 1字体型式嵌入。

因为提供嵌入档案的可行性，PDF 1.6档案可被用来作为一种［容器］的档案格式。新的主要特点是能够嵌入3D数据，起初感觉此功能只会引起建筑师或使用CAD-CAM人群的兴趣，不过看到用包装设计应用程式ArtiosCad制作出的3D的PDF档案，在PDF内可以从各个角度来检查图案设计和图片或条码的位置，所以这种技术也可用于平面艺术，特别是对于从事包装或展示工作。PDF 1.7大概是发布过最“沉闷”的PDF版本，它改进评注（Comment）与保全（Security）的支援，3D的支援功能也获得改善，可以为3D物件加上评注及更严谨地操控3D动作，PDF 1.7档案能包含预设印表机，如纸张的选择、拷贝数量、缩放等设置，可以在此下载全部规格。

Adobe Acrobat 8于2006年11月面世，介绍了一个有趣的新功能：它不使用PDF 1.7作为预设的档案格式，而是使用PDF 1.6，它也变得更容易将档案存成较旧的PDF版本，这大概是Adobe也认知大多数人还不需要最新发布的PDF格式来解决问题；对印刷和印前作业而言，PDF 1.3或PDF 1.4就很够了；其他的新功能包括改良的PDF/A之支援、更好地选单与工具之组织与能在Adobe Reader 8内储存表格的能力，预检引擎能处理多项更正（称为Fix-ups）的事实是另一项不错的跃进，大多数人则更认可提高性能，特别是对Intel Mac计算机是改善最多，有些人则不喜欢这个新的使用者界面。

PDF 1.7的一个有趣的发展是2008年1月它已成为一个正式的ISO标准（ISO 32000），Adobe的James King在他自己的博客张贴了若干有趣的背景资料。

第二节　字体技术

一、字库的类型

字库是外文字体、中文字体以及相关字符的电子文字字体集合库，被广泛用于计算机、网络及相关电子产品上。在平版制版中常用True Type字库和PS字库。

1．TrueType字库

TrueType（简称TT）是由美国Apple公司和Microsoft公司联合提出的一种新型数字化字形描述技术。

TT是一种彩色数字函数描述字体轮廓外形的一套内容丰富的指令集合，这些指令中包括字型构造、颜色填充、数字描述函数、流程条件控制、栅格处理器（TT处理器）控制，附加提示信息控制等指令。

TT采用几何学中的二次B样条曲线及直线来描述字体的外形轮廓，二次B样条曲线具有一阶连续性和正切连续性。抛物线可由二次B样条曲线来精确表示，更为复杂的字体外形可用B样长曲线的数学特性以数条相接的二次B样条曲线及直线来表示。描述TT字体的文件（内含TT字体描述信息、指令集、各种标记表格等）可能通用于MAC和PC平台。在MAC平台上，它以“Sfnt”资源的形式存放，在Windows平台上以TTF文件出现。为保证TT的跨平台兼容性，字体文件的数据格式采用Motorola式数据结构（高位在前，低位在后）存放。所有Intel平台的TT解释器在执行之前，只要进行适当的预处理即可。Windows的TT解释器已包含在其GDI（图形设备接口）中，所以任何Windows支持的输出设备，都能用TT字体输出。

TT技术具有以下优势：

（1）真正的所见即所得效果　由于TT支持几乎所有的输出设备，因而对于目标输出设备而言，无论系统的屏幕、激光打印机或激光照排机，所有在操作系统中安装了TT字体均能在输出设备上以指定的分辨率输出，所以多数排版类应用程序可以根据当前目标输出设备的分辨率等参数，来对页面进行精确的布局。

（2）支持字体嵌入技术　支持字体嵌入技术，保证文件的跨系统传递性。TT技术嵌入技术解决了跨系统间的文件和字体的一致性问题。在应用程序中，存盘的文件可将文件中使用的所有TT字体采用嵌入方式一并存入文件。使整个文件及其所使用的字体可方便地传递到其他计算机的同一系统中使用。字体嵌入技术保证了接收该文件的计算机即使未安装所传送文件使用的字体，也可通过装载随文件一同嵌入的TT字体来对文件进行保持原格式，使用原字体的打印和修改。

（3）操作系统平台的兼容性　目前MAC和Windows平台均提供系统级的TT支持。所以在不同操作系统平台间的同名应用程序文件有跨平台兼容性。如在MAC机上的PageMaker可以使用在如果已安装了文件中所用的所有TT字体，则该文件在MAC上产生的最终输出效果将与在Windows下的输出保持高度一致。

（4）ABC字宽值　在TT字体中的每个字符都有其各自的字宽值，TT所用的字宽描述方法比传统的PS的T的TT解释器已包含在其GDI（图形设备接口）中，所以任何Windows支持的输出设备，都能用TT字体输出。

在Windows中，系统使用得最多的就是*.TTF（True Type）轮廓字库文件，它既能显示也能打印，并且支持无极变倍，在任何情况下都不会出现锯齿问题。而*.FOT则是与*.TTF文件对应的字体资源文件，它是TTF字体文件的资源指针，指明了系统所使用的TTF文件的具体位置，而不用必须指定到FONTS文件夹中。*.FNT（矢量字库）和*.FON（显示字库）的应用范围都比较广泛。另外，那些使用过老版本的WPS的用户可能对*.PS文件还有一定的印象，

.PS实际上是DOS下轮廓字库的一种形式，其性能与.TTF基本类似，采用某些特殊方法之后，我们甚至还可以实现在Windows中直接使用这些*.PS字库（*.PS1、*.PS2都是PS字库）。

2. PostScript字库

PostScript字库也叫作PostScript语言（简称PS），PostScript是由Adobe公司在从前的一种面向三维图形的语言基础上重新整理制作，而于1985年开发的页面描述语言，它是桌面系统向照排设备输出的界面语言，专门为描述图像及文字而设计。作用是将页面上的图像文字，用数字公式的方法记录及在计算机上运行，最后通过PostScript解码器，翻译成所需的输出，比如显示在屏幕上，或在打印运行，最后通过PostScript解码器，翻译成所需的输出，比如显示在屏幕上，或在打印机、激光照排机上输出。

PostScript语言是国际上最流行的页面描述语言形式，它拥有大量，可以任意组合使用的图形算符，可以对文字、几何图形和外部输入的图形进行描述和处理，从理论上来说可以描述任意复杂的版面。其设计之成功使用这种页面描述语言成为众多厂家的选择。

其丰富的图形功能、高效率地描述复杂的版面，吸引了众多出版系统的排版软件和图形软件对它的支持，几乎所有的印前输出设备都支持PS语言，而PS语言的成功，也使开放式的电子出版系统在国际上广泛流行。

20世纪80年代末也成为事实的行业标准。经过多年经验的积累和许多PS产品的反馈，1990年推出PS2，在1990年进而推出PS3。PostScript字库技术经历了开始的Type 1、Type 3格式，1990年复合字库Type 0格式（OCF）发表。

二、前端字体与后端字体

前端字体指的是显示字库，在排软件中使用这些字体时，可以显示出字体的实际效果；后端字库是给输出软件用的，也就是我们常说的CID字库，如果排版软件在生成PS文件时未下载字体，发排软件输出时会调用CID字库，后端字库要比前端字库输出的质量好。

前端字体就是TrueType字体，用于显示和打印。TrueType字体都安装在系统的字体文件夹中。在排版软件中使用。后端字体是指后端RIP中使用的字体，一般常见的是CID字体。当后端RIP中的字库涵盖前端字体时，前端排版软件中在生成结果文件时不用下载使用过的字体。

1. True Type前端显示字库

True Type前端显示字库是指装在排版主机上用于屏幕显示的字库（显示字库在飞腾、书版、Word等软件上都可以使用，但非方正软件是不能使用748码字库的）。飞腾排版时使用的字库即为显示字库，常见的有748码、GB、GBK、BIG5、超大字库集等。

（1）方正兰亭　可用于Windows95/2000平台上的标准TrueType字库，适用于Windows平台上的所有通用软件和方正软件。提供GB、BIG5和GBK三种编码。

（2）方正妙手　可运用于MAC平台上的MAC TrueType字库，适用于MAC OS平台上所有通用软件，提供GB和BIG5两种编码。

在PC平台上可以安装方正兰亭字库进行排版设计，在MAC平台上可以安装方正妙手字库进行排版设计。

2．PostScript后端发排字库

PostScript后端发排字库指安装后端输出设置（如照排机、打印机）中用于发排的字库，也称PS字库（这种字库安装在后端RIP软件上，如PSPPRO、PSPNT）。发排字库不能在屏幕上显示。方正发排字库按其编码的不同可分为748、GB、GBK、BIG5、超大字库集等。

方正发排字库与方正显示字库是一一对应的。

（1）方正文韵　可以安装在PSPNT上的PostScript Type0字库，从PC或MAC上直接安装，提供748、GB、BIG5以及GBK四种编码，当联接PSPNT的输出设备超过1450DPI时，不能使用方正文韵字库进行输出。

（2）方正天舒　和方正文韵格式一样，但可以在1450DPI以上的设备上输出。在安装完方正文韵字库或方正天舒字库后，在PSPNT的目录下会有Fonts和Fzdata两个子目录。

（3）方正CID字库　PSPNT的专用字库，提供748、GB、BIG5以及GBK四种编码格式，并提供一套超大字库。方正CID字库缺省安装在PSPNT的Font目录下。

如果前端排版软件使用了方正兰亭和方正妙手字库时，PSPNT上没有安装相应兰亭字库，并在“重置”对话框选择“Windows系统的TrueType字体”选项，就可以输出。同样，也可以在PSPNT主机上安装汉仪TrueType字库进行输出。但要注意如果在前端排版软件（如QuarkXpress、FreeHand）中对字体做了变形效果，若TrueType字或CID字输出会报语法错误。

在PSPNT中进行重置字库时，会有一个字库识别的顺序问题，当选择了“使用Windows系统的TrueType字体”选项时，首先Windows系统下的TrueType字，然后识别“字库路径”中指定的方正CID和Type1字库，如果安装了方正天舒、方正文韵以及汉仪PostScript Type0等第三方字库，那么最后会识别第三方字库，即“PSPNT/Fonts”下的字库。当这三种格式的字库有重名时，使用最后识别出的字库进行输出。

第三节　拼版的基本概念与方法

在工作中不会总是做16开、8开等标准开本产品，特别是包装盒、卡片、合格证等非标准开本产品，这时候就需要在拼版时注意尽可能把成品放在合适的纸张开度范围内，以节约成本。

一、正规的拼版

根据印刷的需要（比如数量）以及设备的限制8K机、4K机、对开机、全张机的不同，拼版时也要按实际情况进行不同的调整，一般拼8K或4K就足够用了，因为在对开和全开的印刷机上可以用套晒、拼晒，并通过自翻身或正反印来解决。

1．单页形式的印刷品

拼版时中间（垂直中线）拼接部分留6mm出血边，即每个单页四边均留3mm出血（需要切两刀）。

说明：如果你做的品没有出血的图片、底纹，或完全是一色底纹等，可以按1的方法拼版，中间一刀即可。

2. 封套的拼版

一般制作的时候，习惯把封套连同“舌头”拼在一起，这种做法比较费纸（有一块空白没有利用），但图案连续性好。

还有一种方法是封面归封面，“舌头”单独做，这样做省纸，但多一道“糊工”，即在成品时多刮一次胶（或多贴一道双面胶带）。

3. 包装盒的拼版方式

一般大包装盒（超过8K的）不用拼版，直接套晒即可。

4. 简单介绍小包装的拼版

尽量在合开的前提下，把拼版工作做到最紧凑，但包装盒牵涉的后道工艺比较多，轧盒（切出边缘并压折痕线）是最关键的，这时需要注意拼版时最近的两个边线间应不小于3mm，否则在做刀模的时候会很麻烦，以至于影响产品质量。

注：

① 先根据活件和印刷机尺寸确定拼板尺寸。

② 手工拼版注意页码的位序及正反方向。

③ 别忘了留出血边，一般为3~5mm。

④ 每一个单面页码和文字的对齐，才能保证精度。

⑤ 不同克重的纸张经过折页页码会有一定的偏移，应处理好爬移量。

⑥ 157g纸张以上不建议三手折页（即便是开花线）。

二、滚翻印版编辑

滚翻印刷是指一个印版纸张两面各印一次，印完一面后，纸张翻面旋转180°，再印第二面。印第二面时，纸张的咬口方向要改变。印后沿中间裁切后可得两份同样的印刷品。这种方法适用于印数不多、一个印版上放有印刷品正反两面内容、印刷机副面相对较大等情况。例如，要印刷一个产品广告说明书折页，印刷成品尺寸为87mm×180mm的6折页，准备在4开机上印刷。全开正度纸的尺寸为787mm×1092mm，4开纸的尺寸约为540mm×390mm，6折摊开为522mm×180mm。这样，一张4开纸上可放522mm×180mm的两个产品说明书折页。这样可以把正反面内容拼在一个4开版上，印刷时采用滚翻版印刷，裁切后，一个4开可得两个说明书。

三、自翻印版编辑

自翻印刷是一块印版在纸两面印刷，但纸的翻法是常规翻法，咬口方向不变。一般16开杂志封面印刷常采用这种方式。例如，印一种杂志的四个封面，可以把版拼成一个4开，然后上4开机印刷。印完一面后自翻印刷，裁切后一个4开可得两个封面。

第二章

印版输出准备

学习目标

1. 掌握平版制版生产作业的环境要求。
2. 能选择输出线性化曲线。
3. 能导出便携式文档格式（PDF）、1位TIFF和8位TIFF。
4. 能使用工作流程转换颜色。
5. 能使用工作流程软件拼版。

第一节 生产作业的环境要求

平版制版生产作业的环境包含两部分，一部分是流程输出环境，另一部分是CTP设备输出环境。

一、流程输出环境

1. 科雷印艺汇通服务器

一台服务器上安装有印艺汇通服务器程序。用户可见的是一个名为“流程服务器”的程序，它的功能是用来启动及关闭印艺汇通服务器。

服务器上安装有数据库系统。印艺汇通服务器程序使用该数据库存储及管理所有作业运行信息。数据库系统一般随着计算机系统的启动而自动启动，用户不用直接操作。

服务器上存储工作数据。所有的原始页面文件以及作业运行中间产生的永久的或临时的数据文件都存在流程服务器上。

2. 流程工作站

若干台流程工作站上安装有印艺汇通客户端程序。用户主要通过流程客户端软件进行日常生产工作，这些工作包括创建作业、收集源文件、设计折手方案、数码打样、输出印版等。

客户端程序中内置折手版式设计程序。用户不能直接启动折手版式设计程序，只能在流程客户端中通过新建版式或编辑修改版式来启动该程序。

客户端程序中还内置自由拼版程序。用户不能直接启动自由拼版程序，只能在流程客户端中通过建立一个自由拼版模板，并将待拼版的散页文件提交给它，来启动自由拼版程序工作。

二、CTP设备输出环境

（1）CTP设备工作间选址要求，最好不要选择上下楼层或附近存在大型设备，因大型设备工作大的噪声或震荡可能影响到CTP设备，具体接线如图2-2-1所示。

（2）CTP工作间的空气指标，要求达到国家质量二级标准，即API值>50且≤100。

（3）API值指的是空气污染指数，达到50是达到一级标准，达到100是二级标准。

（4）恒温恒湿的作业场地，最佳温度要求23℃±2℃，最佳湿度要求50%±10%。

（5）作业场地水平要求在4mm以下。

（6）电源的要求是单向线不能少于$4mm^2$，单向线空开不得低于25A。

（7）对地电阻要求是采用直径$4mm^2$地线连接到直径不<10mm的镀锌金属棒，金属棒要深埋湿土1.5m或以下，设备对地电阻低于0.5Ω。

（8）对用于冲版设备的水质要求是提供足够的水量，如果不够需加装增压泵；对水质较差的区域，要安装过滤装置。

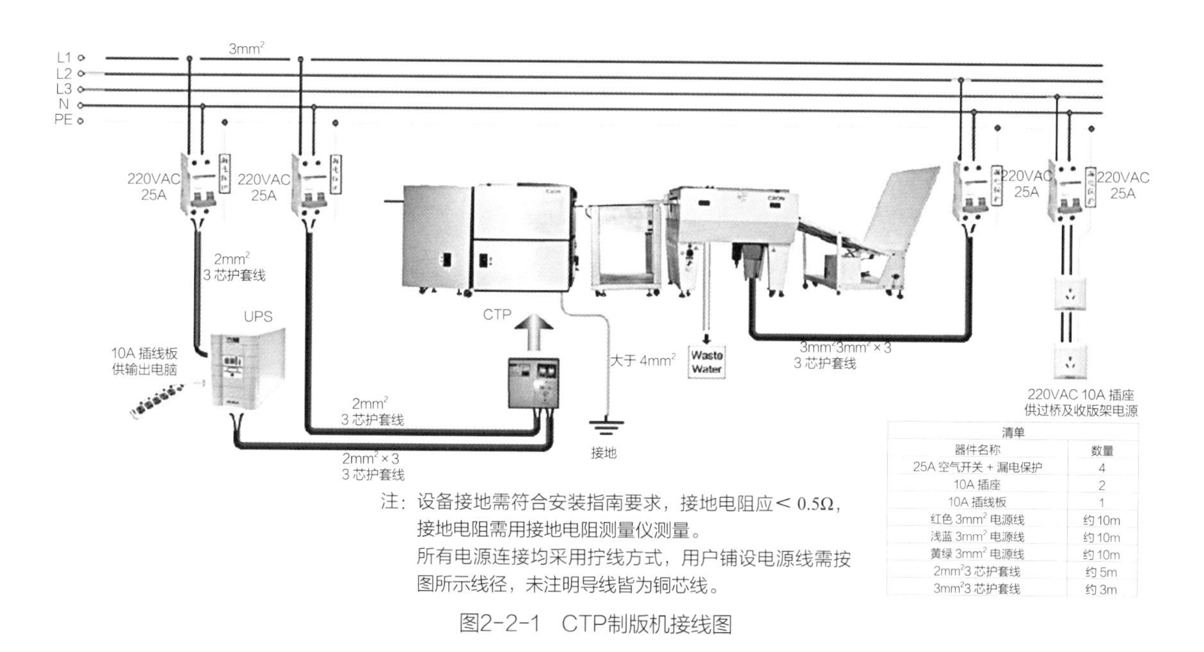

清单

器件名称	数量
25A 空气开关 + 漏电保护	4
10A 插座	2
10A 插线板	1
红色 $3mm^2$ 电源线	约 10m
浅蓝 $3mm^2$ 电源线	约 10m
黄绿 $3mm^2$ 电源线	约 10m
$2mm^2$3 芯护套线	约 5m
$3mm^2$3 芯护套线	约 3m

图2-2-1　CTP制版机接线图

第二节　印版输出的线性化

使用传统制版流程，改用CTP直接制版流程，会发现CTP印品比传统印品偏暗（印刷条件不变）。这是由于传统制版流程中，数据文件首先经过照排机输出胶片，网点从胶片到阳图型PS版，由于晒版时光线的斜射和网点边缘的不实等因素，印版上的网点面积较胶片上的网点面积要小，再经过印刷的网点扩大；而CTP制版流程中没有胶片，印版上的网点面积和数据文件的网点面积一样大，因此印品的色彩出现了不同。因此，通过CTP制版机的线性化校准使印品质量与传统印刷一致或者更好。

一、创建校正曲线

创建流程中所用到的校正曲线使用资源库的“校正曲线”标签页，如图2–2–2所示。

单击“校正曲线”标签页，切换到校正曲线资源，包括网点线性化、印刷补偿、颜色线性化、二次数据、单黑曲线。其中网点线性化和印刷补偿在输出模板中使用，颜色线性化、二次数据和单黑曲线在打样模板中使用。

在“校正曲线”窗口中，可通过单击左侧的标签页来切换每种曲线的界面。在每个界面上，都可对曲线进行新建、编辑、重命名和删除。

单击“新建曲线”按钮，弹出“网点线性化”对话框，如图2–2–3所示。

“白点”“黑点”缺省值分别为0和100。除非特殊应用，一般不要改变。若白点填W%，黑点填K%，则页面中黑度为0%（空白）的地方将输出W%的网点；黑度为100%（实地）的地方将输出K%的网点，中间部分按线性化曲线调整。

“色版”默认情况下的色版为Cyan、Magenta、Yellow、Black。可以通过“增加”或“删除”按钮来添加或删除一个专色色版。单击“增加”按钮后，弹出“添加专色版”对话框，根据文件中的专色色版名添加即可。

可以对每个色版分别设置线性化曲线。在左侧是线性化曲线的可视化图，右侧是设置线

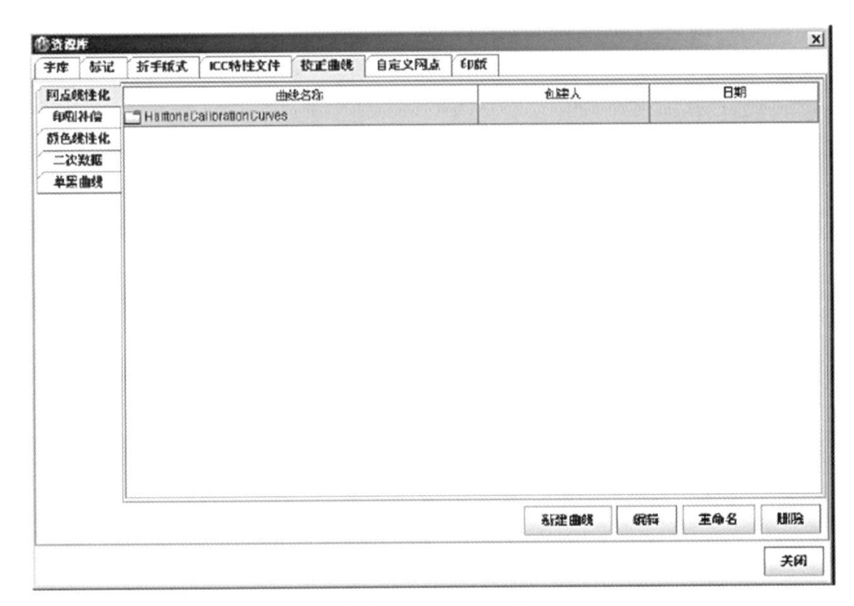

图2–2–2　校正曲线标签

性化曲线的参数，可由2%~98%设定数值，在选中设定值前的复选框后所设数值生效，通常需根据测量结果填入数值。

测量方法：准备好测试用的文件，一般为“网点线性化”所列的由2%~98%的不同等级的灰度梯尺。在输出模板中不设置“网点线性化”曲线的情况下，输出该文件。用透射/反射密度计测量出灰度条上每一色块的实际网点百分比值并记录下来。将刚才的测量结果依次填入每个设定值中。

① 所有包版使用相同数据。选择后，表示每个色版都使用相同的数据。

② 数据为测量值。将输入的线性化曲线的测量数值校正到标准值。

③ 复位。将所有数值恢复到初始状态。

④ 增量计算。对线性化曲线的增量计算。输入在当前曲线基础上的测量值，对曲线进行增量调整。单击后，弹出“增量计算”对话框，如图2-2-4所示。

⑤ 密度测量。测量CMYK四色在每个百分比值上的密度。多用于数码打样的网点线性化制作，单击后，弹出“密度测量”对话框，如图2-2-5所示。

网点线性化
线性化曲线
白点： 0.0 %
黑点： 100.0 %
色版： Cyan
增加
删除
2% 2.0
4% 4.0
6% 6.0
8% 8.0
10% 10.0
15% 15.0
20% 20.0
25% 25.0
30% 30.0
35% 35.0
40% 40.0
45% 45.0
50% 50.0
55% 55.0
60% 60.0
65% 65.0
70% 70.0
75% 75.0
80% 80.0
85% 85.0
90% 90.0
92% 92.0
94% 94.0
96% 96.0
98% 98.0
全选
全不选
所有色版使用相同数据
数据为测量值
复位
增量计算
密度测量
警告：线性化数值必须是单调递增的
坐标: x= 65.3 y= 1.0 v= 65.0
保存
另存为
取消

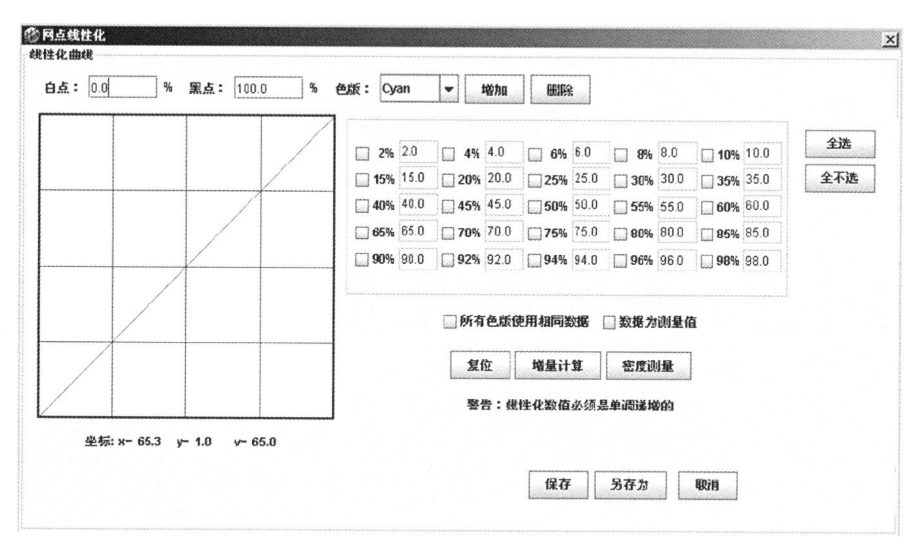

图2-2-3 “网点线性化”对话框

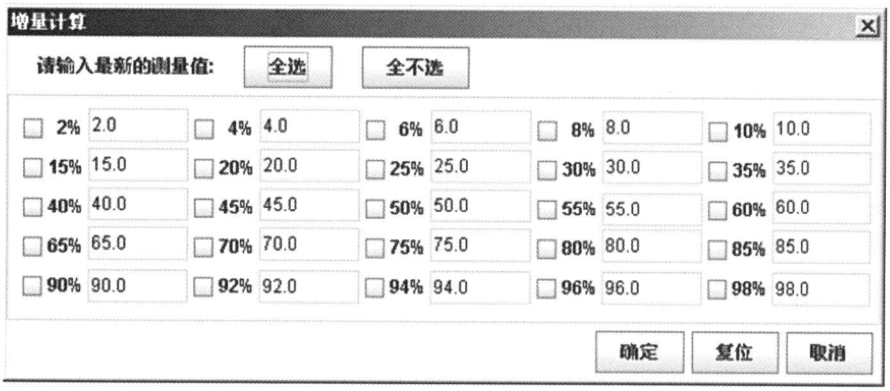

增量计算
请输入最新的测量值:
全选
全不选
2% 2.0
4% 4.0
6% 6.0
8% 8.0
10% 10.0
15% 15.0
20% 20.0
25% 25.0
30% 30.0
35% 35.0
40% 40.0
45% 45.0
50% 50.0
55% 55.0
60% 60.0
65% 65.0
70% 70.0
75% 75.0
80% 80.0
85% 85.0
90% 90.0
92% 92.0
94% 94.0
96% 96.0
98% 98.0
确定
复位
取消

图2-2-4 增量计算

图2-2-5　密度测量

⑥ 线性化曲线数值必须是单调递增的。表示线性化曲线所输入的数值必须是单调递增的，否则将会出现错误。

⑦ 保存。线性化曲线设置好后，单击“保存”按钮，在其对话框中输入线性化曲线的名称，单击“确定”按钮即可。新建的曲线，将出现在“网点线性化”的标签页中，可查看每条曲线的创建人和创建时间。

⑧ 编辑。双击曲线即可打开编辑曲线对话框，对其进行设置。可单击“另存为”在不影响上一个曲线的基础上，另存为一个新的曲线。

⑨ 重命名。可重新设置曲线的名称。选中曲线后，单击“重命名”按钮，弹出“重命名”对话框，设置名称即可。

⑩ 删除。删除选中的曲线。

二、流程软件中实现线性化

在“曲线校正”设置标签页中，可设置网点线性化和印刷补偿两种校正曲线。这两种曲线要在资源库中，可根据不同的需求进行创建。

1. 网点线性化

线性化曲线用来校正输出时因设备及环境因素产生的误差。通常情况下，在使用相同的输出设备时，处于不同分辨率，用不同网线输出时，线性化曲线也会有所不同，最好为每个分辨率各建一条线性化曲线。

选中“网点线性化”后，单击“浏览”按钮，弹出“CURVES选择”对话框，如图2-2-6所示。

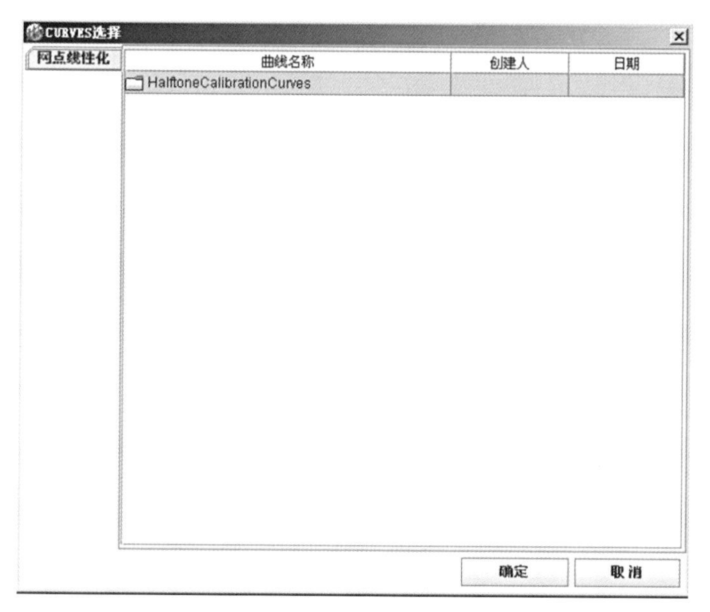

图2-2-6　网点线性化

在对话框中，显示出了用户在资源库中创建的网点线性化曲线资源，选中所需曲线，单击“确定”按钮即可。

2. 印刷补偿

印刷补偿用来对印刷压力所造成的网点扩大进行补偿，印刷补偿曲线的设置方法与“网点线性化”设置方法相同。

第三节　输出流程软件操作

一、规范化文件

1. 提交源文件给规范化处理器

把某个作业中的一个任务指派给某个处理器节点处理的过程叫“提交”。当把一个作业“提交”给某个节点模板，就意味着将相关的页面数据以及模板中的参数一起交给服务器上相应的工单处理器（JTP）进行处理。处理的结果将显示在客户端中，处理产生的新的数据会存储在服务器上相应作业的文件夹中。

文件添加成功后，第一步，就是对文件进行规范化，即将源文件规范成标准的单个PDF文件。

选中已添加就绪的文件，单击“提交”按钮，或选中文件右击，选择“提交”选项，打开“提交”对话框。在对话框中列出了源文件可以提交的模板，选中要提交的规范化模板，单击“确定”按钮即可进行规范化，如图2-2-7所示。

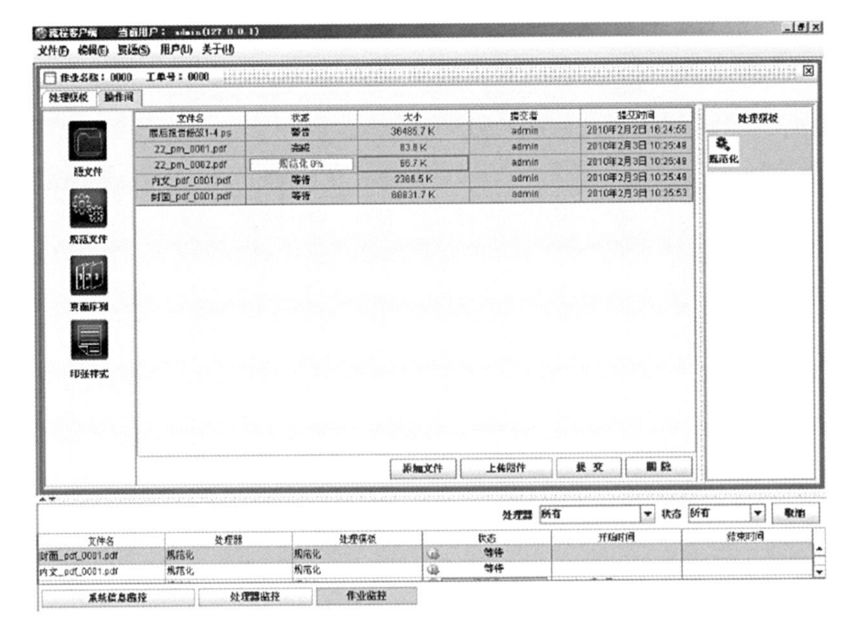

图2-2-7 规范化界面

提交成功后，文件开始进行规范化。可在窗口中的状态栏查看文件处理的进度，同时在作业监控里也可以看到文件的详细处理进度。流程中的所有提交操作，也可以使用鼠标拖曳方式直接提交。首先选中要处理的文件，然后按住鼠标左键不放，直接拖动到右侧相应的模板上。这时，鼠标变成加号，松开鼠标，文件将会自动进行相应的处理。

“取消”操作可终止当前文件正在处理的操作。在源文件里，可取消文件的规范化处理。选中正在进行规范化的文件，右击选择“取消”选项，文件将停止规范化，在状态栏里将显示为“终止”。所有的取消操作均可在“作业监控”里执行。选中正在执行的某个处理任务，单击“取消”按钮即可。

2．规范文件窗口

在“规范文件”窗口中，显示源文件经规范化后，所生成的标准的单个PDF文件。在这里，可对文件进行预视，并可提交给自由拼版模板和输出模板。单击“规范文件”图标，界面将切换到规范文件的操作窗口，如图2–2–8所示。

窗口分为两部分，左侧以列表的形式显示了规范化好的单个PDF文件，可以查看文件的相关信息，包括文件名、处理模板、页面尺寸、创建时间。

（1）文件名　生成的标准的单个PDF文件的名称。文件名是通过源文件的名称、页数、类型来命名的，通过名称可以清楚地看出每个文件的页号及源文件类型。

（2）处理模板　源文件进行规范化所用模板的名称，可以查看该文件是由哪个模板处理生成的。

（3）页面尺寸　文件的页面大小，以宽×高的形式显示，单位为mm。

（4）创建时间　文件的生成时间。

右侧显示文件的缩略图，每个文件都有一个相对应的缩略图。在左侧选中文件的同时，右侧的缩略图也同时被选中，这里可以了解到该文件的大概内容。

在规范文件窗口中，可对文件进行预视、提交、取消、删除等操作。

3．预视窗口　用户可通过文件缩略图粗略预视，也可通过打开预视对话框进行详细预视。

选中文件，单击鼠标右键，选择“预视”选项或双击文件，弹出“预视”对话框，如图2-2-9所示。

在对话框中，可对图像进行放大、缩小、量尺、拖动、镜像、反转等操作。

在对话框最上边是预视工具栏，可选择不同的工具进行预视；中间是文件的预览区域，显示文件预览图；最下边的状态栏中显示预视的操作信息，包括缩放倍数、使用量尺时的长度和角度、吸管显示的数值等信息。

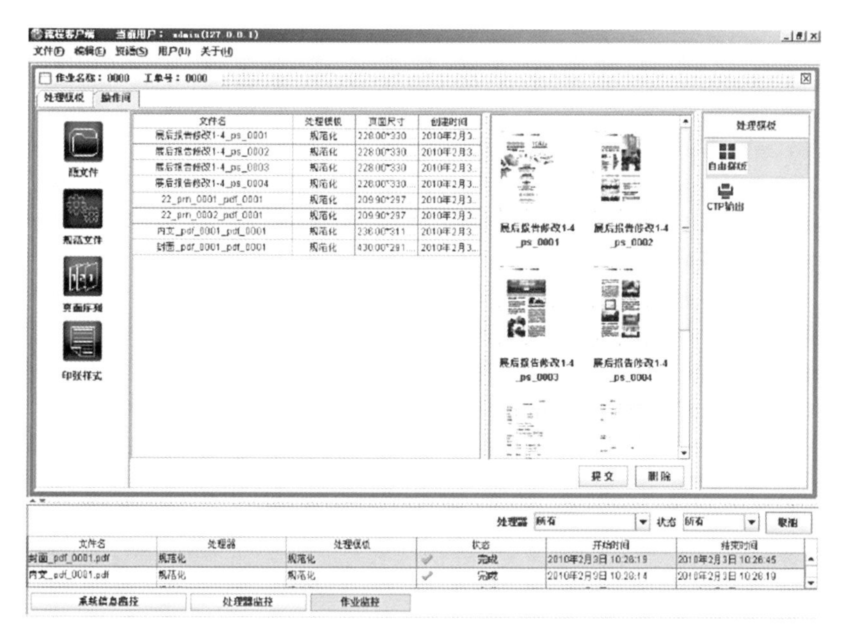

图2-2-8　规范文件的操作窗口

图2-2-9　“预视”对话框

预视工具栏中各个按钮按从左到右排列的次序，依次功能为：

（1）放大按钮　鼠标直接单击“放大”按钮后，文件进行成倍放大，倍数最大为16∶1，在对话框的状态栏中，可查看文件的缩放倍数。预视时，当光标为“手掌”时，按住“Ctrl”键，光标会变成放大镜，此时可以直接单击放大，也可在窗口中拉框选择区域放大，实现对图像进行局部预视（当使用“量尺”时，不能使用这种操作）。

（2）缩小按钮　鼠标直接单击按钮后，文件进行成倍缩小。倍数最小为1∶16。同放大一样，预视时，当光标为“手掌”时，按住“Shift”键，光标会变成缩小状态，此时可以直接单击缩小预视。在任何状态下，都可直接按键盘上的“+”“-”键对图像进行缩放预视。

（3）量尺按钮　单击按钮后，鼠标变为“十”字形状，这时可测量相应的对象。选中测量对象的起点，按住左键不放，同时拉动鼠标到测量对象的终点，在对话框的状态栏，将显示出该对象的长度和角度的具体数值。按住“Shift”键，可进行水平和垂直的直线测量。

（4）拖动按钮　单击按钮，光标转换为拖动状态，这时鼠标变为“手掌”，可拖动预览放大后的图像（预视对话框，打开时默认为拖动的状态）。

（5）连拼按钮　预视文件连续拼接后的图像。这个操作只是针对于进行连拼输出时进行预览。单击按钮后，将把该图像自动生成三个竖向拼接在一起的图像，用户可查看图像拼接在一起后的效果是否正确。

（6）旋转列表框　在旋转下拉列表框中，选择预视时合适的角度，可查看文件在旋转后的效果。

（7）镜像复选框　选中复选框后，文件可进行镜像预览。

（8）反转复选框　选中复选框后，文件前后和反转预览。“向前”和“向后”选项是仅在预视多个文件时起作用，单击后，可查看前一个文件或者后一个文件的预览图。“向前”“向后”操作可使用键盘上的左右方向键来控制。

（9）文件显示框　在工具栏的最后，显示预视文件的名称，多个文件时，可在下拉列表中，查看、选择所要预视的文件。

4. 文件信息窗口

可通过文件信息窗口查看文件信息。右击选择“文件信息”选项或按住“Ctrl+I”组合键，打开“文件信息”对话框，如图2-2-10所示。在“文件信息”对话框中，显示了文件名称、页面尺寸及分色信息。

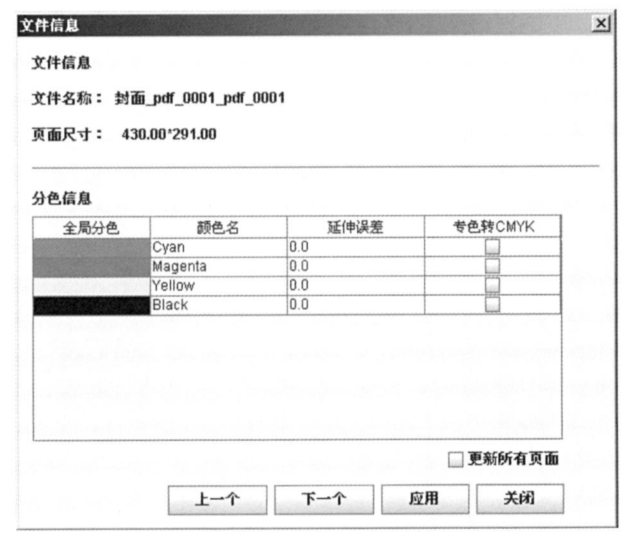

图2-2-10　查看文件信息

显示文件的分色信息，包括全局分色、颜色名、延伸误差、专色转CMYK等参数。

（1）全局分色　以相应的颜色显示文件中的所有色版，包含C、M、Y、K四色及专色色版。

（2）颜色名　显示所有色版的名称。

（3）延伸误差　文件输出到输出器时，根据不同设备的需求对页面尺寸大小的调整。根据所设的数值使页面向左右延伸或缩短。

（4）专色转CMYK　主要针对有专色的文件起作用。对专色来说，选中后，文件中的专色转换为CMYK四色进行解释输出。这一操作需结合输出模板里“分色”参数来设置。

（5）更新所有页面　表示对话框中所设置的参数将对所有规范文件起作用。设置完成后，单击“确定”按钮，即可完成文件信息的设置。

操作时，按住“Ctrl”键和“Shift”键可选择多个文件，按住“Ctrl+A”组合键选择所有文件，单击“删除”按钮或右击选择“删除”选项，系统将根据所选文件弹出相应的提示，单击“确定”按钮后即可删除文件。删除文件时，正在使用的文件，不能被删除，文件删除后不能还原。

5. 提交规范化文件

在规范化窗口中，可将规范化好的标准PDF文件进行拼版和输出操作。这是流程的第二步提交操作。单击“提交”按钮或右击选择“提交”选项，打开“提交”对话框（如图2-2-11所示），在对话框中显示了所有可以提交的模板。

（1）提交给自由拼版模板　在软件中，可对提交的文件进行自由拼版操作，设置好后，执行“拼版”操作（如图2-2-12所示），软件将把拼好的大版文件自动生成到流程的“印张样式”界面中。

（2）提交给输出模板　流程中输出操作包括PDF输出、TIFF输出、数码印刷输出、CTP输出四种。其中PDF输出与TIFF输出是将文件直接解释输出到一个网络共享文件夹中；而数码印刷输出与CTP输出是每个都有自己的输出器，然后流程将文件解释输出到输出器中。

当提交给PDF输出与TIFF输出模板时，模板中设置的路径必须可以正常连接且有文件创建权限，这样才能正确输出。

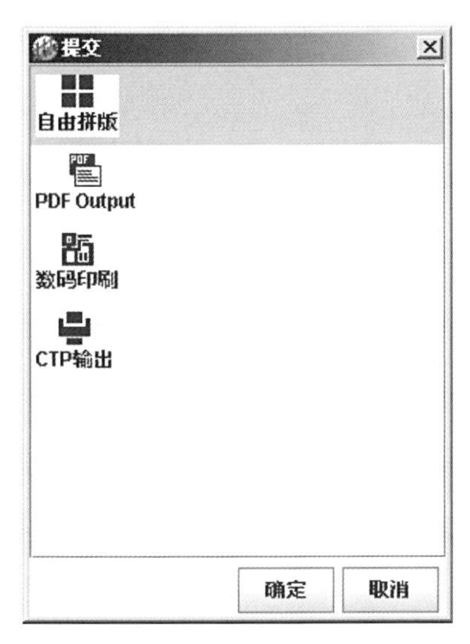

图2-2-11　“提交”对话框

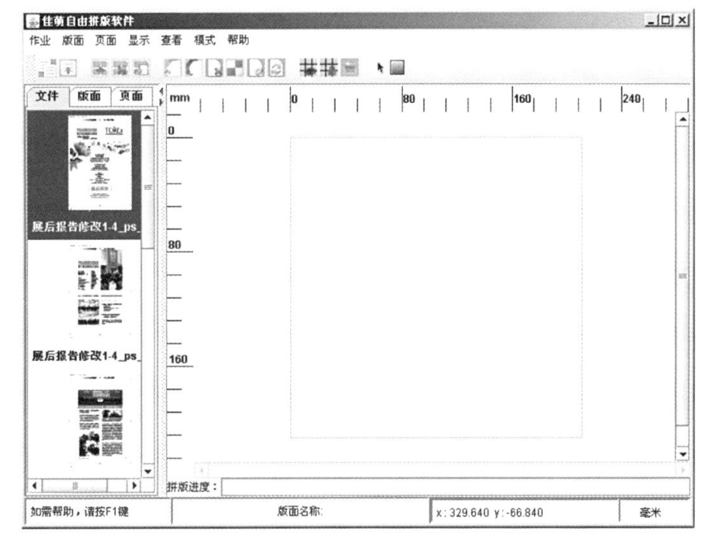

图2-2-12　拼版操作

当提交给数码印刷输出和CTP输出模板时，首先要确定输出器是否已成功启动，当没有启动时，右边的图标将显示成灰色状态，提交后，系统会提示“输出器未打开，无法输出”，成功启动后，图标显示为深蓝色，这样才可进行输出操作。选中相应模板后，单击“确定”按钮，进行提交，提交后，在“作业监控”里可以看到解释输出的进度。

文件输出完成后，将自动生成到相应的共享文件夹下或相应的输出器中。

加网参数设定通过制版输出流程的输出模版来完成，其中科雷佳盟流程软件通过CTP输出模板的RIP设置来实现（如图2-2-13所示）。

网点形状对应对话框中的“网点形状”下拉列表选择，网点角度与加网线数根据不同的色版在列表里进行修改。对于专色版可以通过“添加”按钮设置加网角度与线数。

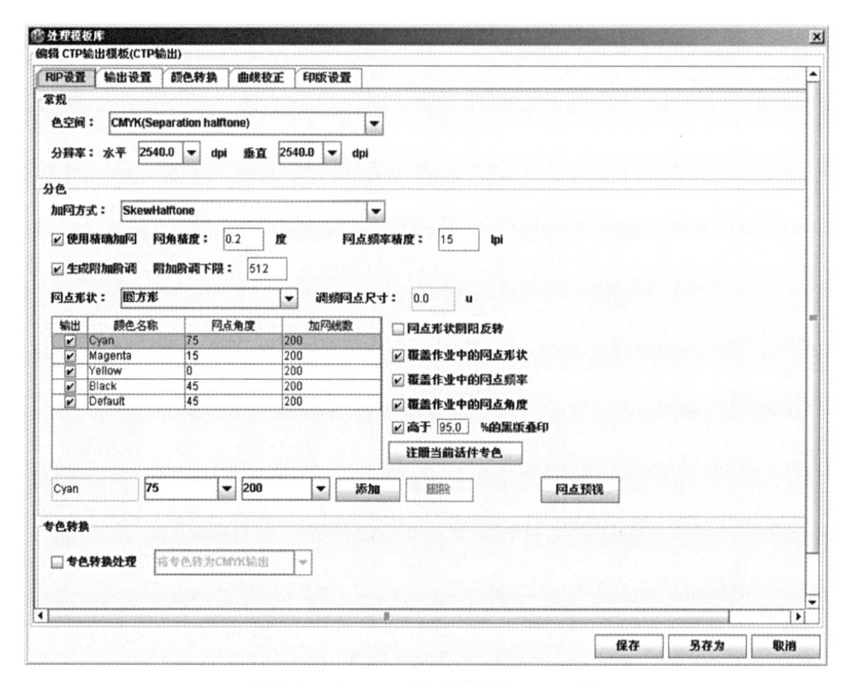

图2-2-13　CTP输出模板的RIP设置

二、工作流程转换颜色

流程中内建有自己的色彩管理模块，通过各个设备的色彩特性描述文件ICC Profile实现不同颜色模式文件在不同的设备上的正确输出。在“颜色转换”设置页（图2-2-14）中有三个下拉列表选项，每个选项可用来选取一个颜色特性描述文件。

1. 源RGB

选择被转换的颜色为RGB模式时，使用的源色空间特性文件。单击“浏览”按钮，弹出“ICC文件选择”对话框，如图2-2-15所示。

在对话框中，列出了资源库中的具有RGB色空间ICC特性文件资源，选中所需ICC文件，单击“确定”按钮即可。流程默认为“sRGB Color Space Profile”。

图2-2-14　CTP 输出—颜色转换

2. 源CMYK

选择被转换颜色为CMYK模式时，使用的源色空间特性文件。选择文件方法与“源RGB”项相同。

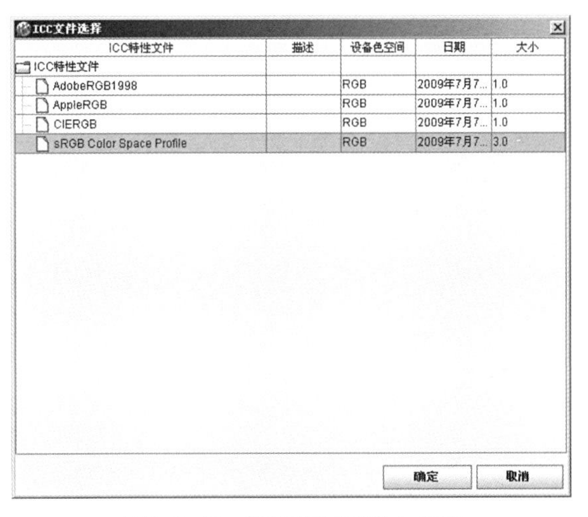

图2-2-15　“ICC文件选择”对话框

3. 设备色空间

选择要转换到的目的设备色空间特性描述文件。通常应该选择一个印刷机的特性文件（Profile）。选择文件方法同上。

色彩管理是用来在两个设备之间进行色彩转换，如果某颜色在A设备上的值为C_a，要把它转换成在B设备上的值C_b，就要借助A、B两个设备的彩色特性描述文件。其中A设备的彩色特性描述称为“源色空间”，B设备的彩色特性描述称为“目的色空间”。换言之，要想校正一个印刷机的色彩，使之与某传统打样机色彩一致，则打样机为“源设备”，印刷机为“目的设备”。

4. 色彩转换意向

可根据不同的输出要求选择所需的色彩转换意向。默认为Perceptual。

Perceptual：知觉法，从与设备无关的色空间向设备的色空间映射，将所有的颜色等比例地压缩，色域外的颜色映射到设备的色域范围内，此方式适合图像的颜色转换。

Absolute：绝对色度法，将保持色域内的颜色不变，并把色域外的颜色压缩到目标色域的边界上，此方式适合颜色的准确复制。

Relative：相对色度法，用于颜色准确和与介质相关的复制。将白场和黑场映射到目标色域，它可以改变亮度。

Saturation：饱和度法，增加色彩的纯度和饱和度，但色彩复制性差，此方式适合只注重颜色鲜艳的图形的复制。

忽略内嵌ICC：该选项表示在解释输出过程中，忽略文件中内嵌的ICC。为了避免因生成源文件时错误嵌入了ICC文件，而造成颜色不准或文字转为四色黑的问题，通常选中此项。

保持纯色黑：该选项是为了避免由RGB向CMYK转换时将黑色图形或文字对象转换成为四色黑而造成套印困难。

三、字库管理与设置

字库是流程中的一种重要资源，字库安装的正确与否直接影响到文件规范化后的正确性。流程在安装过程中，会自动安装标准字库，对于PS文件，用户如果在生成时自动下载了字体，则不需要再进行安装字体，而PDF文件有时并没有内嵌字体，所以要通过手动来进行安装，才能使文件解释正确。打开“资源库”后，单击“字库”标签页，窗口中以列表的形式显示了所有已经安装的字体。如图2-2-16所示，可以看到每款字体的名称和类型，在此处可以对字体进行安装和卸载。

（1）安装字体　单击“安装”按钮，将弹出“安装字体”对话框，如图2-2-17所示，在窗口上方有四个基本选项：

源安装字库路径：设置准备安装字库文件的位置。“安装字库”的功能只用于装入TrueType字库，单击“打开”按钮，用它来浏览文件夹，帮助用户寻找字库文件路径。

TrueType安装为：该选项说明TrueType格式字库按照什么格式装入到流程中。有Local

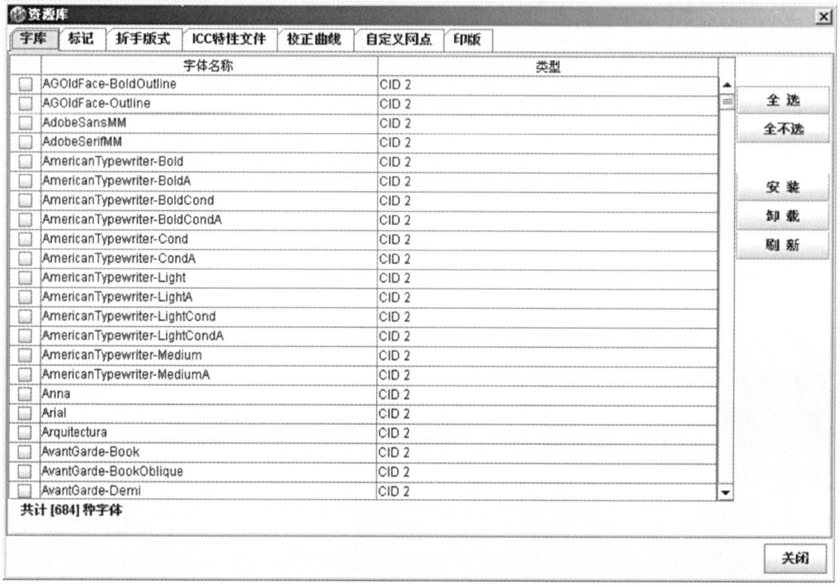

资源库

字库　标记　拆手版式　ICC特性文件　校正曲线　自定义网点　印版

字体名称	类型
AGOldFace-BoldOutline	CID 2
AGOldFace-Outline	CID 2
AdobeSansMM	CID 2
AdobeSerifMM	CID 2
AmericanTypewriter-Bold	CID 2
AmericanTypewriter-BoldA	CID 2
AmericanTypewriter-BoldCond	CID 2
AmericanTypewriter-BoldCondA	CID 2
AmericanTypewriter-Cond	CID 2
AmericanTypewriter-CondA	CID 2
AmericanTypewriter-Light	CID 2
AmericanTypewriter-LightA	CID 2
AmericanTypewriter-LightCond	CID 2
AmericanTypewriter-LightCondA	CID 2
AmericanTypewriter-Medium	CID 2
AmericanTypewriter-MediumA	CID 2
Anna	CID 2
Arial	CID 2
Arquitectura	CID 2
AvantGarde-Book	CID 2
AvantGarde-BookOblique	CID 2
AvantGarde-Demi	CID 2

共计 [684] 种字体

全选　全不选　安装　卸载　刷新　关闭

图2-2-16　字体资源

Joinus Fonts by default（默认选项）、PostScript CID 2font by default、PostScript TYPE 42font by default等选项。

流程安装字库时会将TrueType字库重新组织成新的字库格式装入，这些选项实质是说明将TrueType字库按照何种格式装入。一般而言，如果要安装的是中、日、韩字体。可以选择安装为CID 2字库；如果要安装的是西文字体，可以选择TYPE 42字库，选择该选项后则无须选择CID编码。

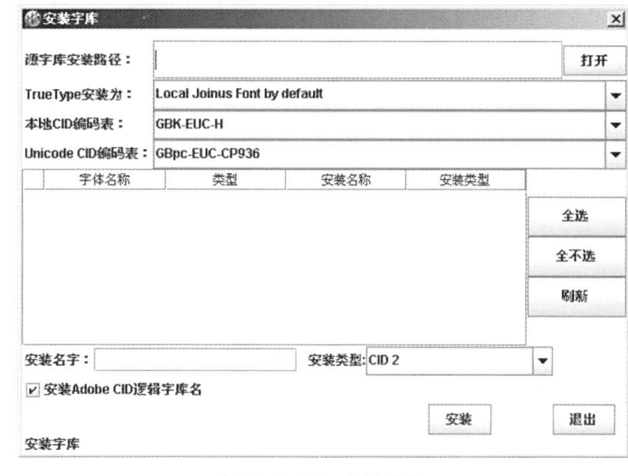

图2-2-17　安装字体

为了更好地处理补字、竖排等问题，另外构造了一套独特的字库格式，称为“Joinus Fonts”，常用TrueType字库都可安装为该格式，因此“Local Joinus Fonts by default”为默认选项。用户一般选择该选项即可正确安装字库。

本地CID编码表：该选项设置的是本地编码到CID字库的映射方式，本地编码指的是各地区区域性编码，对于中文而言有GB2312、GBK、BIG5等，日、韩也有各自的本地编码。针对不同的地区有很多种选项，但中国大陆用户安装字库（无论是GB2312字库或GBK字库）一般选用默认选项即可。默认为“GBK_EUC_H”。

Unicode CID编码：由于TrueType字库一般按Unicode编码组织字库，需要设置Unicode到本地编码之间的映射方法。用户选择默认选项即可。默认为“GBpc_EUC_CP936”。

字体列表窗口：窗口中部是字体列表窗口，当从“源字库安装路径”中指定好字库位置后，系统开始搜寻该文件夹，将搜索到的字体依次列出，并在最下方显示出搜索到的字库文件个数，同时还列出这些安装字体的各种信息，包括“字体名称”，如HYf0gj、“类型”“安装名称”为安装到流程中之后的名称、“安装类型”即为“TrueType安装为”中选择的类型。

当点中字体列表窗口中的一款字体时，字体列表窗口下部的“安装名字”和“安装类型”两栏中会出现该字库的相应信息，用户可在这两栏中自行更改安装名字和安装类型。但一般情况下，用户无须更改。

字体列表窗口中列出的每款字体的前面都有一个选择框，单击该选择框可决定该款字体是否安装，列表右边的“全选”“全不选”按钮是用来辅助选择要安装的字体，被选中的字体选择框内会打上“√”。“刷新”按钮用来刷新字体列表窗口中的内容。

窗口最下方还有一项：

注册Adobe CID逻辑字库名：表示在安装字库的同时，生成该字库的逻辑字库名。该功能是针对某些排版软件而设置的，这些排版软件在处理字体时使用的是逻辑字库名，缺省选中。

以上内容都设置正确后，单击“安装”按钮，则选中字体就会被安装到流程中。安装完成后，在“资源库”的“字库”标签中将能看到正确安装的字体。

（2）卸载字体　在“字库”标签页的列表窗口中，通过前面的复选框选中要删除的字体，这时在字体前面的选择框内会打上“√”，也可点击列表右边的“全选”“全不选”按钮来选择卸载的字体。选择完后，点击“卸载”按钮，此时会弹出警告框，确认无误后，点击“确定”按钮，则选中的字体将从流程的资源库中删除。

四、拼版

优联合折是优联数字化工作流程中的折手拼版版式设计软件，负责为流程中的折手拼版创建折手版式，包括纸张尺寸、版式布局、小版属性、模板标记、折页方式等。

1. 新建折手版式

在页面列表上单击右键>新建版式，打开新建版式对话框，如图2-2-18所示。

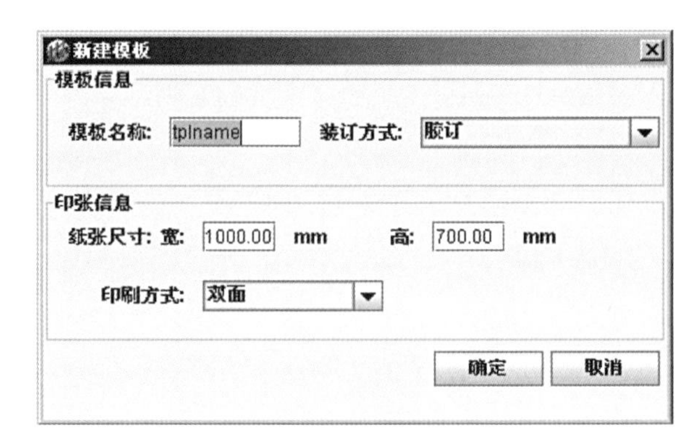

图2-2-18　新建折手版式

（1）“模板信息”设置框

① 模板名称。版式文件的名称。

② 装订方式。包括三种，骑马钉、胶订、自由订。

③ 胶订。胶订可用于平装书之类的作业，装订时将各书帖平行叠加在一起。

④ 骑马钉。骑马订可用于小册子、纲要和目录之类的作业。装订时将各个书帖嵌套在一起的一种装订方式，如图2-2-19所示。

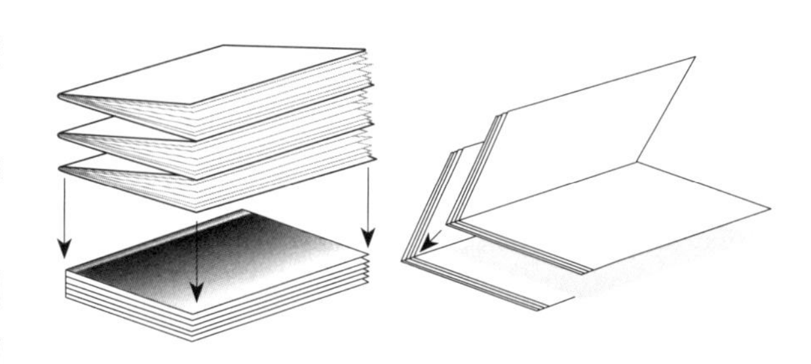

图2-2-19　骑马订装订

⑤ 自由订。该装订样式用于非折叠帖模板，例如海报、拼合等拼贴工作。在自由订模板中，可以为拼贴作业在印张上组合成不同页面大小和方向的模板。

（2）“印张信息”设置框

① 纸张尺寸。实际印刷用纸的尺寸。

② 印刷方式。包括单面、双面、自翻、滚翻四种。

单面对于单面印刷方式，印张只有正面印刷，常用于海报、名片、标签等。

双面最常见的印刷方式，用不同的印版印刷纸张的正反面。在版式正反面上，小版的正背位置镜像对称，如图2-2-20所示。

自翻对于自翻印刷方式，拼版的两面都位于同一个印版上。拼版的正反面相对于纸张垂直中心线左右对称，如图2-2-21所示。

滚翻对于滚翻印刷方式，拼版的两面都位于同一个印版上。拼版的正反面相对于纸张水平中心线上下对称，如图2-2-22所示。

设置好模板及印张信息后，单击“确定”按钮，可以打开如下拼版设计界面。

折手界面（图2-2-23）共包括四部分：菜单栏、工具面板、设计面板、属性面板。设计面板中黑色虚线框为我们所设置的纸张尺寸。

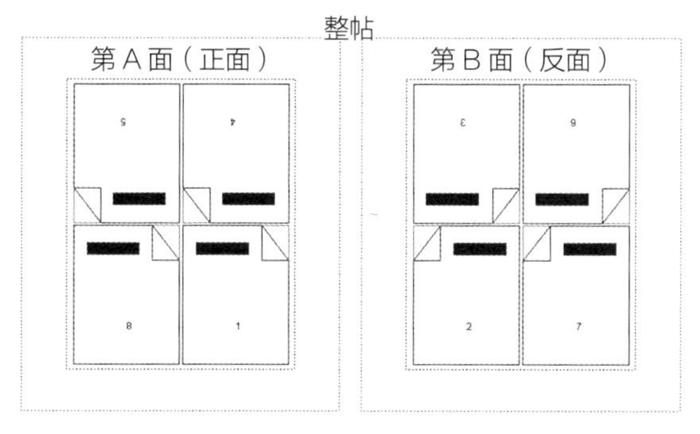

图2-2-20　双面印刷

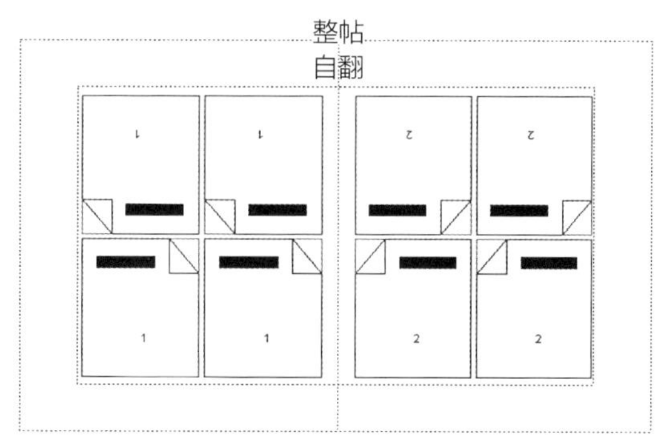

图2-2-21　自翻版

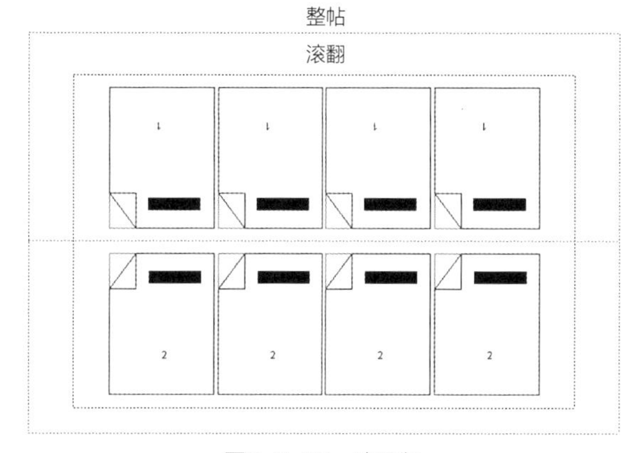

图2-2-22　滚翻版

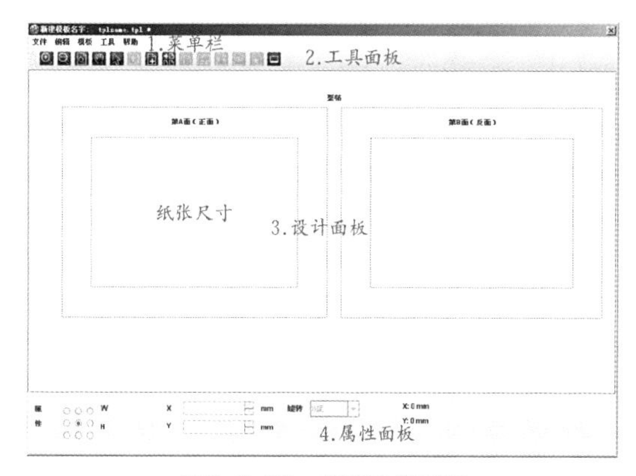

图2-2-23　折手工作界面

2. 工具栏

工具栏共有14个按钮，如图2-2-24所示。按图中从左到右的排序，每个按钮的功能依次为：

① 放大。放大拼版视图。

② 缩小。缩小拼版视图。

③ 适合窗口。缩放帖视图以适合窗口。

④ 拖动。移动窗口视图。

⑤ 选择。用于选中页面或者标记。

⑥ 设置页号。用来自动的依次添加页号。

⑦ 添加单独页面。用来向版面内添加单独页面。

⑧ 添加拼版。用来向版面内添加折手拼版。

⑨ 页间距。控制显示和隐藏页间距显示框。

⑩ 上下居中。使拼版上下居中于纸张。

图2-2-24　工具栏按钮

⑪ 左右居中。使拼版左右居中于纸张。

⑫ 显示/隐藏页面。控制页面的显示和隐藏。

⑬ 显示/隐藏标记。控制标记的显示和隐藏。

⑭ 叼口位置。控制纸张的叼口位置。

⑮ 对齐。当选中两个以上单独页面时，出现对齐四个图标，分别为上对齐、下对齐、左对齐和右对齐。是控制两个单独页的对齐方式。

3．创建拼版

执行“模板”＞“创建拼版”命令，打开创建拼版对话框，如图2-2-25所示。

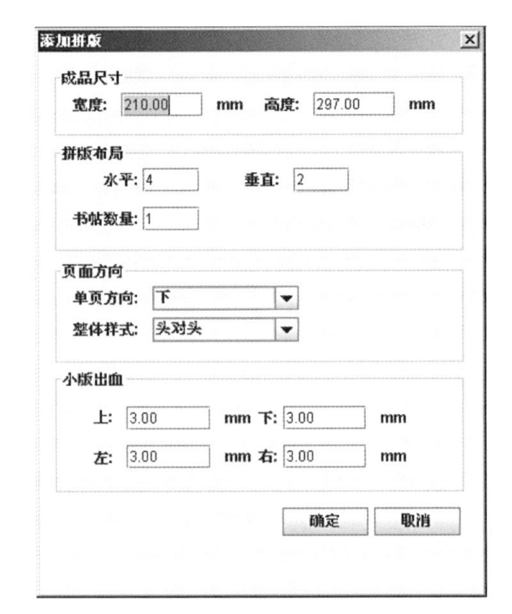

图2-2-25　创建拼版

（1）“成品尺寸”设置框　输入成品净尺寸的宽度和高度。印张上的拼版页面大小都相同。无法更改一个页面的大小，但是可以更改拼版中所有页面的大小。

（2）“拼版布局”设置框　输入要添加到印张一面的水平和垂直拼版页面数。

书帖数量：用来控制一个印张上含多个书帖的拼版布局。

（3）“页面方向”设置框

① 单页方向。指定拼版页面的定向方式（相对于其他页面而言），这里是指左上方页面的方向。组中的剩余拼版页面将相对左上方页面来定向。

② 整体样式。用来设置整体页面的方向，包括头对头、脚对脚、头对脚。

4．设置页号

拼版建立后，所有的页面的页号默认为1，我们需要根据折页方式设置页号，可以有两种方法。

（1）手动设置页号　双击要修改的页面，弹出设置页号对话框，我们可以同时设置小页正背面的页号。

（2）自动设置页号　利用设置页号工具自动添加小页页号。选择“设置页号”工具，单击要设置页号的小页，将自动为小页的正背面设置页号，页号随着单击一次递增。左键双击图标，弹出“设置页号”对话框可以设置起始的页号。

5．设置页间距及页边距

对于创建的拼版，我们可以设置拼版的页间距和页边距，在工具面板上，单击“显示/隐藏页间距”图标。在拼版好的上边及左边出现小页间距数值。

左键单击页间距数值，打开“设置页间距”对话框（图2-2-26），可以对页间距数值进行修改。修改页间距后，可使用左键单击工具面板中的“上下居中”和“左右居中”图标，可以使拼版上下和左右居中于纸张。

6. 添加标记

为拼版添加裁切、套准、折叠、拉规、背帖、文本、重复以及自定义标记，设置选项如图2-2-27所示。

（1）裁切标记

裁切类型：可以为裁切标记选择单线和双线两种类型。

长度：裁切标记的长度，默认长度为6mm。

线宽：裁切标记的线宽，默认宽度为0.25pt（0.088mm）。

偏移出血值：裁切线距出血位的距离。通常设置为0，即裁切线加在出血以外。

正面、反面、正反面：指示标记将显示在印张上的哪一面。

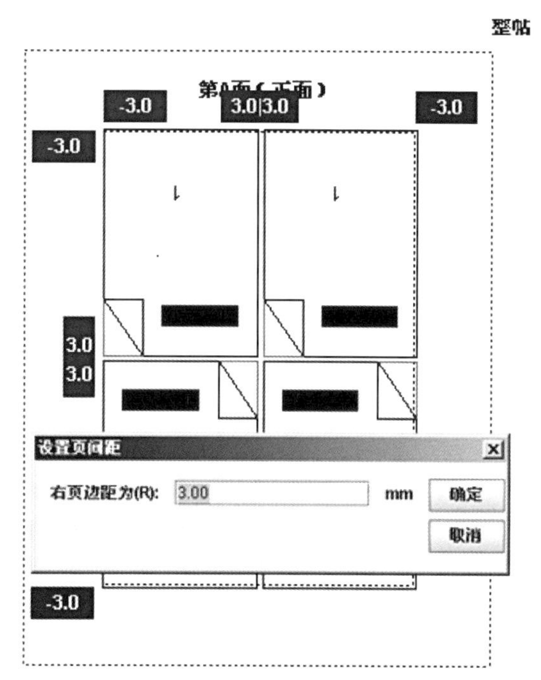

图2-2-26 “设置页间距”对话框

（2）套准标记　在对话框的左侧有套准标记，如图2-2-28所示。功能是为拼版页面添加套准标记，用来检查印刷机套印是否准确。

套准标记共有四种类型，分别是Nge-Cross（反十字线）、Circle Mark（圆形）、Hollow Circle（圆孔形）和Solid Circle（实心圆）。同时可为套准标记的宽度、高度和标记线条的宽度进行设置，即由“标记宽”“标记高”“线宽”命令来实现。而“偏移页面值”选项用来设置标记距页面的距离，默认值为3，为保证套准标记在出血以外，这里的偏移值一般为拼版的出血值。“正面”“反面”“正反面”选项用来指示标记将显示在印张的哪一面。套准标记通常正反面全加。

（3）折叠标记（如图2-2-29所示）　图2-2-30所示为折叠标记。其参数为：

长度：折叠标记的长度。

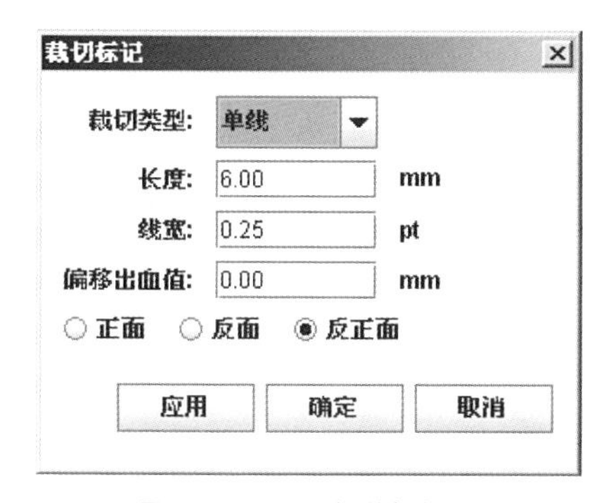

图2-2-27　添加裁切标记

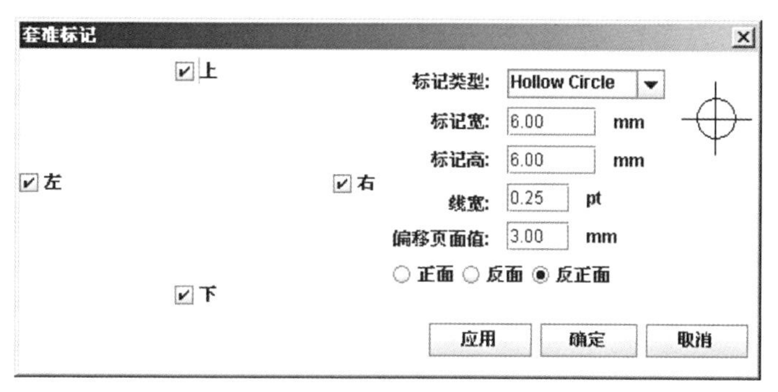

图2-2-28　添加套准标记

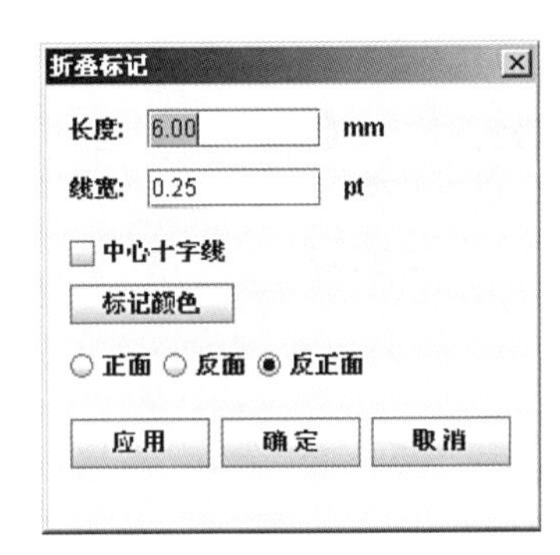

图2-2-29　添加折叠标记

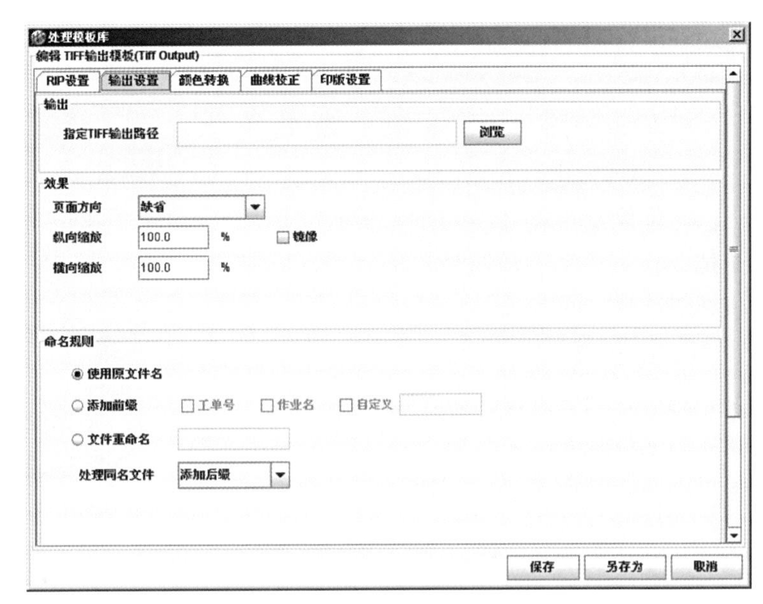

图2-2-30　输出TIFF模板

线宽：折叠标记线条的宽度。

中心十字线：位于折手拼版折叠的中心点，用来检查折页是否准确，这里可以选择是否添加十字线标记。

标记颜色：用来设置折叠标记的颜色值。

所有分色：标记将出现在所有分色版上，可以在后面的文本框中设置颜色的色值。

印刷色：标记只出现在CMYK四色版上，我们可以分别设置标记CMYK分色的颜色值。

五、导出为文件

1．TIFF输出模板

TIFF输出模板是将文件解释输出为TIFF格式文件，对应的对话框如图2-2-30所示。在模板中，分为五个参数设置标签页，分别为RIP设置、输出设置、颜色转换、曲线校正和印版设置。除输出设置外，其他四项均和CTP输出模板里的参数设置一致。

输出设置与CTP输出模板不同的是在输出设置标签页中设置TIFF文件输出路径及文件的命名规则。

（1）“输出”设置框　指定TIFF输出路径设置TIFF文件的输出路径。点击“浏览”按钮，弹出路径选择框，选择本地路径或网络共享路径即可。

当服务器端与客户端安装在同一个机器上时，可选择本地路径，不在同一台机器上时，则需要选择共享路径。

（2）“命名规则”设置框　命名规则有三种：使用原文件名、添加后缀、文件重命名。

使用原文件名：输出的tiff文件名直接按照流程中规范化或拼版后的文件名来命名。

添加后缀：在文件名后可分别加上工单号、作业名、自定义命名的后缀。后缀是在同名文件名后加_1，依次排列。

文件重命名：对输出的tiff文件设置一个自定义的名称。

处理同名文件：对于输出后的同名文件进行设置，可对文件进行添加后缀和覆盖操作。

2. PDF文件输出

将流程中的规范文件或拼好的大版文件输出为标准的PDF文件。文件成功输出后将在指定的路径下建立一个与工单号同名的文件夹来存储这些PDF文件。图2-2-31为PDF文件输出设置对话框。

（1）“输出格式”设置框　用来设置文件以什么格式进行输出。“将多个输出为一个文件”选项是当选择多个文件同时输出时，则把这些文件合并为一个PDF文件；“为每页输出为一个文件”选项是当选择多个文件同时输出时，则把这些文件分别以单个文件的方式来输出，如图2-2-32所示。

（2）“路径”设置框　用来选择PDF文件的存储路径。

点击“浏览”按钮，选择网络共享文件夹即可。当服务器端与客户端安装在同一个机器上时，可选择本地路径。“单页文件”设置框中的选项与TIFF输出设置相同。

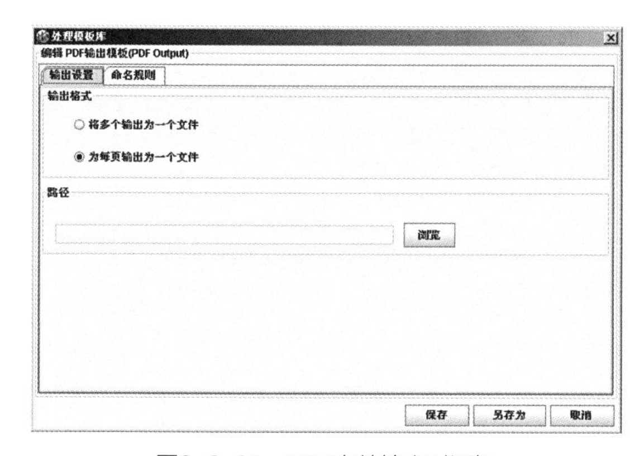

图2-2-31　PDF文件输出对话框

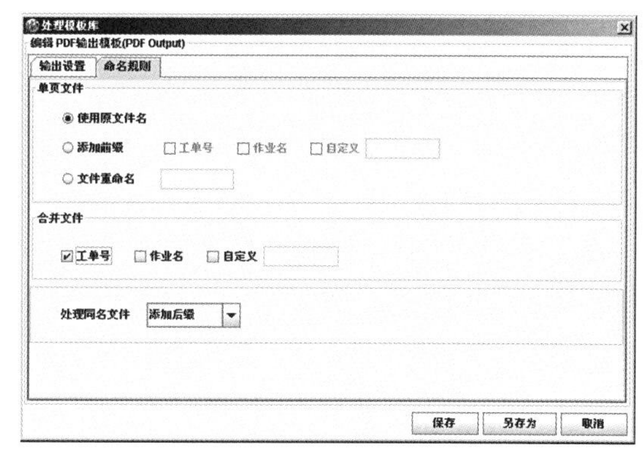

图2-2-32　PDF文件输出命名规则

第三章 印版输出

学习目标 掌握印版输出过程中出现的问题的解决方法。

一、图像质量问题及处理方案

输出印版时，若版面上出现质量问题，则引起此问题的原因是：

计算机：计算机的兼容性有问题、计算机存在病毒。

制版机：焦距偏离、功率不对，输送过程中或光鼓上有毛刺，激光不受控，丝杆导轨缺油，机构调整不当。

冲版机：显影温度、速度设置不合理，保养清洁有问题使设备不能正常工作，各辊轴、毛刷压力调整不当，补充液配比不合理。

版材：版材封孔不好、感光胶涂布不均匀，版材的平整度超标，版材的边缘不规则，不适合制版机的版材。

表2-3-1为印版图像的质量问题及解决方法。

表2-3-1　印版图像质量问题及处理方式

	图像质量问题	原因	解决方法
1	印版有底灰	（1）显影温度、时间不对焦距不对 （2）显影液失效 （3）冲版水水量过小 （4）显影液不循环 （5）曝光能量偏低	（1）调整显影液温度 、时间 （2）更换显影液 （3）加大冲版水量 （4）检查循环泵、疏通循环管道 （5）调整曝光能量
2	印版表面上有有刷痕	（1）冲版机的各胶辊压力不当 （2）毛刷辊的压力不当 （3）印版老化不足	（1）调整各胶辊的压力 （2）调整毛刷辊压力 （3）更换批次印版
3	印版保护胶涂布不均	（1）保护胶变质 （2）保护胶出胶口部分堵住 （3）保护胶配比不当	（1）更换保护胶 （2）疏通保护胶出胶口 （3）调整保护胶配比

续表

	图像质量问题	原因	解决方法
4	小网点丢失严重	（1）显影温度设置过高 （2）显影时间设置过长 （3）曝光能量设置过高	（1）调整显影温度 （2）调整显影时间 （3）调整曝光能量
5	印版套位偏差	（1）版左侧定位不准，侧拉规上滚轮压力不够 （2）侧拉到位传感器出错 （3）进版过程中，输送阻力过大，如送版台上有静电或版材带静电较严重 （4）供版机与主机左右高低位置不符	（1）整压力或更换，参照《综合调试流程》 （2）更换侧拉到位传感器 （3）设备操作间的湿度在40%到60%之间，在导板上贴防静电胶带 （4）重新调节供版机与主机的左右高低位置服部。
6	印版实地部分出现规律细白线，或空白部分出现规律细黑线	（1）激光驱动板故障 （2）激光迷你线故障	（1）检查并更换激光驱动板 （2）检查并更换迷你线
7	图像上偶尔出现，一段线中有间隔的白线	主控板有接触不良现象	更换主控板
8	98%的网点中，白点不明显，有条纹印	激光功率偏低	在确保冲干净的情况下，调整激光功率
9	印版偶发图像头部错位	（1）码盘信号被干扰 （2）伺服电机运动不稳	（1）检查有效接地情况并确保周边无大型设备干扰 （2）检查电压稳定性，必要时增设稳压电源
10	发版时，偶尔有局部乱码，并且有时会超出图文部分	（1）文件被损坏 （2）图像位置上下位置数值设置不当 （3）码盘信号被干扰	（1）由于电脑主板与内存的不兼容性，会造成文件被破坏。更换品牌电脑 （2）预览图像，确认图像没有超出印版，调整设置数值 （3）检查有效接地情况并确保周边无大型设备干扰
11	图像中，满版的小白点或小黑点	印版涂层不佳	更换印版批次
12	图像满版规律细黑线	（1）冲洗不足 （2）焦距偏离	（1）加大冲洗力度或显影液失效，更换显影液 （2）调整焦距参数
13	印版有规则黑线间隔4mm或5mm黑线	（1）丝杆、导轨缺油 （2）扫描平台对光鼓的直线度有偏差 （3）丝杆局部的运动阻力有变化	（1）按要求重新清洗丝杆、前后导轨，并加润滑脂 （2）用千分表检查，光鼓和扫描平台的直线度<0.006mm；如有超差，则需调整平行度 （3）用千分表检查丝杆的运动精度<0.004mm，如果超出需重新研磨丝杆

二、其他异常情况及处理方式

表2-3-2为系统工作发生异常及处理方法。

表2-3-2　系统工作发生异常及处理方法

序号	异常情况	原因分析	处理方法
1	电脑和设备无法连接	（1）电源数据线连接未到位 （2）数据线Usb驱动出错 （3）制版机控制软件程序出错	（1）检查电源数据线连接 （2）重新安装Usb驱动程序 （3）重新安装控制软件
2	机架和激光箱温度无法正常显示	（1）数据线Usb驱动出错 （2）温度传感器连接不良 （3）温度传感器故障	（1）重新安装Usb驱动程序 （2）检查连接，确保连接正常 （3）检查并更换温度传感器
3	激光箱温度超出工作范围	（1）水循环系统故障 （2）恒温控制板出现故障 （3）温度传感器故障	（1）检查水循环系统，及时补充冷却水 （2）检查并调节恒温控制板确保运转指示灯反馈正常 （3）检查并更换温度传感器
4	激光锁光失败	（1）聚焦光束未居中对准光能量检测传感器 （2）镜头表面带脏 （3）光纤头被污染 （4）激光器能量衰竭	（1）调节光能量传感器和镜筒位置，确保光束居中 （2）清洁镜头表面 （3）清洁光纤头 （4）更换激光器
5	版尾调整失败	（1）光鼓版尾位置定位不准确 （2）版尾左、右扭簧故障 （3）版尾摇臂拉簧故障	（1）检查并调节3号参数，确保位置准确 （2）检查并更换左、右扭簧 （3）检查并更换摇臂拉簧
6	双张感应装置报错	（1）装版时，两张版或者版带纸进入制版机 （2）双张传感器带脏 （3）双张传感器相对位置不准确	（1）加强装版时的检查，确保只有单张版进入制版机 （2）清洁双张传感器表面 （3）调节双张传感器位置
7	版尾斜度超标	（1）版材不规则 （2）0号参数设置不当	（1）检查版材尺寸 （2）调节0号歪斜参数
8	版材长度与模板不符	（1）版材的实际长度不标准 （2）8号参数设置不当	（1）按版材实际长度建设模板 （2）调节8号长度偏差参数
9	进版不顺	（1）版材变形 （2）供版机与主机的左右高低位置不符 （3）版材或导版有静电	（1）检查版材，使用不变形版材 （2）重新调节供版机与主机的左右高低位置 （3）确保设备操作间的湿度在40%到60%之间，在导板上贴防静电胶带
10	光鼓上反馈有版或无版信息	（1）光鼓上有无版传感器位置不当 （2）光鼓有无版传感器故障	（1）调整光鼓有无版传感器位置 （2）更换光鼓有无版传感器
11	扫描平台运行一半停止工作	（1）导轨缺油 （2）光栅读数头位置不当 （3）光栅尺带脏	（1）导轨添加润滑油 （2）调节光栅读数头位置 （3）清洁光栅尺

续表

序号	异常情况	原因分析	处理方法
12	机器运行抖动	（1）版材实际厚度和模板设置不符 （2）平衡块检测传感器出错 （3）平衡块位置参数偏差	（1）检查模板确认厚度与实际版材一致 （2）清洁或更换平衡块检测传感器 （3）调整4号平衡块位置参数
13	显影液不循环	（1）循环管出水口堵住 （2）循环泵保险丝烧掉 （3）循环泵故障	（1）疏通循环管出水口 （2）更换循环泵保险丝 （3）更换循环泵
14	上胶管不出胶	（1）胶桶剩余保护胶不足 （2）上胶管没有插入保护胶液面 （3）保护胶出胶口堵塞	（1）添加新的保护胶 （2）检查上胶管 （3）疏通保护胶出胶口

第四章

印版的显影

学习目标

1. 判断显影条件并设置显影参数。
2. 能用检测仪器检测显影液的酸碱度（pH）、温度和电导率。
3. 能保养显影机等制版设备。

一、电导率传感器及控制板的安装调试说明

1. 单台冲版机配件

单台冲版机配件需求如表2-4-1所示。

表2-4-1　冲版机配件表

序号	配件名称	数量
1	电导率仪	1
2	电导率仪支架	1
3	电导率仪安装螺母	2
4	电导率控制板	1
5	电导率控制板套线	1
6	继电器	2
7	护线圈	1
8	（12.9S）内六角螺钉M3*16	2
9	（304）大扁头十字螺钉M4*12	1
10	防松螺母M4	1

2. 安装说明

把冲版机上原安装液位仪和温度传感器支架更换为电导率仪支架，具体安装步骤及位置详见安装工艺图2-4-1~图2-4-14。

（1）首先必须关掉冲版机电源，而后拆卸电气箱盖及后盖（图2-4-1）。

（2）打开冲版机电源，了解冲版机补液泵未进入补液状态下的正常指示灯情况，然后进

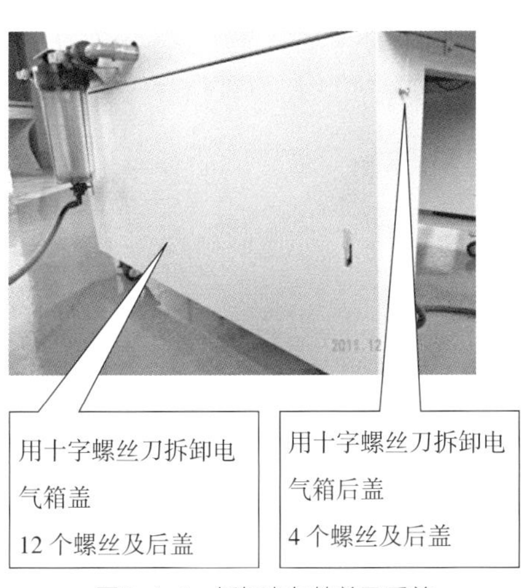

图2-4-1　拆卸电气箱盖及后盖

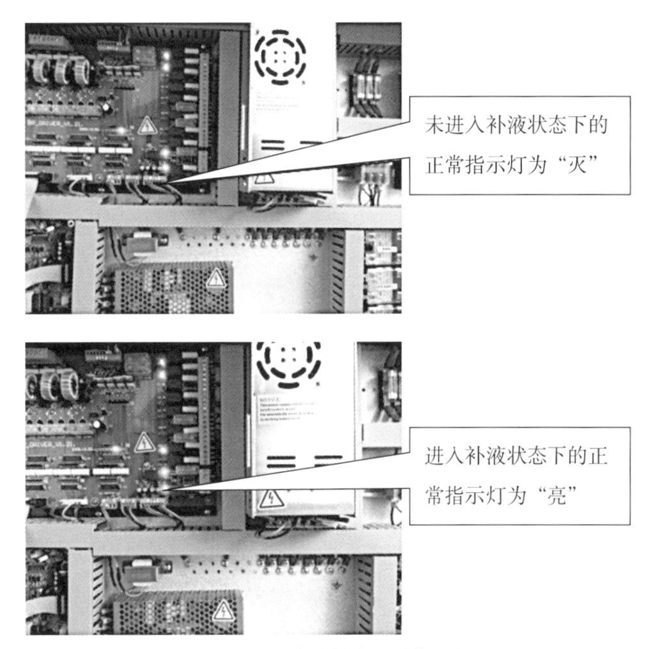

图2-4-2　补液状态下的指示灯

入“手动操作”功能下进行强制补充，进而根据指示灯情况了解控制补液泵的继电器，以确定补液泵的正常情况和电源线路（图2-4-2）。

（3）再次关掉冲版机电源，从“电导率控制板套线”中找出用于连接“冲版机卡板上220V火线”和“电导率控制板24V电源线”，并从冲版机线槽中穿出，至电导率传感器和继电器的安装位置，与电导率控制板控制线连接（图2-4-3、图2-4-4）。

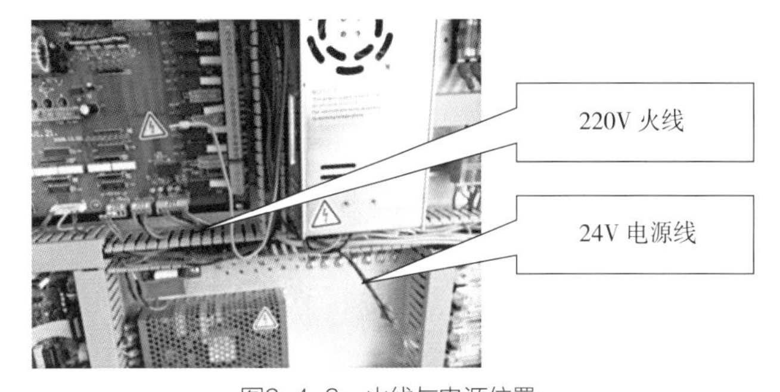

图2-4-3　火线与电源位置

（4）拆卸冲版机右罩（图2-4-5）。

（5）冲版机自带补液开关上三芯接插件上的火线剪短，输入输出两端分别接出从“电导率控制板套线”中找出的两根“220V火线分线”（图2-4-6）。

（6）继电器的安装：采用工具“博世带扭矩电钻”“钻头Φ2.5”“丝锥M3”打出两个用于固定继电器的M3螺纹孔，孔深约5mm，间距约20mm，切勿打穿冲版机药槽侧板，再用配件“（12.9S）内六角螺钉M3×16”和工具“2.5内六角扳手”固定继电器，注意螺丝松紧度适中，切勿死拧，因为药槽侧板为PVC板，死拧易滑牙（图2-4-7）。

（7）“220V火线分线”分别接入内外部控制切换用继电器“公共端”和“常闭端”（图2-4-8）。

（8）工控继电器输出线的安装：从“电导率控制板套线”中找出的一根“K1内部/外部

控制切换”输出电源线1和“K2补液开关”输出电源线2分别与两个继电器连接，另一端电导率控制板控制线连接（图2-4-9）。

（9）“电导率支架1”的安装：采用工具十字螺丝刀、呆扳手7×9、活扳手6寸将原安装

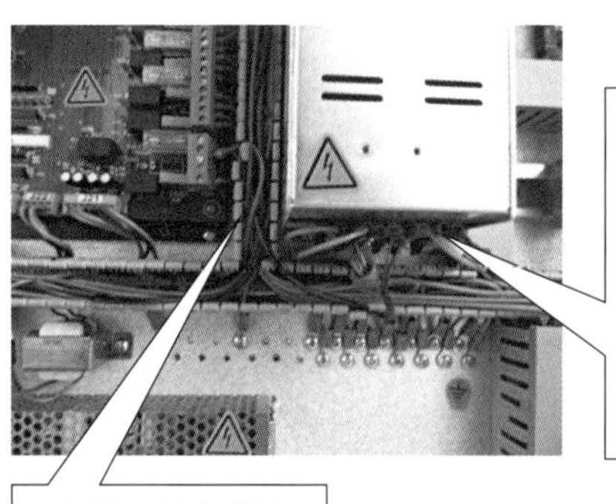

图2-4-4 电导率控制板接线图

图2-4-5 拆卸冲版机右罩

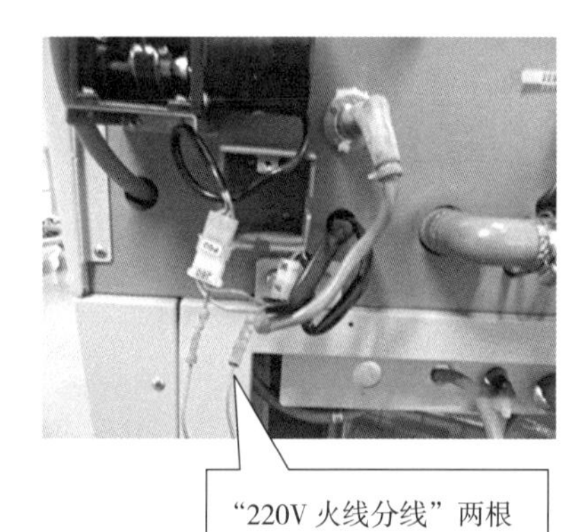

图2-4-6 电导率控制板套线

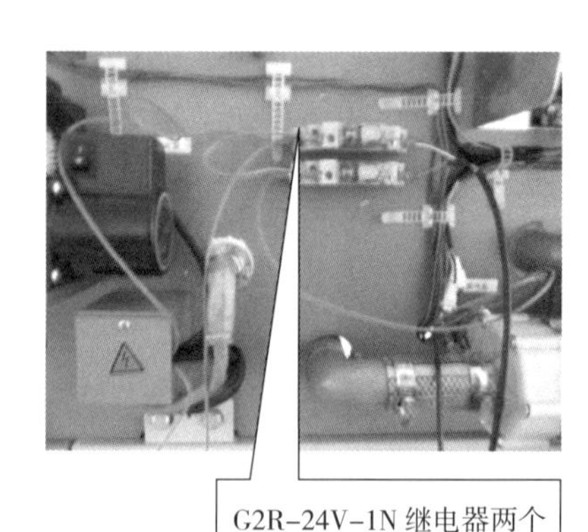

图2-4-7 继电器的安装

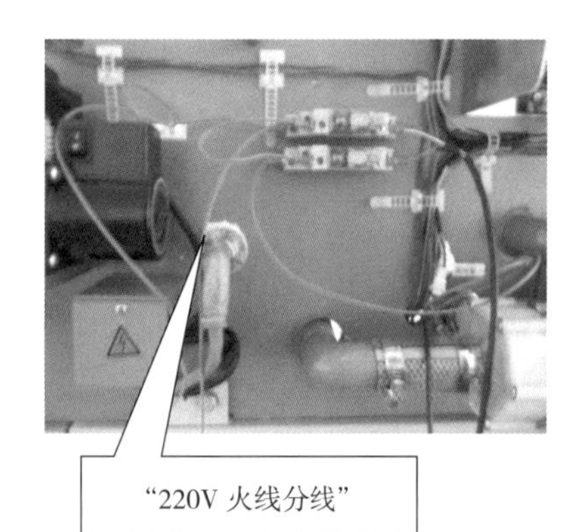

图2-4-8 继电器“公共端”和“常闭端”

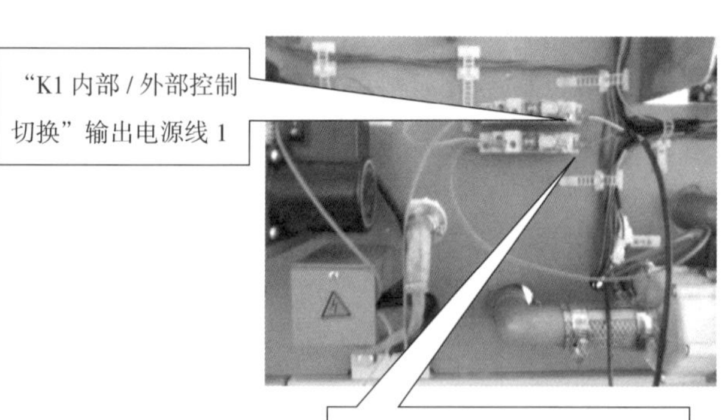

图2-4-9 工控继电器输出线的安装

温度传感器和液位仪的支架拆卸下来，更换为“电导率支架1”（CTP-GZ-157A），注意液位仪的拆卸需将连接线从连接端子处拔出后从药槽侧板孔拔出才能卸下（图2-4-10）。

（10）电导率传感器的安装：采用“电导率仪安装螺母”将电导率传感器安装于支架上，电导率检测球须置于液面以下，注意传感器感应孔方向必须是垂直与药槽侧板方向，即与胶辊方向平行，否则易造成由于药液频繁流动而使传感器监测不稳定的现象（图2-4-11）。

（11）电导率控制板的安装：采用工具“博世带扭矩电钻”“钻 头Φ3.2”“丝 锥M4”打出“电导率控制板”悬挂螺丝孔M4，采用零件“（304）大扁头十字螺钉M4 12”安装，内侧紧定“防松螺母M4”；采用工具“博世带扭矩电钻”“钻头Φ3.2”“钻　头Φ13.5”　打出“电导率控制板”连接线穿孔，同时采用“护线圈”安装孔内，以保护电导率控制线（图2-4-12）。

（12）“电导率控制板”连接线与各电源线、控制线、信号线的连接：注意各线扎的固定（图2-4-13和电气线路图2-4-14）。

（13）“电导率控制板”的安装及罩壳的固定：冲版机左罩、电气箱盖及后盖的回复安装（图2-4-15）。

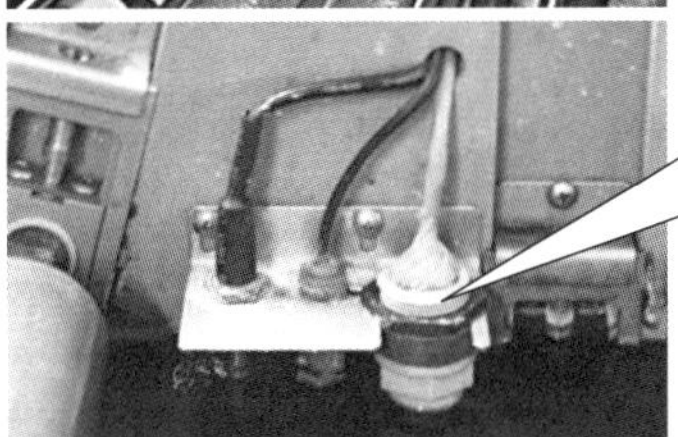

图2-4-10　“电导率支架1”的安装

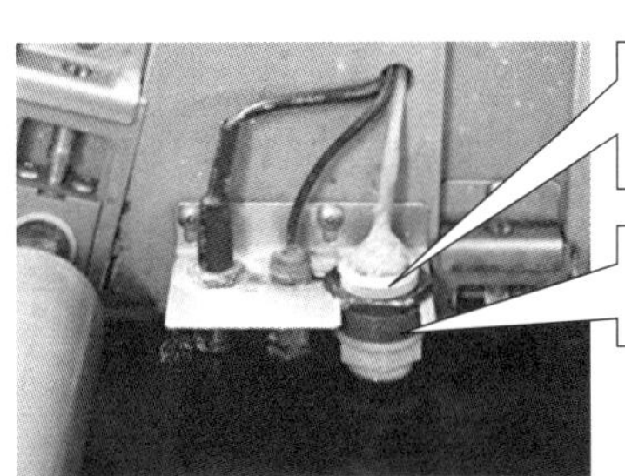

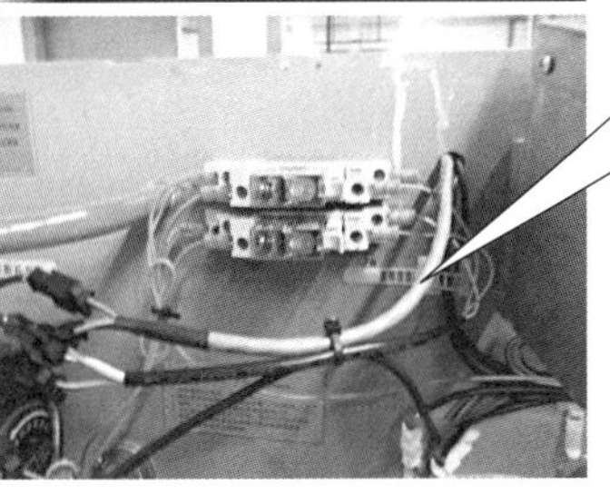

图2-4-11　电导率传感器的安装

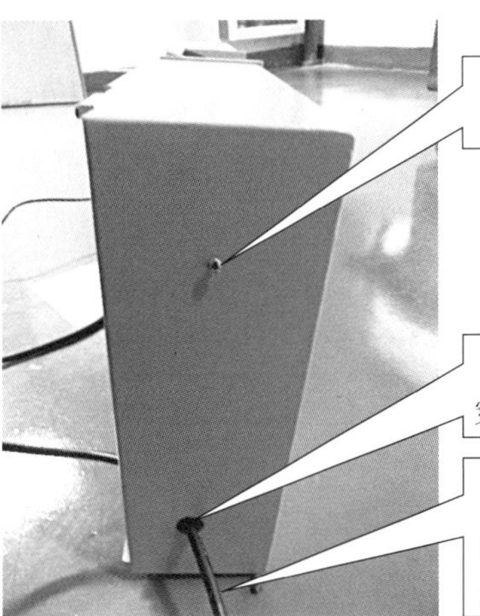

图2-4-12　电导率控制板的安装

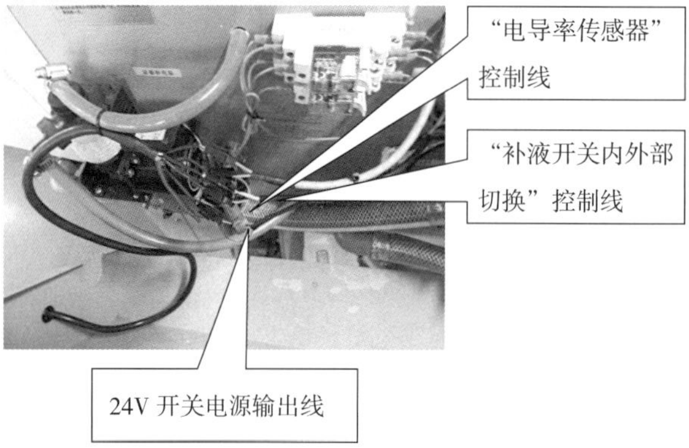

“电导率传感器”控制线

“补液开关内外部切换”控制线

24V 开关电源输出线

图2-4-13　电导率控制板连线

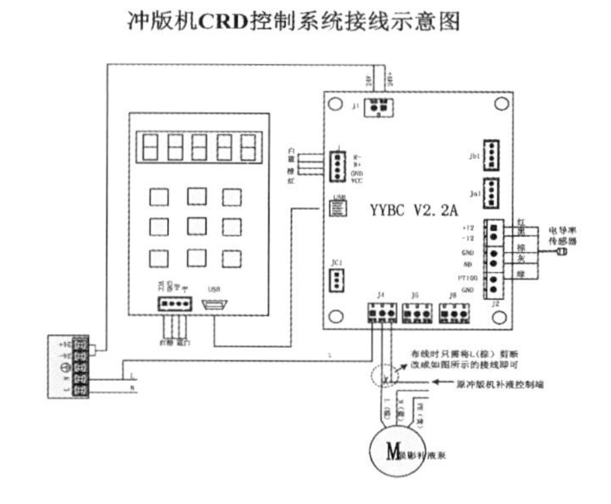

图2-4-14　电气线路图

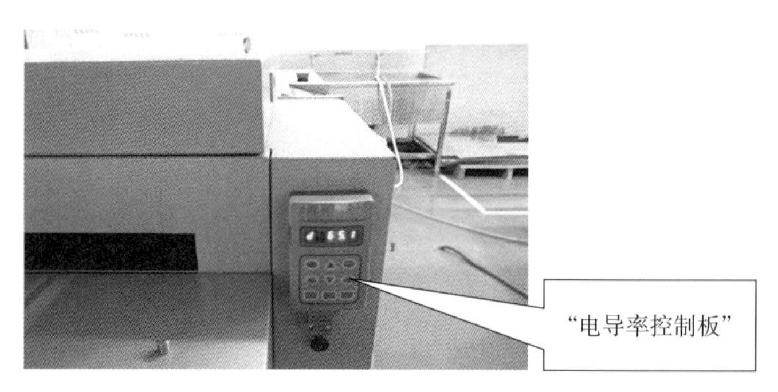

图2-4-15 “电导率控制板”的安装及罩壳的固定

二、印版显影参数设置

电导率控制显示面板的显示界面中，第一位为参数项，后四位为参数值。

（1）菜单键　在显示模式下，短按该键将进入设置界面。在设置模式下，短按该键将切换到下一个参数设置界面。在任意模式下，长按该键5s将切换到氧化补偿设置界面。

（2）UP键　在设置模式下显示屏幕不闪烁时，短按该键将切换到上一个参数设置界面。屏幕位置闪烁时，短按该键将增加该位值。在任意模式下，长按该键5s将清零低于下限值情况下的补液次数。

（3）TURN键　在设置模式下，短按该键将切换闪烁位，以修改设定参数。

（4）ENTER键　在设置模式下，短按该键将保存当前参数（恢复出厂值等特殊功能除外）。在任意模式下，长按该键5s将初始化计时芯片。

（5）DOWN键　在设置模式下，该位不闪烁时，短按该键将切换到下一个参数设置界面。该位闪烁时，短按该键将减小该位值。在任意模式下，长按该键5s将切换报警功能开启与关闭。

（6）ESC键　在设置模式下，短按该键将退出设置模式并显示等待界面，5s后显示电导率界面。

（7）F1键　在补液状态下，短按该键将关闭当前补液状态。在任意模式下，长按该键3s将进入强制补液状态，直至电导率到达设定值关闭。

（8）F2键　在任意模式下，长按该键3s将切换补液控制方式（CRD/冲版机）。

三、参数说明

合理设定各参数有助于提高冲版质量，各设定参数出厂预设值详见表2–4–2。

（1）显示d 600 / o 600　定义为当前电导率，工作模式为显示模式，单位为ms/cm（毫西门子/厘米）。

说明：电导率测量范围0~200ms/cm，当显示d****时表示当前为CRD控制补液方式，当显示o****时表示当前为冲版机控制补液方式。

（2）显示：t 250　定义为当前温度，工作模式为显示模式，单位为℃。

说明：温度有效测量范围0~40℃。

表2–4–2　参数出厂预设值

参数代码	参数名	预设值	说明
S	电导率标准值	60.0mS/cm	
P	补液量相关设定值	2s	单位电导率差值开启补液泵时间
L	补液间隔时间	60s	
A	电导率上限偏移量	1.0mS/cm	
C	电导率下限偏移量	1.0mS/cm	
F	电导率零位修正值	—	出厂调试值
H	电导率斜率修正值	—	出厂调试值
J	电导率温度参数	210‱/℃	即2.1%/℃
T	工作温度参数	25.0℃	工作温度区间24.0~26.0℃
U	温度零位修正值	—	出厂调试值
y	氧化时间补偿参数	0min	氧化补偿功能关闭

（3）显示：S 600　定义为电导率标准值，工作模式为设置模式，单位为mS/cm（毫西门子/厘米）。

说明：设定药液电导率的目标值，使显影药液电导率稳定于该值附近。

（4）显示：P　2　定义为补液量相关设定值，工作模式为设置模式，单位为s/（mS/cm）（秒/（毫西门子/厘米）。

说明：代表每0.1mS/cm 补液时间。根据冲片机药液池的大小、补液箱内药液浓度而定。

例如：当前电导率为59.5mS/cm，电导率标准值为60.0mS/cm，P设定为2s。则每次补液泵开启时间为（600–595）×2＝10s。

（5）显示：L　60　定义为补液间隔时间，工作模式为设置模式，单位为s（秒）。

说明：代表每次补液后的延时时间。补液泵关闭后，等待一段时间使显影药液充分混合均匀，然后再允许进入下一次补液操作。

（6）显示：A 10 定义为电导率上限偏移值，工作模式为设置模式，单位：mS/cm（毫西门子/厘米）。

说明：在电导率标准值一定时通过设定该参数，确定电导率上限值。

例如：电导率标准值为60.0mS/cm，电导率上限偏移量为1.0mS/cm，则电导率上限值为61.0mS/cm。

（7）显示：C 10 定义为电导率下限偏移值，工作模式为设置模式，单位为mS/cm（毫西门子/厘米）。

说明：在电导率标准值一定时通过设定该参数，确定电导率下限值。

例如：电导率标准值为60.0mS/cm，电导率下限偏移量为1.0mS/cm，则电导率下限值为59.0ms/cm。

（8）显示：F 100.0 定义为电导率零位修正值，工作模式为设置模式，单位为mS/cm（毫西门子/厘米）。

说明：电导率零位误差补偿。100.0代表未修正；大于100.0向上修正差值；小于100.0向下修正差值，修正差值为｜F－100.0｜mS/cm。

例如：设定F＝105.8，则电导率向上修正5.8mS/cm；设定F＝97.3，则电导率向下修正2.7mS/cm。

（9）显示：H 100.0 定义为电导率斜率修正值，工作模式为设置模式，单位为%。

说明：电导率传感器斜率误差补偿。100.0代表未修正；大于100.0向上修正；小于100.0向下修正。

例如：当前电导率为60.0mS/cm，斜率修正值为100.0。当修改斜率修正值参数为102.0后，当前电导率为61.2mS/cm。

（10）显示：J 2.10 定义为电导率温度参数，工作模式为设置模式，单位为% / ℃。

说明：电导率随温度变化而变化的程度。温度每上升一度电导率呈线性上升。

（11）显示：r 25.0 定义为工作温度参数，工作模式为设置模式，单位为℃。

说明：温度达到此温度值正负1℃区间才开始允许自动补液。

（12）显示：U 100.0 定义为温度零位修正值，工作模式为设置模式，单位为℃。

说明：温度零位误差补偿。100.0代表未修正；大于100.0向上修正差值；小于100.0向下修正差值，修正差值为｜U－100.0｜℃。

例如：设定U＝101.0，则温度向上修正1.0℃；设定U＝96.0，则温度向下修正4.0℃。

（13）显示：y 0 定义为氧化时间补偿参数，工作模式为设置模式，单位为min/（mS/cm）即：分钟/（毫西门子/厘米）。

说明：在参数为零时，氧化时间补偿功能关闭。在参数不为零时，每y分钟补偿0.1mS/cm。

例如：在此功能关闭时，当前电导率为60.0mS/cm。

然后初始化时钟（长按ENTER键5秒），并且设定y＝40。

则经过40分钟后CRD显示的当前电导率为59.9。

再经过40分钟后CRD显示的当前电导率为59.8，以此类推。

（14）显示：- 0.0 定义为氧化补偿量，工作模式为设置模式（只读），单位为mS/cm。

说明：当前显示的电导率值＝实际电导率值-（offset****）。

（15）显示：'0000　定义为氧化时间天，工作模式为设置模式（只读），单位为天。

说明：自初始化时钟后，CRD运行天数。

（16）显示：ı0000　定义为氧化时间小时，工作模式为设置模式（只读），单位为小时。

说明：自初始化时钟后，CRD运行小时数。

（17）显示：'0000　定义为氧化时间分钟，工作模式为设置模式（只读），单位为分钟。

说明：自初始化时钟后，CRD运行分钟数。

（18）显示：ı0000　定义为氧化时间秒，工作模式为设置模式（只读），单位为秒。

说明：自初始化时钟后，CRD运行秒数。

四、客户端校准操作

CRD系统自带有恢复出厂设置值，出厂值是经过校准处理过的参数，此校准参数是主控板与CRD探头成对校准的。当单独更换CRD探头或者主控板时，校准参数会引起CRD系统测量值的一定误差，需要重新校准参数并上载出厂值。

1．仪器匹配校准

（1）校准目的　以标准仪器测试得到的电导率值为标准，调节CRD参数使CRD测得的电导率值与标准仪器测得的电导率值在一定区间内匹配一致，为客户冲版条件提供一定参考。

（2）校准原理　在比较合适的冲版电导率附近（暂定60mS/cm）选取上下两个校准点，通过两点校准，使两个校准点区间内的CRD电导率与仪器测试值一致。由于仪器探头和CRD探头的特定差异，建议不要使用太大的偏移量（即两个校准点与冲版电导率的差值），一般在10.0mS/cm以内。

（3）校准工具　校准过的标准仪器（8302）一台。

备注：标准仪器（8302）必须经过电导率校准，温度精确；确认仪器的标准温度为25℃，确认仪器的温度系数为2.1%。

（4）校准注意事项　校准参数与CRD探头清洁程度密切相关，校准时保证CRD探头清洁。校准时保证CRD探头及内部环形圈内无气泡。

（5）校准步骤

① 初始化CRD参数。确认CRD上的参数$F=100.0$，$H=100.0$，$U=100.0$，$J=210$。并将CRD系统设置为冲版机控制模式（长按F2，当显示o 600时即为冲版机控制模式），防止测试过程中进行补液操作。

② 温度校准。设定冲版机显影药液池冲版温度为25.0℃，等待冲版机显影药液池温度稳定。使用标准仪器（8302）测量温度，温度值应为25.0℃（以仪器测量为准，以下都以此仪器为标准），如有不准，重新设定冲版机显影药液池温度，使药液池温度稳定后使用仪器（8302）测量的温度为25.0℃。然后修改CRD上的U参数，使CRD显示温度也为25.0℃。

③ U参数的两种计算方法。一是在CRD校准工具中输入$T=T_{8302}$，$t=T_{CRD}$；二是软件计算得到U参数，公式为$U=T_{8302}-T_{CRD}+100.0$。

④ 两个校准点的选取。本例使用电导率值60.0mS/cm，偏移量为10.0mS/cm。故选取的两个校准点分别为50.0mS/cm左右和70.0mS/cm左右。

⑤ 第一个校准点的测试。将冲版机显影药液池电导率配制至50.0mS/cm左右（标准仪器测试值），待温度稳定后进行第一个校准点的测试。用标准仪器测试记录下第一个校准点的仪器测试值Y_1；用CRD测试记录下第一个校准点的CRD测试值X_1。

注意：记录测量值的时候两者的温度显示值必须相同，最好都为25.0℃。

⑥ 第二个校准点的测试。将冲版机显影药液池电导率配制至70.0mS/cm左右（标准仪器测试值），待温度稳定后进行第一个校准点的测试。用标准仪器测试记录下第二个校准点的仪器测试值Y_2；用CRD测试记录下第二个校准点的CRD测试值X_2。

注意：测量的时候两者的温度显示值必须相同，最好都为25.0℃。

⑦ CRD电导率校准。通过两个校准点的四个测试数据计算得到校准F、H，并将数据输入CRD。

CRD校准参数F、H的两种计算方法如下：

a. 在CRD校准工具软件内输入X_1、X_2、Y_1、Y_2，得到F、H参数。

b. 假设CRD系统相对于标准仪器零位误差为a，斜率误差为k。则有如下方程：

$$Y_1=k\times X_1+a$$

$$Y_2=k\times X_2+a$$

求解方程得到k，a。

将参数F设定为$F=a+100.0$，将参数H设定为$H=k\times 100$。

示例：第一个校准点测试值$Y_1=50.6$　　$X_1=47.3$

第二个校准点测试值$Y_2=70.5$　　$X_2=68.3$

$$52.6=k\times 44.3+a$$

$$60.5=k\times 51.3+a$$

由$k=(Y_2-Y_1)/(X_2-X_1)$，$a=Y_2-k\times X_2$

解得：$k=0.948$，$a=5.8$

设定：$F=a+100.0=105.8$

$H=k\times 100=94.8$

⑧ 校准完毕及检验。设定参数F，H后，CRD测得电导率应与标准仪器测得的数据一致，如数据在一定的误差范围内则校准完毕。

2．以出厂值为默认值的校准

（1）校准目的　下载出厂调试好的参数为CRD系统的默认值，在温度正确稳定的情况下CRD测得的电导率值与标准仪器测得的电导率值一致，为客户冲版条件提供一定参考。

（2）校准注意事项　校准参数与CRD探头清洁程度密切相关，校准时保证CRD探头清洁。校准时保证CRD探头及内部环形圈内无气泡。

（3）校准步骤

① 下载出厂值参数。设定参数P=1111，短按ENTER键。发出提示音后恢复出厂值。

② 确认CRD测量的准确性。开机一段时间，待冲版机显影药液池温度稳定于冲版机的

设定温度后，查看CRD系统的温度测量值，在CRD上显示的温度数分钟内无变化时，读取的CRD温度值应接近冲版机设定温度值（±0.2℃）。此时CRD测得的电导率值接近标准仪器测量值。

五、维护与保养

温度过高可能会损坏CRD检测传感器，因此传感器附近需要避免强热源，在天气炎热的情况下，建议控制环境温度。

电池的更换，电池的使用寿命约为5000小时（用于冲版机关机状况下的计时，冲版机开机情况不计入此计时），过期建议更换电池。电池采用CR2032纽扣电池。

当氧化时间补偿功能关闭时，可以不用电池。

防止显影药液浸入CRD探头尾部的电位器内引起测量值不准。CRD检测传感器的维护与清洁很重要，每次的维护与清洁可以让控制系统的测量更准确，也可以确保CRD检测传感器的使用寿命。

CRD检测传感器的清洗：冲版机的药液极易结晶，若结晶体在CRD检测传感器表面形成薄膜，影响测试的精度。因此，CRD检测传感器的清洗非常关键，必须保证每周清洗一次，清洗时使用普通的无腐蚀清洗剂清洗，或清水清洗干净，建议使用软毛刷或清洁棉清洗。

第五章

印版质量检验

学习目标

1. 理解印版测量仪器的原理。
2. 能用测量仪器测量印版的网点及角度。
3. 能检测加网文字、线条的清晰度和完整度。

第一节 印版测量仪器

一、功能键介绍

以印版网点测量仪ICplate Ⅱ为例，印版测量仪各功能键的名称如图2-5-1所示。

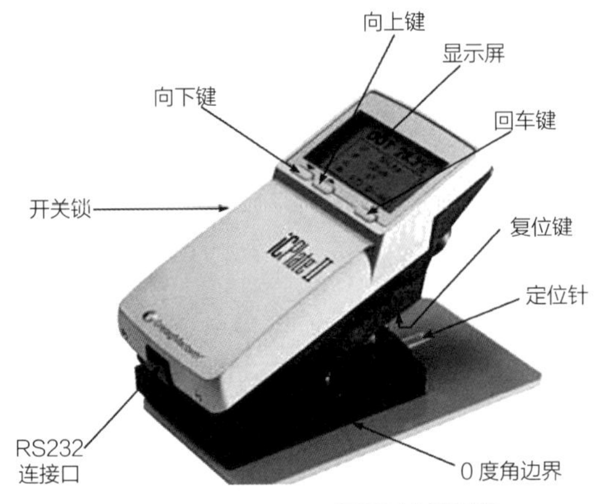

图2-5-1 ICplate Ⅱ 印版网点测量仪

二、图标符号代表的含义

1. 改变显示屏显示模式

若要改变显示屏显示模式，可按图2-5-2中的“进入下一个显示窗口”按钮。

2. 移动选择框（图2-5-3）
3. 仪器设置（图2-5-4）

进入下一个显示窗口
返回到上一个显示窗口
观察网点形状，检查网点
增加显示分辨率（1，2700ppi）
减小显示分辨率（6，350ppi）
测量并显示印版特征曲线
显示设置界面

图2-5-2 改变显示屏显示模式

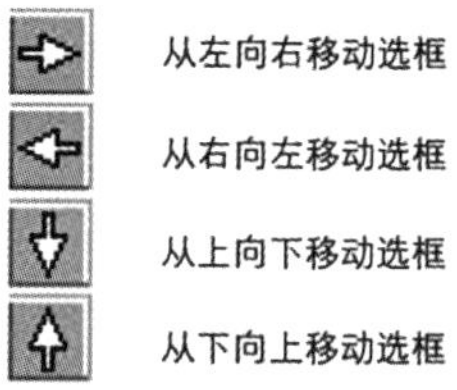

从左向右移动选框
从右向左移动选框
从上向下移动选框
从下向上移动选框

图2-5-3 移动选择框

标准印版
聚酯版
纸张
胶片
cm 加网线数，用线/厘米表示
" 加网线数，用线/英寸表示
测量调幅网（AM）
测量调频网（FM）
R G B 测量光源 R（红光）、G（绿光）、B（蓝光）
C M Y K 纸张测量时的颜色 C（青）、M（品红）、Y（黄）、K（黑）
测量纸张时自动识别C、M、Y颜色
阳图网点
阴图网点

图2-5-4 仪器设置选项面板

4. 其他功能（图2-5-5）
5. 测量结果显示符号（图2-5-6）
6. 符号表示的详细信息（图2-5-7）

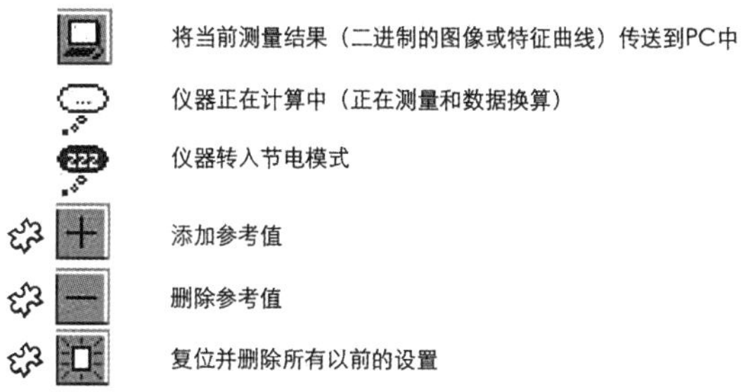

将当前测量结果（二进制的图像或特征曲线）传送到PC中
仪器正在计算中（正在测量和数据换算）
仪器转入节电模式
添加参考值
删除参考值
复位并删除所有以前的设置

图2-5-5 其他功能选项面板

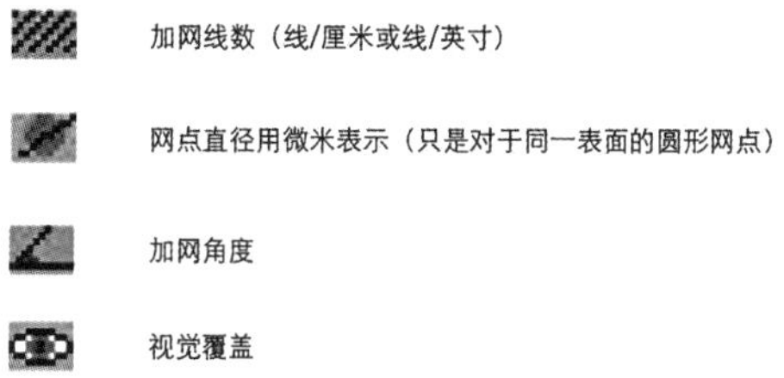

加网线数（线/厘米或线/英寸）
网点直径用微米表示（只是对于同一表面的圆形网点）
加网角度
视觉覆盖

图2-5-6 测量结果显示符号

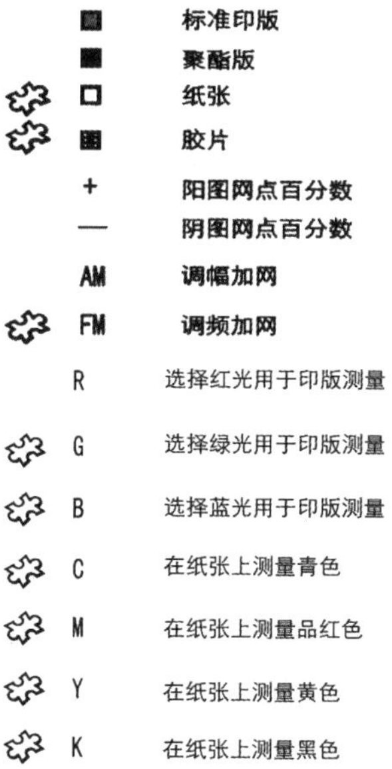

标准印版
聚酯版
纸张
胶片
+ 阳图网点百分数
— 阴图网点百分数
AM 调幅加网
FM 调频加网
R 选择红光用于印版测量
G 选择绿光用于印版测量
B 选择蓝光用于印版测量
C 在纸张上测量青色
M 在纸张上测量品红色
Y 在纸张上测量黄色
K 在纸张上测量黑色

图2-5-7 符号表示的详细信息

三、仪器校正

ICPlate Ⅱ是自动校正的，在进行测量是不需要额外的校正或“归零”。在对仪器进行必要的设置后，不需要再进行进一步的校正就可以正常测量使用。

（1）日常可使用校准板校准，校准板如图2-5-8所示。

注意：测量点的结果和校正板右上角上的数据，上下不能有差别。

（2）定期送外校准

校正版一般2年寿命，到期前需送外校准，获得新的校准版。

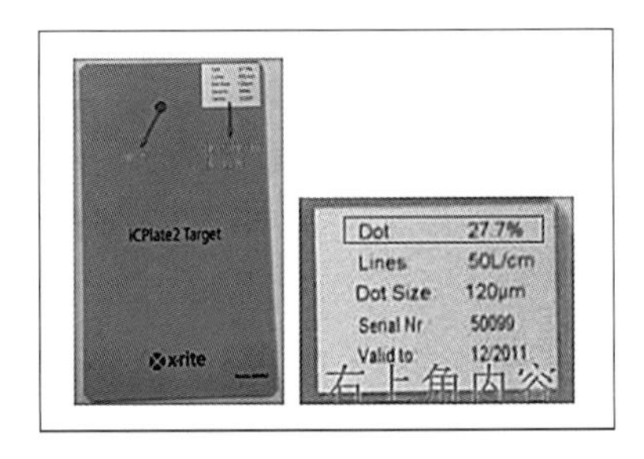

图2-5-8 仪器校正

四、ICplate Ⅱ 的测量步骤

（1）把待测物体放到测量孔下，可以使用辅助定位部分来确定准确的测量部位。

（2）压下测量头，略等一下，不要立即松开。

（3）当测量值显示在显示器上后松开仪器，即可从显示屏上读取测量的网点值、角度、线数等数据。

（4）测量结束后将仪器放回箱子。

五、维护与保养

（1）仪器存放在专用的保护箱中，存放环境为干燥、防尘、防震。

（2）如长时间不用可将电池卸下，避免电池短路腐蚀仪器。

（3）更换电池，大约测量30000次后需要更换新的电池。使用重置键，更换电池后，或出现其他异常时，可以使用重启键恢复。

第二节 印版输出检测

一、确定版材的最佳焦距

1．焦距的定义

光学系统中衡量光的聚集或发散的度量方式，指平行光从透镜的光心到光聚集之焦点的距离。简单的说焦距，是从镜头的镜片中间点到光线能清晰聚焦的那一点之间的距离。

2．变焦的定义

曝光时对于焦点和焦距的相应调整。

3．对焦的定义

调整焦点，使被扫描图像位于焦距内，成像清晰。

（1）正常的焦距　在原有正常工作的功率和冲版条件下输出一张带有科雷的焦距测试图的版子，把版子的版尾边靠近人的身体放在桌子上或者看版平台上，肉眼观察焦距测试块中的焦距线都应全部均匀排列，没有条纹，如图2-5-9所示。

（2）物距对焦距的影响　在焦距测试时，如图2-5-10把第“0”路激光做标记为“0”，也就是所谓的把第“0”路激光关闭，用放大镜从测试图的右往左，观察1×1的网点从开始出现到1×1网点没有都做上记号，然后从两边往中间数，取中间一格，在观察焦距测试块在的第“0”路激光标记线对面的线要和其两边的线的粗细一致，均匀排列，如果有明显的线细一点或者粗一点都不正常，图2-5-11中若是第“0”路标记线对面的线细了，说明像偏大了，即物距参数大了，应该将物距参数减小；如图2-5-11中若是第“0”路标记线对面的线粗了，说明像偏小了，即物距参数小了，应该将物距参数加大。

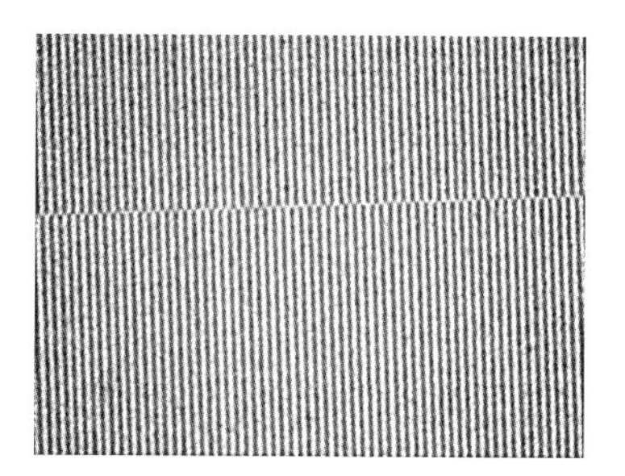

图2-5-9　从左至右观察

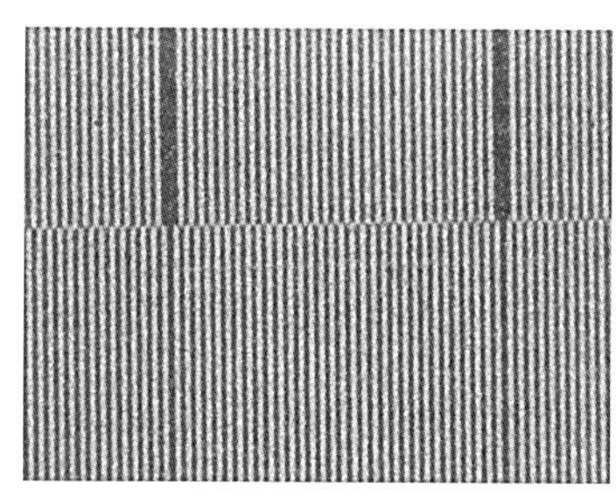

图2-5-10　从左至右观察

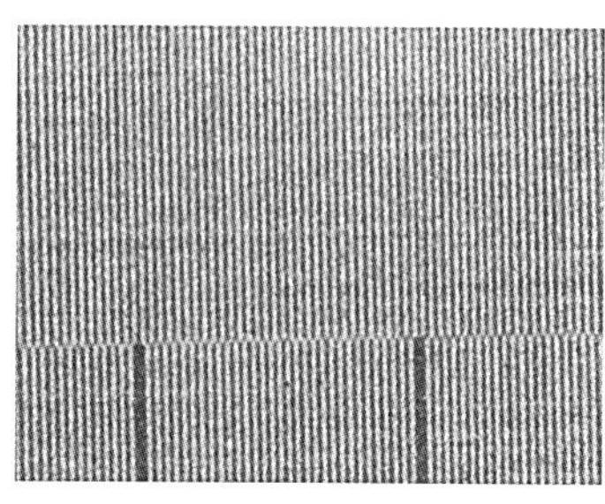

图2-5-11　从左至右观察

（3）最佳焦距的判定方法

方法一：用放大镜在焦距测试图上从右往左观察，第M格出现1×1网点，过了N格后1×1网点消失，焦距的最佳位置应是M+N/2偏左一格。

方法二：选择能还原出网点的最小的网点区域，如1%的网点区域已经能还原出网点，选择放大镜从右往左观察1%的网点区域，第M格能清晰看到网点的还原，在第M格之前网点丢失严重；到第N格时网点呈现还比较清晰，但第N格之后网点明显出现丢失现象，此时焦距的最佳位置应是M+N/2偏左一格。

二、确定版材的最佳曝光条件

不同品牌版材所要求的最佳曝光和冲版条件是不尽相同的。以黑木UV版材为例，适用黑木显影液，假如UV版材厂家提供标准药液配比1：4，显影液电导率60mS/cm，毛刷转速100r/min，冲洗温度25℃，显影时间25~30s；在输出焦距测试图一张，根据上述的寻找最佳焦距的方法，寻找出焦距测试图中最佳焦距的位置，对应的焦距参数值进行修改。

再输出一张变功率测试图，在输出的版材中挑选网点效果最好的焦距格（版头向上时，一般在1%网点处右边网点效果比较好，而在99%网点处左边的网点效果比较好，选择时选择网点都比较均匀的网点焦距格或者在每条焦距格最下侧通过滴丙酮的检测方法，检测丙酮溶液版材上扩散是否留有底灰，以丙酮溶液滴在版材上扩散之后刚好没有产生底灰且网点都比较均匀的网点焦距格），并以版头向上的位置，从右向左第二个焦距格开始数起。如果第M格为最佳焦距格，则第M格上方能读到此格的功率数值Pmw/1000r/min，此时功率值Pmw就是当前UV版材最佳曝光条件。

如有泰强的网点测试仪，我们可以通过仪器测试50%的网点还原，实测50%网点区域为50%或者小两三个点的网点还原时，同时又保证没有底灰，我们可以选择略小于50%网点还原的功率值为最佳功率。

第三篇

平版制版

（高级工）

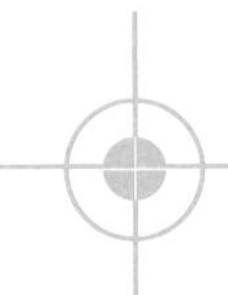

第一章

印版输出制作

学习目标

1. 能设置印版输出参数。
2. 能设置 CTP 的曝光值，显影机的显影、定影参数。
3. 能排除直接制版设备、显影设备的故障。

第一节 CTP 加网技术

传统的半色调加网就是常说的调幅加网，它由一系列规则排列的网点组成，通过网点尺寸的变化来体现高光或暗调的区别。调幅加网具有很强的预测性，而且在印刷机上的效果比随机加网要好。这种技术的局限性就在于，印刷厂必须要保证图像在最亮和最暗的地方不丢网点。随着加网线数的增加，控制高光网点和保持暗调网目间的间隙就变得越来越困难了。

调频加网或随机加网使用了与调幅加网完全不同的方式，它们能够保持网点尺寸的一致，但会改变网点之间的距离。由于在很多区域内网点非常小而且排列得非常紧密，因此调频加网能够再现出更多的细节（中间调），同时减少“莫尔”条纹出现的机会。用调频加网技术印刷出的图像往往能够达到连续调照片的质量。但是，由于调频加网使用了非常小的网点，因此在调幅加网过程中常常出现的高光网点的问题也会出现在调频加网的大部分阶调中。在计算机直接制版技术出现以前，人们很难将微网点从胶片上转移到印版上，而现在，这个问题就能很容易地得到解决了。

很多新兴的加网技术都是调幅和调频加网的混合体。混合加网在大部分色调区域内使用传统的条幅加网方式，而在高光和暗调区域使用调频加网技术。通过混合加网，胶印厂能够提高调幅加网区域的加网线数，而不会给印刷机带来额外的负担。以下就是目前市场上比较常见的几种最新加网产品（爱克发、Artwork Systems、艾司科、富士胶片、海德堡、柯达、Rampage系统、RIPit和网屏）。

一、爱克发

爱克发公司声称自己推出的加网技术能够将调幅和调频加网的优势结合起来。该公司的Sublima就是一个将两种技术整合到一个解决方案中的专利产品。它同时是爱克发公司第一个采用XM专利技术的解决方案。在Sublima的开发过程中共使用了两项爱克发技术，分别是：ABS（Agfa Balanced Screening）和CristalRaster调频加网技术。

Sublima的工作方式，在中间调区域，Sublima使用ABS技术进行清晰准确的复制。在比较麻烦的高光和暗调区域，Sublima用调频技术来再现图像的细节内容。但是这款软件不能很方便地从一种技术转换到另外一种。它用专利技术来确定两种加网技术之间的切换点，并能实现平稳过渡，不会对图像的效果产生影响。虽然调频加网区域使用了比较小的网点，但它们还是会按照：ABS建立的加网角度进行排列，这样做的最终结果是生成一个全新的网目。Sublima所能达到的加网线数分别为210、240、280和340lpi。

Sublima软件考虑到了所有可变因素。它能计算出印版在每一种印刷机上所能印刷出的最小的网点尺寸，从而允许印刷工人在印刷机上进行调整——这是它强于调频加网的一个地方。

Sublima内置的校准曲线能够自动补偿不同的网点扩大。它能在长版印刷中保持1%到99%的网点不丢失。这项技术最大的优势还是体现在印前和印刷方面。在最高的加网线数下——它只能在2400dpi的分辨率下进行RIP。340lpi的印刷效果与150lpi的印刷效果没有任何区别——其中还包括水墨平衡和印版性能。

二、Artwork Systems

Artwork Systems公司是行业内领先的专业印前软件供应商，它们开发出了Concentric Screening（同心加网）技术。据该公司介绍，Concentric Screening是一项革命性的半色调加网技术，能够将传统的圆形网点划分为更为精细的同心环。这些同心环能够减小印版上的墨膜厚度，从而为用户带来更高的印刷稳定性和色彩饱和度。Concentric Screening是第一个使用了不同的内部形状的半色调网点，同时也是世界上第一个“非立体”型半色调网点。Artwork公司生产印刷厂能够提高加网线数——甚至提高到原来的两倍——而不必担心斑点、网点扩大和其他由高加网线数引起的问题的出现。

Concentric Screening具有第二代调频加网技术的所有优点，印刷适性强、易于使用，而且能够达到传统调幅加网所能达到的平滑度。此外，它还能够用在Artwork Systems公司推出的Nexus和Odystar工作流程中。

三、艾司科

在2006年9月，艾司科公司推出了全新的PerfectHighlights柔性版印刷加网技术。它为艾司科用户、纸盒加工厂和标签印刷厂带来了全新的工具，使他们知道如何在丝网印刷过程和制版过程中达到最好的效果。印刷厂能够为特定的印刷环境、油墨、承印物和印刷机设定最佳的加网参数，从而提高了包装购买者所获得的价值，同时也能为他们带来更大的竞争优势。PerfectHighlights能通过各种方式印刷出1%到2%的高光网点。它能与艾司科其他加网技术一起为用户带来最佳的中间调和暗调复制效果。

此外，艾司科公司还开发出了包括SambaFlex和Groovy Screens在内的多种加网技术。SambaFlex和Groovy Screens都是混合加网技术，它们会在图像的大部分区域使用调幅网点，并在高光和暗调部分的线条区域使用调频网点，以提高色彩的饱和度和图像的立体效果。艾司科公司还拥有HighLine调幅加网技术，它能够在较低的输出分辨率下生产出非常高的加网线数。比如：能够在2400dpi的分辨率下生产出423lpi的网点。

四、富士胶片

富士胶片公司也拥有两项先进的加网技术——Co-Res AM Screening（针对于普通分辨率的图像）和Taffeta FM Screening，后者是在2004年的德鲁巴展会上推出的。

Co-Res AM Screening是由富士胶片公司开发的一款革命性高精度加网软件，它能让客户在使用标准输出分辨率的情况下印刷出高加网线数的图像。这样一来，用户就能提高高线数加网的生产力，同时在高光区域得到更加精细的复制效果。

富士胶片公司还开发出了Taffeta调频加网软件，它能让CTP用户印刷出细节更丰富，质量更高级的产品。Taffeta结合了富士胶片公司特别设计的功能完善的数字成像技术Image Intelligence，能够帮助印刷厂解决调频加网过程中经常出现的问题，并能有效增加彩色复制的范围和精度，减少“莫尔”条纹的产生。新型Taffeta FM Screening也采用了颗粒优化算法，用光学特性来模拟印刷效果，并用网点形状优化算法来减少图像的颗粒感，提高印版的印刷适性。

富士公司声称Taffeta具有以下特点：

① 完全消除“莫尔”条纹和玫瑰斑。

② 提高基本色和间色的饱和度。

③ 更好地再现图像细节。

④ 改善印版的质地和印刷适性。

⑤ 消除印版的不均匀和颗粒感。

五、海德堡

海德堡公司在2006年4月向英国市场推出了新的Prinect混合加网方法。这个新型加网方法能将调幅和调频加网技术的优点结合起来。它能为用户带来更高的加网分辨率和更加清晰的细节内容，从而提高图像的整体印刷质量。Prinect混合加网技术已经被用在了Suprasetter系列热敏制版机、Prosetter系列紫激光制版机以及Topsetter系列制版机上。根据CTP制版技术和印版类型的不同，它最高能达到400线/英寸的加网分辨率。

Prinect混合加网技术能为高光和暗调区域定义出最小的网点，而且不允许人们使用低于这个最小尺寸的网点。与随机调频加网不同的是，这项技术所使用的网点将按照调幅加网的角度排列。这就能保证不同阶调值之间的平稳过渡。此外，Prinect混合加网技术将混合网点分布在相关的角度上，以增强图像细节部分的清晰度，减少"莫尔"条纹的产生。Prinect混合加网系统采用了海德堡自己的Irrational Screening（IS）技术，这不但能有效消除"莫尔"条纹，而且能为比较难复制的皮肤区域产生更加平滑的效果。对于黑白印刷品，这个系统还能对黑色的加网角度进行单独设置，从而达到更好的效果。

这种新的加网方法不需要人们对工作流程进行任何大的调整，用户们可以在需要的时候一步一步地提高分辨率，不过最好还是从常用的加网线数做起。

海德堡公司还升级了Satin Screening调频加网技术，并将它整合到Prinect工作流程中，形成Prinect随机加网技术。Prinect随机加网能够在保持随机加网的所有优点的前提下，使颜色的过渡变得更为自然，同时消除了原色印刷过程中常常出现的"莫尔"条纹，它不但比传统加网方法更节省油墨，而且能够增强颜色的稳定性。

六、柯达

柯达Staccato软件是第二代调频混合加网产品，它能为用户带来更自然的阶调和更平稳的色彩，它非常适合用在所有胶印过程中。Staccato加网软件能够生产出连续调的高保真图像，这些图像的细节清晰，色域广，质量高，完全不会出现"莫尔"条纹和玫瑰斑等问题。Staccato软件所能提供的网点尺寸在10μm到70μm之间。

据柯达公司介绍，Staccato加网软件消除灰度的限制和不同色调之间生硬的衔接，同时还能提高颜色和半色调的稳定性。Staccato可以减少印刷机套准误差所造成的图像变形问题。通过使用一个10000dpi的激光，柯达Sqaurespot热敏成像技术能够为用户带来Staccato加网软件所需的分辨率，从而帮助人们在日常生产中复制出更加可靠和精细的网点。Staccato为四原色印刷涉及除了四种不同的网点形状，同时还具备另外六种网点形状的选择，以支持柯达Spotless印刷技术的应用。

七、Rampage系统

Rampage系统公司为自己的印前工作流程提供了两种加网系统。Liso是一个多相混合选项，而Segundo是一个二阶随机选项。作为一个新型混合加网技术，Liso是西班牙语"平滑"的意思。它将随机加网（精细复制）和传统半色调加网（中间调的控制和色调之间的融合）的优势结合在了一起。因此，Rampage公司表示，印刷厂能够在不改变印刷条件和工作流程的情况下得到更高的加网线数。Liso能在中间调区域采用传统的半色调加网方式，并在印刷机不能复制出网点的特殊区域使用一定尺寸的网点，并在必要的时候去除它们，以保证高光和暗调区域的细节再现。这种技术消除了中间调（可变网点）与高光或暗调（固定网点）之间生硬的变化。Liso能为用户提供一个可以自己定义的过渡状态，这里的网点仍然是可变的，它们可以随着暗调区域色调的加深和高光部分色调的变浅而变化。

Segundo是一个随机加网系统，它只在高光和暗调部分使用固定尺寸的网点，而在中间调部分进行随机加网。它能通过增加网点的尺寸和频率来提高图像的视觉密度，从而更好地进行阶调控制，复制出更加自然的印刷品。此外，与其他随机加网技术不同，Segundo不会为了网点位置而改变它们的布局，因为这样容易造成重复加工。相反，Segundo采用了当今比较普遍的误差散射加网方式。值得一提的是，先进的算法真的能够消除散射加网所带来的像虫子一样的斑点。

八、RIPit

在2006年9月，行业内先进的工作流程和计算机直接制版系统供应商RIPit向北美地区的广大印刷厂介绍最新款的OpenRIP Symphony系统，这个系统中包含一个功能更加强大的PerfectBLEND AM/FM混合加网选项（胶印）以及很多专门为柔性版印刷而设计的功能。

RIPit为计算机直接制版和胶片制版系统而推出的PerfectBLEND混合加网产品能够将调幅和调频加网的优点结合起来，从而让用户保持240lpi的加网线数。

九、网屏

在Graph Expo 2006展会上，网屏公司发布了自己最新的混合加网系统Spekta 2HR。Spekta 2既能达到调频加网精美的印刷质量，又能实现调幅加网稳定的印刷效果，它至少能够为用户带来与350lpi调频加网的图像水平相当的印刷质量和细节清晰度。据网屏公司介绍，Spekta 2能够很容易地调整网点扩大的问题，因为它使用了网屏公司独有的12bit加网技术。此外，它还能在肉色调中表现出逼真的颜色效果。Spekta 2提高了人们对色彩的整体控制能力，并且保证了图像的清晰度和平滑度。据网屏公司介绍，Spekta 2 HR对细节的再现能力能够与650lpi以上的加网线数相媲美。

第二节　印刷补偿曲线和反补偿

实际生产中要求CTP印版能够线性输出，使印版的网点大小接近于电子文件数据，保证网点转移的准确性。但实际上，印版输出时如果不做任何补偿，是不能实现线性输出的，实际曲线是使用没有进行印刷补偿的印版印刷后，测量印品的网点梯尺获得的网点曲线，而目标曲线则是我们希望得到的印品网点增大曲线。为了达到目标曲线需要在输出印版时对其进行相应补偿。获得补偿值的方法与印版线性化基本相同。

一、印刷补偿曲线

CTP线性化目的是建立数字印版文件的网点与印版上网点的关系，以控制最终曝光后印版上网点的大小。无线性化时的文件，即转换曲线为45°的一条直线，如图3-1-1所示。流程软件解释输出时将按照数字文件网点值进行解释，从而保证数字文件的网点值与印版上的网点值大小一致。从图3-1-1可以看出，CTP设备在不做补偿时的输出是非线性的，因此需要确定特定曝光与显影条件下印版的输入数据，使印版输出达到线性输出的条件。

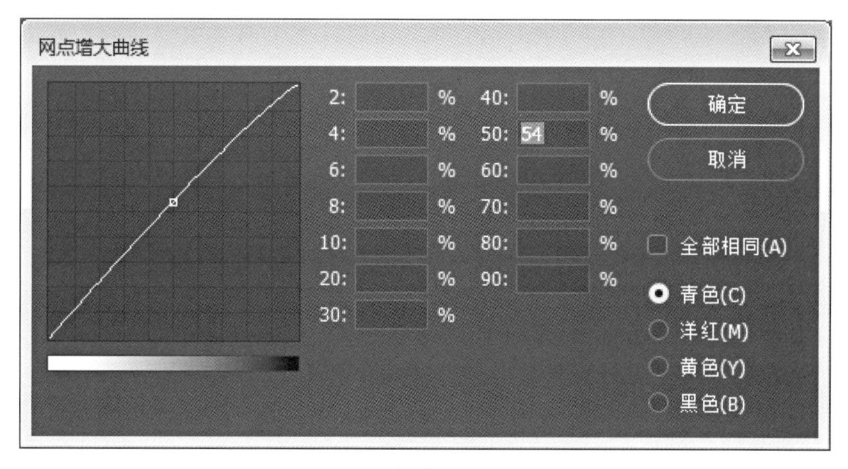

图3-1-1　不做调整的线性转换曲线

（1）线性化调整的目的　使最后印刷出的印刷品的网点大小接近原稿。

（2）线性化调整的原因　整个印前及印刷流程里有很多影响网点大小的因素，例如晒版的时候由于菲林片和PS版之间有空隙，曝光时网点会有变化；印刷机在印刷的时候由于压力的作用会使网点扩大等。

（3）线性化调整的方法　那肯定是要印版检测、印刷品检测等。

（4）线性化调整的工具　简单写几种就行了，比如网屏CTP的SGD或者DotGain等。

二、建立印刷补偿曲线的步骤

1. 印版的测量

（1）用Illustrator图形处理软件制作5×6包含30块0～100%的色块图，在流程软件中选用圆形网点（即方圆形）以2540dpi、175lpi不加任何线性曲线。

（2）在流程中设定相应的参数：线性化曲线-NONE，微调曲线-NONE，印刷补偿曲线-NONE，印刷反补偿曲线-NONE。

（3）加网解释，在CTP版材上输出单色版。

（4）使用印版测量仪测量该版材中50%处的9个色块的网点面积率，以判断版材上网点的均匀性，要求平均误差≤2%。

（5）测量0～100%各色块，得到第一次印版的网点面积率，计算它们的平均值。

2．制作线性化曲线

在流程中选取“输出设备”>“曲线管理”>“PDF加网”命令，输入在印版上各色块所测得的网点面积平均值。输入时要特别注意线性化曲线的光滑度，不要有突变，必要时可以忽略个别控制点。

得到的印版线性文件加到“线性化曲线”之中，并再次加网输出印版测量，以验证曲线是否符合要求。若没有达到要求，可以循环几次以得到满意的印版线性化曲线。最终实测值与需要的值基本一致，如在50%网点处，印版实测输出值为50%±1%即可。

将需要印刷的测试文件应用之前得到的线性化曲线在工作流程中加网并输出印版。

3．制作印刷补偿曲线

（1）用Illustrator图形处理软件制作色阶梯尺，网点百分比值见表3-1-1的“梯尺网点百分比值”所对应的列的数值。

表3-1-1　梯尺网点百分比值

梯尺网点百分比	期望印品网点百分比（ISO标准）	印版测量网点百分比	梯尺网点百分比	期望印品网点百分比（ISO标准）	印版测量网点百分比
0	0	0	60	78.3	83
2	3.1	6	70	86.5	89
4	6.3	11	80	93	94
6	9.4	16	90	97.5	98
10	15.7	23	96	99.3	100
20	30.5	40	97	99.5	100
30	44.3	55	98	99.7	100
40	56.9	66	99	99.8	100
50	68.4	76	100	100	100

（2）根据ISO印刷标准确定期望的印品网点百分比值（表3-1-1的第二列，以ISO12647-2为标准）。

（3）测量输出后印版上对应色阶上的网点百分比值（表3-1-1第三列）。

（4）绘制网点阶调曲线（图3-1-2，见彩插）并推算线性补偿各阶调的网点百分比值。下面以梯尺50%网点处为例，介绍一下线性化补偿曲线的生成原理。

① 从50%处作垂线，与期望值曲线相交于A点。

② 从A点做水平线，与当前设备复制曲线相交于B点。

③ 从B点作垂线与45°斜线相交于C点。

④ 从C点做水平线，与A点和x轴50%处连线相交于D点。则D点即为在梯尺网点50%处要得到期望值曲线上A点所需要的校正参数。同理，可得一系列校正点，将所有校正点全部连起来，构成的曲线叫线性化补偿曲线（图3-1-2中所示的红色虚线）。

在输出CTP版时，选择线性化补偿曲线，就可使输出最终印品和ISO标准达到一致。

在建立和使用线性化时需要注意以下事项：

① 建立线性化时，四套色版的线性化数据可能存在差异，这种差异随着加网线数的提高而逐渐变大。在输出高线数印版时，就需要单独为每一个色版分色做线性化。

② 加网线数在175lpi与200lpi时，可以使用单色印版的线性化文件替代分别制作四色印版的线性化，此时要选择“所有色版使用相同数据”，使其生成曲线来代表所有的色版。

③ 印刷机补偿曲线目的主要是找到印刷机的网点扩大特性，应根据目标网点扩大数据生成补偿曲线。如175lpi方圆网点在50%网点处的扩大率一般控制在15%左右。

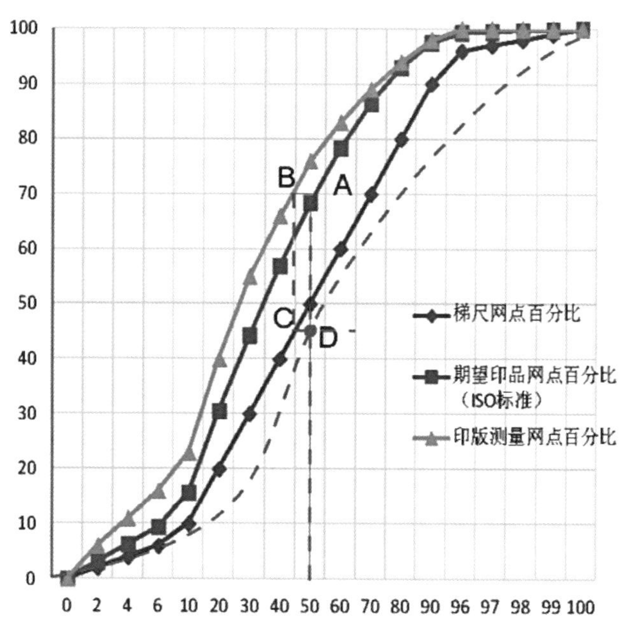

图3-1-2 线性补偿曲线

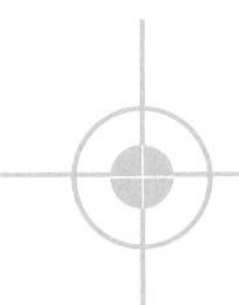

第二章

检查数字打样样张

学习目标

1. 能使用测量仪器测量样张的各项技术参数。
2. 能使用测控条检验样张的质量。
3. 能提出并实施打样机的周、月保养计划。

第一节 样张质量检测与控制方法

一般来说，出版商或其他客户只有在得到印刷厂提供的打样样张，签字确认后，印刷厂才正式开始印刷客户所需的印刷品。在这个过程中包装设计，印刷厂或打样公司根据制版公司提供的软片或电子文件，制作印刷样品的过程称为打样。客户对印刷样品的版式设计、印刷质量进行检查并签字确认样品可以作为印刷的根据，这个过程称为签样。

数码打样是以印刷品颜色的呈色范围和与印刷内容相同的RIP数据为基础，采用数字打样设备来再现印刷色彩，并能根据用户的实际印刷状况来制作打样样张的过程。理论上来说，数码打样设备色域大于印刷色域，就可以通过软件控制，进行输出设备间的色彩空间转换，使数码打样效果模拟印刷输出设备的色彩效果，即数码打印机的色彩管理过程拼版，实现数码样张代替传统样张签样。数字打样是伴随CTP直接制版技术的发展而发展起来的印刷市场，是数字式工作流程中不可缺少的一个环节。

目前数码打样系统由数码打样输出设备和数码打样控制软件两个部分构成。其中数码打样输出设备是指任何能以数字方式输出的彩色打印机，如彩色喷墨打印机、激光打印机等。但目前能满足出版印刷要求的打印速度、幅面、加网方式和产品质量的多为大幅面彩色喷墨打印机；数码打样软件有如EFI数码打样软件系统、网屏数码打样系统、方正数码打样系统等。

一、数码打样中控制过程

1. 设备校正——打印机线性化

普通彩色喷墨打印机的线性都有问题，其表现为大于90%的暗色无法区分阶调的变化而出现并级现象，而且各打印原色的线性也不相同。如果用这样的打印机输出的标准色表而制作样张输出设备的特征文件洗涤用品包装，则会使输出设备的特征文件反映的设备特性产生误差。因此，打印机线性化是实施数码打样色彩管理的第一步。注意：更换纸张与墨水等耗材后或者人为对打印机做了调整，必须重新做线性化。

2．特性文件的制作

打印机特征化是进行色彩管理的一个十分重要的环节。其基本过程是使用标准色表文件如IT8.7/3或ECI2002等，通过数码打样软件和彩色打印机，打印出一张标准色标文件的数码打样样品。通过分光光度计和专用软件进行测试和计算，最终获得一个反映彩色打印机和打印纸张特性的特征文件（paperprofile）。

3．工作流程中色彩管理的设置

打印机线性化及打印机的特性文件创建完成后，为了实现数码样张与印刷样张的匹配，需在数码打样工作流程中进行设置，让数码打样效果模拟印刷输出设备的色彩效果。

二、影响数码样张的因素

数字打样是指以数字出版印刷系统为基础，在印刷生产过程中按照印刷生产标准与规范处理好页面图文信息，直接输出彩色样稿的新型打样技术。数字打样终极目标是模拟印刷效果，基本思路是先建立一种比较正常的、容易实现的印刷效果，作为数字打样的理想目标，再根据这种效果调整数字打样，保证其比较接近理想目标。

1．打印机

（1）色域要求　为了适应未来高保真印刷和个性化印刷的需求，希望数码输出设备要有能够表现印刷效果的能力，最好能够采用8色或9色打印，从而实现更宽广的色域表现能力。

（2）打印精度要求　喷墨打印机打印头工作情况的好坏将直接影响数字打样的输出效果。打印头能够达到的打印精度决定数字打样的输出精度，低分辨率的打印机无法满足数字打样的需求。

2．墨水

打印墨水对打样色彩的还原起到决定性作用。颜料墨水有利于印品的保存，印品不易褪色，其墨水原色同印刷油墨更加接近，但光源环境对样张色彩影响更加明显。

3．纸张

数字打样所用纸张一般为仿涂料打印纸，一方面，它同印刷用涂料纸具有相似的色彩表现力，更易达到同印刷色彩一致的效果；另一方面，其上具有适合打印墨水的涂层，涂层的好坏会影响样张在色彩和精度方面的表现，同时打样纸张的吸墨性和挺度也会影响打样质量。

三、样张质量测试方法

样张质量进行检测与控制的方法主要有主观目测法与色度检测法。

1. 主观目测法

采用人眼观察样张，根据经验判断样张的质量。该方法受人为及外界因素影响较大，不大可能得出统一的结论，不能全面反映样张的质量特性，但却是样张质量好坏的最后仲裁。

2. 色度检测法

色度测量是从样张画面上直接测量测试点，得到颜色数据，通过计算检测样张和标准样张上相应点的色差值，根据色差值大小来判断检测样张与标准样张上的颜色是否一致，以判断该位置颜色的再现是否正确。其优点是对颜色的判断结果与人眼的一致，准确性高，从而避免了人眼对颜色进行判断时的主观因素及疲劳等造成的误差影响。但当色差值大于规定的色差上限时，不能反映印刷过程中控制因素的改变量。

第二节　数码打样测控条

一、Fogra 数字测控条

评价和认证数字打样的质量，需要一个数字打样认证软件。色彩管理认证软件是用数据来确认数字打样的色彩管理的正确与否。这些软件是由国外的一些公司开发的，目的是定期对数字打样的色彩管理进行数据上的认证，可改变主要用目测的方法确认数字打样色彩的缺陷。对不认可的数字打样系统及时进行校正，以保证数字打样的色彩准确性，从而使色彩稳定。

数字打样认证软件一般是选择国际通用的印刷标准进行认证，如ISO12647-2、SWOP、GRACOL、FOGRA，也有用户自定义本企业的印刷标准，并采用由这些标准定义的彩色测控条，用数字打样软件打印出来，一般可打印在作业的四边。

在数字打样的色彩认证中，采用FOGRA 39V3标准的测控条，共72个色块，作为数字打样软件的测试条，如图3-2-1所示（见彩插）。

数字印刷测控条由三个模块组成，其中模块1和模块2用于监视印刷复制过程，模块3则用来监视曝光调整，各测量控制色块的尺寸大约为6mm×6mm（有时可能小于或大于这一数值）。由于模块3包含的控制块主要用于监视数字印刷的曝光记录过程，故设计得与UGRA/FOGRA用于检验和控制软片输出的PostScript测控条对应。

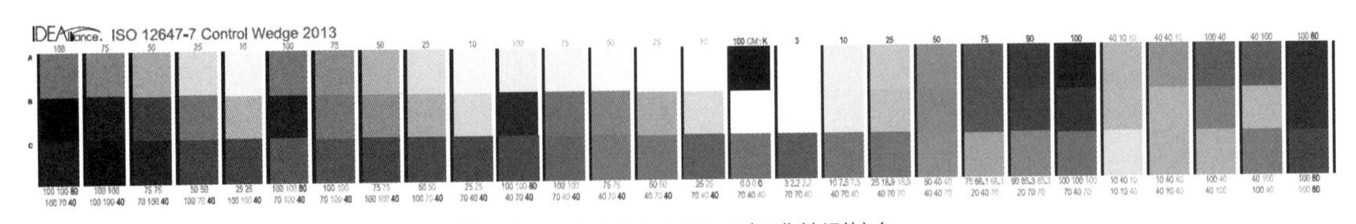

图3-2-1　FOGRA 39V3标准的测控条

1．模块1

包含以下8个实地色块：青、品红、黄和黑色实地色块各1个，“青＋品红”“青＋黄”“品红＋黄”实地色块3个，“青＋品红＋黄”实地色块1个。这些控制色块用于控制数字印刷油墨的可接受性能以及三种减色主色的叠加印刷效果。

2．模块2

（1）颜色平衡控制色块　该色块为规定的灰色调数值，与软片输出有关。它实际上包含两个色块，其中右色块为80%黑色，用于控制网目调加网效果；左色块由75%青、62%品红和60%黄组成，目的是为了与80%黑色色块比较。印刷时若灰平衡控制不好，则该色块将呈现出彩色成分。

（2）实地区域　实地区域包含4个实地色块，按黑、青、品红和黄次序排列，每隔4.8mm放置一个色块。第一个实地色块（黑色块）紧靠颜色平衡控制色块，它的四个角上压印了黄色，用于检查印刷色序，即黄色先于黑色印刷还是黑色先于黄色印刷。

（3）D控制块　D为Direction，因此D控制乃是指方向控制之意，即检验采用特定的复制技术、复制设备和承印材料组合在不同方向加网的敏感程度。

D控制块分为四组，青、品红、黄和黑色各一组，每一组中均包含3个色块，其总尺寸为6mm × 4mm。在组成数字印刷测控条时，通常按黑、青、品红、黄的次序排列，位置在实地色块后。3个色块均采用线形网点加网，加网角度从左到右依次为0、45和90，每个色块采用的加网线数均为每厘米48线，阶调值为60%（60%黑）。之所以采用60%阶调值而不采用中间调值（50%）的主要理由是，输出后的色块比中间调略暗，可以更清楚地识别加网工艺的方向敏感性。

理论上，当采用相同的加网线数和网点形状时，则这3个色块应该有相同的密度值。如果实际测量出来的3个密度值有较大差异，则说明用户使用的复制技术、复制设备和承印材料组合在某个加网方向上太敏感。

（4）网目调控制块40%和80%　该控制块同样有青、品红、黄和黑4组，每一组控制块由40%和80%两个色块组成，采用150lpi加网。这一数字对大多数商业印刷品采用的记录精度是吻合的。两个网目调控制色块与中间调网点百分比呈不对称分布，代表了比中间调略淡（接近中间调）和接近实地的网点百分比。不同的数字印刷工艺采用不同的加网复制技术，会得到不同的输出效果。因此，这两个控制块可用来评估特定数字印刷加网技术的表现能力与行为特性，衡量加网技术能否获得需要的记录效果。在形成测控条组合时，按黑、青、品红和黄的次序排列，位置在D控制块后。

3．模块3

该模块包括15个不同程度的灰色块，每个色块的尺寸相同（6mm × 10mm），均采用黑色油墨印刷。15个色块组成5列，每一列均包含3个色块，但采用了不同的网点结构。上述色块的油墨覆盖率分别为25%、50%和75%，其中最左面一列为25%，第二、三、四列油墨覆盖率为50%，第五列为75%。

只用黑色油墨印刷这些色块的原因很简单，那就是为了节省测控条占用页面的空间。控制块的第一行总是用输出设备可以达到的最高记录分辨力复制，第二行色块的记录分辨力是第一行的1/2，第三行是第一行的1/3。由此，从第二行和第三行色块可看到较大的网点结构。控制块的第二、三、四列均为50%黑色，第二列命名为50cb（Checker Board），它们均是格子状图案；第三列包含水平线；第四列则包含垂直线。

理论上，模块3被印刷出来后，每一列色块的阶调值应该是相同的，不同的仅是记录分辨力；在行方向上，每一行中间3个色块复制到纸张上后也应该具有相同的阶调值。因此，如果每一行中间3个色块的阶调存在差别，则这种差别一定与复制方法有关，导致差别产生的原因可从网线角度方向上找。输出时应该将记录设备调整到使行方向的阶调差别最小。列方向上色块的阶调值不同时，反映了加网线数对复制效果的影响。

4. 模块的组接

数字印刷测控条的模块3单独使用，模块1与模块2的组接原则上是自由的，但为了排列得更有规则，可采用如下次序：先安排平衡控制块；接下来是黑、青、品红、黄实地块，再加黑色D控制块和黑色网目调加网控制块；后面是黑、青、品红和黄色实地块，再加青色D控制块和青色网目调加网控制块；再后面是黑、青、品红和黄色实地块，再加品红色D控制块和品红网目调加网控制块；最后是黑、青、品红和黄色实地块，再加黄色D控制块和网目调加网控制块。

二、数码打样国际标准 ISO 12647-7：2016

2016年11月15日，数码打样国际标准ISO 12647-7：2016第三次修订版正式发布。2016年12月，Fogra发布公告提醒所有Partner新标准的更新内容及PSO认证即将更新为新标准。2017年2月，CGS ORIS推出Certified Web V2.0.8新版本，支持该项新标准。2017年4月，Fogra印前技术部经过一段时间的测试，发布了Fogra Extra 36，向业界书面解释该标准。众所周知，ISO 12647-7是数码打样的国际标准，如图3-2-2所示（见彩插）。

一份完全符合ISO 12647-7的数码打样，需要MediaWedge测试色块符合公差要求，还有承印物的亮度、荧光剂含量、耐磨性、耐光性等都有相应的要求。在2013年版本的ISO12647-7发布后不久，关于二类通用的纸张白度需要亮度值$L \geqslant 95$的要求已经显得不理想（图3-2-3）。虽然它对于Fogra 39还比较适合，但对于其他的打样条件，比如新闻纸，显然

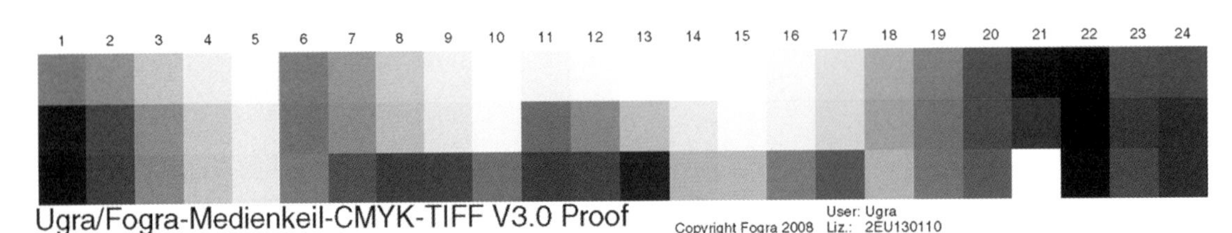

图3-2-2 ISO 12647-7数码打样的国际标准测试文件

打样承印材料	L^{*a}	a^{*a}	b^{*b}	光泽度[b]
亮光	95	0	0	61
半亚光	95	0	0	35
亚光	95	0	0	

注：注意：本表中指定的数据与未印刷的打样承印材料有关，不要与IS012647的其他部分给出的与未印刷的生产承印材料有关的数据混淆。

a 根据5.3的标准进行测量。

b 根据5.5的标准进行测量。

图3-2-3　2013版ISO12647-7发布的数据

就不合适了。

因此新的ISO12647-7标准提出以下3个要求。

1．光泽度（GLOSSY）

首先将材料分为哑光、半哑光、亮光三种类型，要求打样材料与印刷材料进行色彩匹配时，应该是三者中的同一类型。采用哑光打样纸作为光粉纸印刷跟色稿的做法，或者采用亮光打样纸作为哑粉纸印刷跟色稿的做法都是不合适的，如图3-2-4所示。

Classification	75° ("TAPPI gloss")	60° (ISO 2813)
Glossy	> 60	> 20
Semimatte	20 - 60	5 - 20
Matte	< 20	< 5

图3-2-4　光泽度标准

2．纸白模拟（Paper Simulation）

没有图文地方的打样纸色彩应该允许模拟印刷纸张的色彩（即绝对比度意图），且色差ΔE_{2000}应该≤3.0。而为了保证纸白模拟的准确性，打样纸的亮度值（L值）显然应该高于印刷用纸的亮度值（L值），如图3-2-5所示。

Classification	Description of OBA
$0 \le \Delta B \le 1$	Free
$1 < \Delta B < 4$	Faint
$4 \le \Delta B < 8$	Low
$8 \le \Delta B < 14$	Moderate
$\Delta B \ge 14$	High

图3-2-5　纸张白度模拟

3．荧光剂（OBA）

打样纸的荧光剂含量等级应该与印刷用纸属于同一等级。根据ISO15397：2014，荧光剂分为四个等级：微量、少量、中等、大量。实际上还有不含OBA（荧光增白剂）的情况，因此通常为五类。这与ISO12647-2：2013中的分类是一致的，也体现了数码模拟印刷的原则。

在ISO12647-7：2013标准中没有明确的老化耐久性测试的要求，而2016新标准中作了明确的规定。该测试需要四份相同测试样张，其中包含实地和网点的CMYK及RGB叠印色。

并且规定了四种模拟测试环境，以及在这种环境中处理前后的色差要求。

① 室温环境。25℃，25%相对湿度，24h。

② 高温湿环境。40℃，80%相对湿度，24h。

③ 干燥环境。40℃，10%相对湿度，一周。

④ 低曝光环境。依据ISO 12040规定的至少3个步骤。

4．色差要求处理前后的色差要求

纸白色差ΔE_{2000}小于2.5，其他色块的色差ΔE_{2000}最大值小于2.0；如果是哑光材料或其他非常粗糙的材料，色差ΔE_{2000}可以放宽到4.0（Fogra的研究结论）。

控制色块色差是一个重要的变化。色差公式采用与视觉评估更加一致的ΔE_{2000}而不再是

ΔE_{76}，由于ΔE_{2000}（*00）和ΔE_{76}（*ab）这两个公式不能互相转换，因此新版标准定义了新的容差要求。

两个色差公式计算方法不同，因此符合旧标准的数码稿未必符合新标准，而符合新标准的数码稿也未必能达到旧标准的要求。

图3-2-6为ISO 12647-7新、旧标准的参数要求对比，包括纸白模拟、所有色块、三色灰、一次色（CMYK）ΔH、一次色（CMYK）ΔE。

为了评估新、旧标准的效果及影响，Fogra对116份数码打样分别做了测试与分析，结果显示：ΔE_{76}色差公式对于比较饱和的色块，数据结果与视觉评估结果有比较大的差异，而新的ΔE_{00}则与视觉评估比较一致。

5．专色评估（CxF）

这是打样流程标准第一次定义专色评估的要求。专色在包装应用中非常普遍，特别是在应对客户对颜色一致性的高期望中，往往只有采用专色才能达到客户要求。

但目前的数码打样系统，一般采用喷墨打样机，且不允许添加自定义的专色墨水，色域始终有限，因此这仅适合于需要评估的专色在打样机可呈现的色域范围内的情况。

在这种情况下，ISO 12647-7新标准规定参考色样与打样最大色差ΔE_{00}在2.5以内，而参考色样则由客户选择或提供，标准推荐使用CxF/X-4数据。

基于CxF/X-4的专色定义是比较理想的，应该它包含专色的光谱数据，垫白垫黑的数据，油墨透明度等（图3-2-7），而这些都可以改善在客户与印刷厂之间的色彩沟通。专色的标准化还为时尚早，因此强烈建议要事前与客户协商好，特别是专色在打样色域之外的情况。定义专色的Lab值是比较可行的做法，但这种方法仅限于100%实地，网点的定义只能依

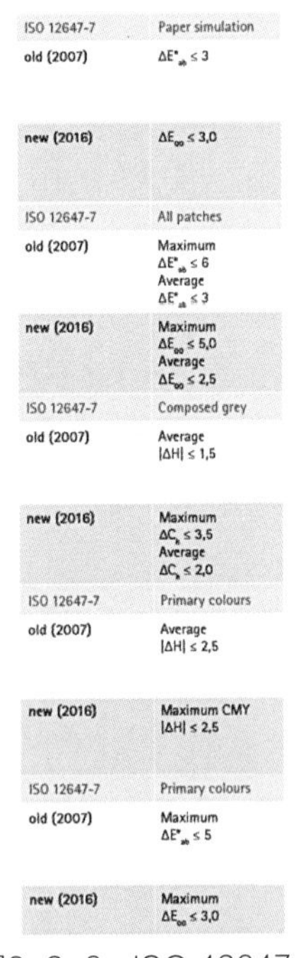

ISO 12647-7	Paper simulation
old (2007)	$\Delta E^*_{ab} \le 3$
new (2016)	$\Delta E_{00} \le 3{,}0$
ISO 12647-7	All patches
old (2007)	Maximum $\Delta E^*_{ab} \le 6$ Average $\Delta E^*_{ab} \le 3$
new (2016)	Maximum $\Delta E_{00} \le 5{,}0$ Average $\Delta E_{00} \le 2{,}5$
ISO 12647-7	Composed grey
old (2007)	Average $\lvert\Delta H\rvert \le 1{,}5$
new (2016)	Maximum $\Delta C_h \le 3{,}5$ Average $\Delta C_h \le 2{,}0$
ISO 12647-7	Primary colours
old (2007)	Average $\lvert\Delta H\rvert \le 2{,}5$
new (2016)	Maximum CMY $\lvert\Delta H\rvert \le 2{,}5$
ISO 12647-7	Primary colours
old (2007)	Maximum $\Delta E^*_{ab} \le 5$
new (2016)	Maximum $\Delta E_{00} \le 3{,}0$

图3-2-6　ISO 12647-7新、旧标准的参数要求对比

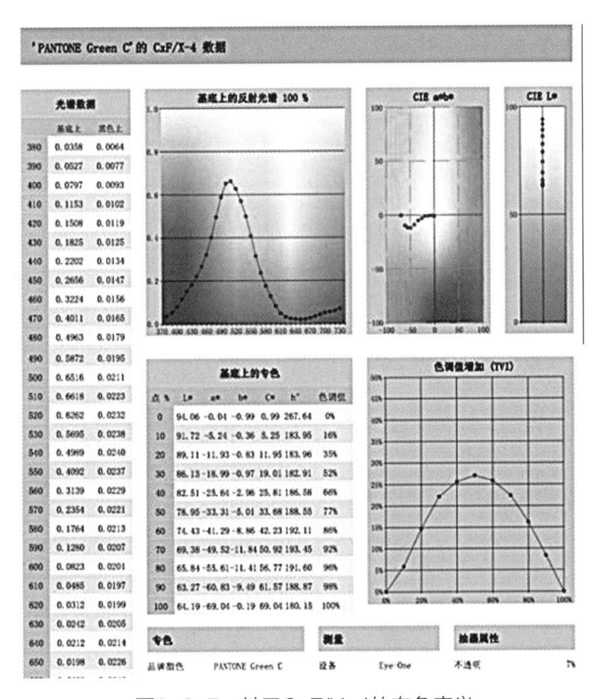

图3-2-7　基于CxF/X-4的专色定义

靠CxF/x-4数据。在测试图左侧中下位置，加入了新定义的3个专色作为专色评估使用，如图3-2-8所示。

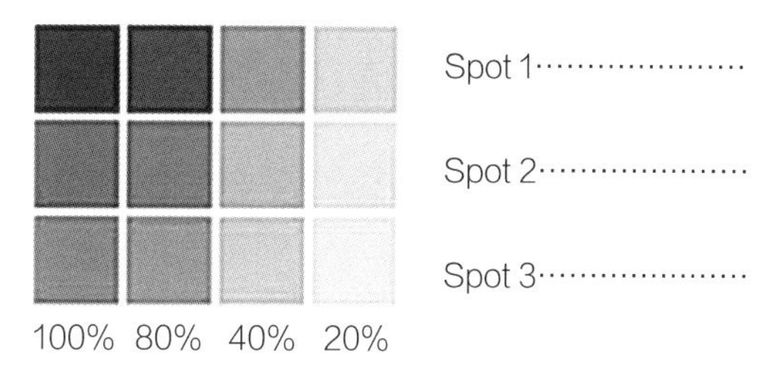

图3-2-8 3个专色作为专色评估

6. 其他要求

代表印刷状态的CMYK色块应该打印在每一份打样中。标准中规定了应该包含的色块属性，比如四色及叠印色实地、网点、灰平衡色块等，而这些色块都在ISO 12642-2中就有定义。

通常情况下，并不需要自己制作控制条，但需要清楚所要匹配的目标标准，并选用对应的国际知名的印刷机构已经有现成的控制条即可，比如IDEAlliance ISO 12647-7Control Wedge 2013，Ugra/Fogra Media Wedge CMYK V3等（这两个都是新版的3行控制条，不建议再使用旧版2行的控制条）。

一份数码样稿如果只有图文，没有任何附加信息是不规范的，往往会给使用者带来很大的困扰和麻烦。

其实ISO 12647-7标准详细规定了在打样上应该包含以下信息：

标记信息、执行标准版本ISO12647-7：xxxx；文件名字、数码打样系统名称、承印物材料种类、模拟的印刷条件、打样的时间和日期、测量条件、M0，M1或M2、着色剂种类、使用的色彩管理ICC Profile、RIP 名称和版本、缩放比例、表面处理类型、最新校准的日期和时间、任何数据准备的详情、应用噪点信息等。

数码打样系统虽然比较稳定，但仍然会有颜色偏移。ISO 12647-7标准规定，CMYK实地及50%网点，以及RGB需要被二次评估，最大色差$\Delta E00$不超过2.0，应该选用同一个仪器，测量同一个位置，必要时需要重新校准打样系统。

除以上要求之外，还有耐磨性测试，光泽度要求，网点要求，无条痕，图像套印及分辨率等。

总之，一份标准的数码打样，需要尽量模拟到印刷色彩及视觉外观，还要有足够的信息以方便使用者。在耗材选用、仪器配置、测量模式、软件设定、色彩校正、标准选择上都要注意是否能满足要求，尤其在转换为Fogra 51/52，GRACoL 2013等新标准时更要注意打样系统的方方面面是否能达到新标准的要求。有了合格而准确的打样，才能更好地指导印刷生产，最大程度发挥出数码打样应有的效果。

第三节 测量仪器的使用方法

一、密度仪

密度测量和密度计作为彩色复制品质量评定中最重要的专用仪器，无论是对工艺技术和原材料的评价，或者是在复制过程中用做检查、控制的手段；或是在生产过程中对彩色质量的鉴定和评价，都离不开密度计。

密度计的测量原理和印刷工人目视鉴定的原理很接近。图3–2–9为密度计测量工作原理示意图。发自稳定光源1的光通过透镜2聚焦而射到印刷面上，有一部分光被吸收，吸收量取决于墨膜5的厚度和颜料的浓度，未被吸收的光由印刷纸张反射。透镜系统6收集与测量光线成45°的反射光线并将之送到接收器（光敏二极管）8，光敏二极管将所接受到的光量转变为电量。电子系统9将此测量电流与基准值（“标准白”的反射量）进行比较，根据此差值计算所测量墨膜的吸收特性。墨膜测量的结果显示于显示器10上。光路上的滤色镜4只允许印刷油墨相应波长的光线通过。

用红、绿、蓝三种滤色片测量的密度，称为彩色密度或三滤色片密度，分别用D_R、D_G、D_B表示。D_R反映了色料对入射光光谱中红光的吸收程度，同样D_G、D_B分别表示色料对入射光光谱中绿光、蓝光的吸收程度。因此，用彩色密度的三个独立参数D_R、D_G、D_B可准确地表示某一色样的色彩属性。

二、分光光度计

分光光度计测量颜色表面对可见光谱各波长光的反射率。将可见光谱的光以一定步距（5nm、10nm、20nm）照射颜色表面，然后逐点测量反射率。将各波长光的反射率值与各波长之间关系描点可获得被测颜色表面的分光光度曲线，也可将测得值转换成其他表色系统值，每一条分光光度曲线唯一地表达一种颜色。

分光光度计主要由光源（通常采用卤素钨灯或氙闪光灯，即标准光源A）、单色器（棱镜或光栅）、接收器（光电倍增管）和记录仪器（电位计）组成。其工作原理为，把光源的光分解成光谱，从所得的光谱中用狭缝挡板导出一单色光带，然后将单色光带投射到被测样品上去，单色光通过被测物体的透射或反射情况在记录表上被指示出来。对待测色来说，一般是从可见光谱400～700nm的范围，每隔10nm逐一测出光反射系数、吸收系数的透射系数，将各个波长的反射率或透射率用点连接起来便绘出分光光度曲线。分光光度曲线可以表示有色物体完整色彩特征，一种彩色物体仅有一个分光光度曲线。

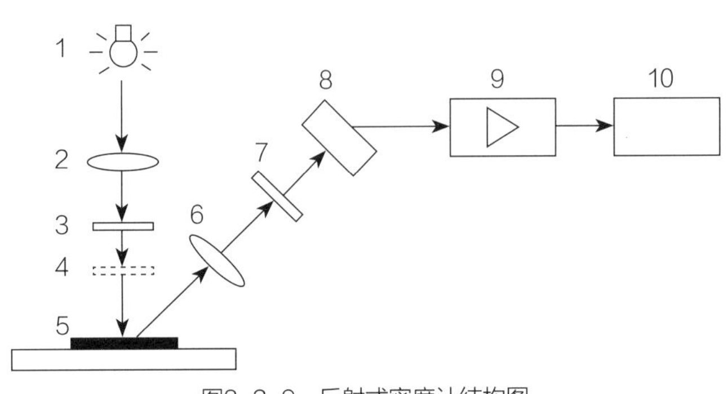

图3–2–9　反射式密度计结构图

三、色度计

色度计是通过对被测颜色表面直接测量获得与颜色三刺激值*X*、*Y*、*Z*成比例的视觉响应，经过换算得出被测颜色的*X*、*Y*、*Z*值，也可将这些值转换成其他匀色空间的颜色参数。

色度计一般由照明光源、校正滤色器、探测器组成。其探测器是光电池、光电管或光电倍增管，它们的光谱灵敏度都经过滤色器的修正，以模拟CIE标准色度观察者的光谱三刺激值曲线。色度计用3个或4个探测器各自的相对光谱灵敏度曲线分别修正，由多个探测器的输出值得出待测色的三刺激值和色度坐标。色度计采用45°入射光与0°受光的方式进行测量，光源为卤素钨灯或氙闪光灯，标准光源A。

色度计实际上是一个带有三个宽带滤色片的密度计，由于仪器自身器件及原理方面存在一定的误差，使颜色测量值的绝对精度不好，但其价格便宜，仍是应用广泛的测色仪器。

四、彩色分光密度仪的使用

1．连接分光密度仪

将电源线与分光密度仪的电源插孔连接。打开仪器上的电源开关，保持仪器的显示屏处理于加亮状态。

2．分光密度仪的校准

使用仪器的校准白板，将其放置于测量仪器的测量头下方。注意每一仪器对应一个校准白板，校准前需要确定所使用的白板的系列号与测量仪器的系列号一致。同时还要确定白板表面不要被污染，并保证测量仪器的测试区域与白板中心对应。

然后通过仪器上的菜单，选择测量仪器的校准（Calibration）功能，并按下测量头，等校准成功。

3．密度测量（Density）

通过仪器面板上的选择（上/下）移动箭头，选择密度测量功能（按回车箭头）。测量密度时有相对密度与绝对密度的差别，相对密度指测量密度时将测量后的密度值减掉纸张密度后的密度值；绝对密度值指测量密度时直接测量样品所得到的密度值。两种不同类型的密度测量方式的选择可通过调整测量仪器上的可选项（Option）中的模式来实现。

同时，当需要比较样品与某一标准样的密度差值时，可以测量该标准样的密度值，并将其定义为参照样（Reference）。然后在测量时选择密度值与参照值相减（DEN-REF0X）的方式，就可以方便地得到样品与标准样间的密度差。此功能通过可选项（Option）中的参照项（Reference）来选择相关的所使用的参照标准的系列号，并需要改变密度测量功能的工作模式为密度-参照的方式（DEN-REF0X）。

4．其他测量功能

分光密度仪除了可进行颜色样品密度的测量之外，其还可测量印刷品的网点面积、印刷反差、叠印和色调误差与灰度等与印刷品质量测评相关的重要指标；同时，部分型号的分光光度仪还可测量颜色样品的色度值，如CIEXYZ与CIELab以及色差等。其他测量功能请参见相关品牌型号的设备的网站，如X-Rite密度仪可查http://www.xrite.com/ top_support.aspx。

五、彩色分光光度计的使用

以X-Rite Eyeone仪器为例，介绍彩色分光计的使用方法。

1. 仪器连接与校准

将电源线与分光光度计的电源插孔连接，数据线与计算机的数据通信口（新款的分光光度计多使用USB接口与计算机连接）连接。

打开仪器上的电源开关，保持仪器的状态指示灯为加亮状态。

使用仪器的校准白板，将其放置于测量仪器的测量头下方或者测量特定的校准区域。与密度计同样，每一仪器对应一个校准白板，校准前需要确定所使用的白板的系列号与测量仪器的系列号一致；确定白板表面不要被污染，并保证测量仪器的测试区域与白板中心对应。通过应用程序的提示完成对仪器的校准。

2. 分光光度值的测量

分光光度计有多种工作方式，手动测量或自动扫描测量方式。

工作时通过使用测量软件，根据测量软件的指示首先选择仪器的型号，如果所选择仪器型号与联接的仪器型号一致，则状态将显示“OK”，确定测量的数据是颜色的分光光谱值或是色度值（测量值为分光光谱值即在仪器联接窗口中勾选Spectral，反之则表示测量结果为色度值）。

然后，需要在测量软件中定义测量所需要的色表（Test Target），此色表可选择测量软件中已经定义的常用标准色表，也可通过用户自定义（Custom）的方式定义测量的颜色数量，以及每色块采样测量的次数。之后测量软件将提示将仪器对准校准板进行校准。

校准完成后，测量时通过自动扫描方式时，仪器将根据色表的定位结果计算出每次移动测量头的位置，并测量读出测量结果；使用手动测量的方式则需要用手动的方式将测量头对准色块，进按下测量部分，完成测量。图3-2-10所示为测量软件ProfileMaker中的MeasureTool驱动分光光度测量的工作界面。

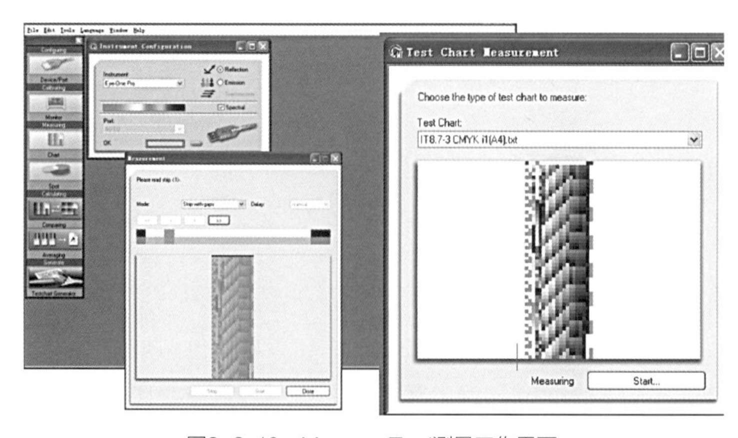

图3-2-10　MeasureTool测量工作界面

第三章 检查印版

学习目标

1. 能借助测量仪器和测控条，检查网点形状完整性和网点增大值，并提出制版工艺的改进建议。
2. 能对印版质量进行综合检查，对产生的问题提出解决方案。

第一节 CTP 印版成像质[illegible]

一、影响 CTP 印版成像质量的主要因素

1. 版材质量

不同类型的版材的成像质量是不同的。对于一个企业来说，最好选用固定厂商、固定型号的CTP版材，这样可提高制版质量的稳定性。

2. 设备性能

不同设备的曝光性能不同，单位面积光源照度和均匀度会对网点的均匀性产生影响。

3. 显影条件

显影液的化学成分、温度、浓度等都是影响制版质量的关键因素。同时，一定数量的版材显影后，在显影液中的部分树脂层会形成许多絮状物，附着在成品版材上，若不加以处理会造成印刷时带脏。

4. 工艺控制

主要指各种工艺参数的设置，如曝光时间、显影时间等。另外，同一套版最好一次性处理完，这样能保证套印精度。

5. 环境条件

主要指制版车间的温度、湿度、光照条件等。应设定在版材所要求的范围内。

二、CTP 印版质量控制的基本前提

对CTP制版进行质量控制的基本前提是调节好制版设备，使整个计算机直接制版系统处于最佳状态。

曝光和显影是计算机直接制版过程中最重要的，因此调节制版设备主要是针对曝光参数和显影工艺的控制。

（1）制版机曝光参数的控制　要用好CTP，首先就要控制好制版机的曝光参数，使它的光学系统和机械系统处于良好的状态。在用户拿到一款和制版机曝光机制适应，波长范围匹配的版材后一定要对版材进行感光性能测试。测试项目包括激光焦距与物距测试（FOCUS/ZOOM TEST）、激光发光功率和滚筒转速测试（LIGHT/ROTATE）。其中激光焦距与物距，功率与转速可以做组合测试。

一般制版机都带有自己内部的曝光参数测控条，通过测控条上的色块或者图案可以很方便地检测印版曝光量是否合适、激光头聚焦是否正确等硬件设备的状态。

（2）冲版机显影工艺的控制　印版正常曝光之后，还需在冲版机里面进行正常的显影才能得到模拟图像。因此必须对冲版机的状态进行测试和监控。

随着使用时间的延长，硬件设备都会出现衰老，设置值和实际值之间会存在一定差异。必须对冲版机的状态进行测试。测试时，需要利用显影液专用温度计对冲版机的“实际温度”进行取点测量。利用大量筒或者量杯对冲版机“实际动态补充量”进行计时计量监控。若是设置值与实际值差异太大，则需改善循环系统或更换传感器件。

当冲版机硬件状态监控好后，则需进行显影液匹配测试。用户可以利用各大公司的标准数字印版测控条进行测试。另外，也可自制印版控制条进行测试。利用数字印版控制条，可以分析印版上的网点的变化情况，从而判断印版是否正常冲洗（印版曝光正常为前提），显影温度和显影速度的参数设置是否正确。一般情况下，正常CTP印版上2%~98% 的网点都应该齐全，50% 网点扩大不超过3%，95%网点不出现糊版，并级现象。

三、利用数字制版测控条进行数字监控

CTP系统是数字化工作流程中的一部分，所以数字化控制方法对质量保证是必不可少的。数字制版控制条可以对CTP印版的成像质量进行合理有效的控制。

用于CTP印版控制的数字测控条主要有GATF数字制版控制条、Ugra/Fogra数字制版控制条，柯达数字印版控制条，海德堡数字印版控制条等。其中使用最广泛、最主要的是Ugra/Fogra数字制版控制条和GATF数字制版控制条。

（1）Ugra/Fogra数字制版控制条　该控制条中包含六个功能块和控制区，如图3-3-1所示。

① 信息区。包括输出设备名称、PS语言版本、网屏线数、网点形状等。

② 分辨率块。包含两个半圆区域。线条自一点发出，呈射线形排列，射线的浓密度与输出设备理论上的分辨率一致。在线条中心形成一个或多或少，敞开或封闭的1/4圆，这两

图3-3-1　Ugra/Fogra数字制版控制条

个1/4的圆越小和越圆，聚焦和成像的质量越好。左边为阳线，右边为阴线。

③ 线性块。由水平垂直的微线组成，用来控制印版的分辨率。

④ 棋盘区。由1×1，2×2，3×3和4×4（像素×像素）构成的棋盘方格单元。控制印版的分辨率，显示曝光和显影技术的差异。

⑤ 视觉参考梯尺（VRS）。控制印版的图像转移。

⑥ 网目调梯尺。主要用于通过测量确定印版阶调转移特性。同时所提供的1%，2%，3%和97%，98%，99%色块也可用于对高调和暗调区最终所能复制出的阶调进行视觉判断。

其中，视觉参考梯尺（VRS）是Ugra/Fogra数字制版控制条的一个特殊之处。它是进行图像转移控制的基本要素，控制印版的稳定性，使数字印版的生产程序标准化。在VRS中包含有成对的粗网线参考块，在其周围则是精细加网区域。控制条中共有11个VRS，并且在从35%~85%的网点区域里按5%的增量递增。在理想状态和线性复制的情况下，VRS4中的两个区域在视觉上应该具有相同的阶调值。但是实际上，两个区域具有相同阶调的VRS要比VRS4高或低，这取决于印版类型和所选的校准条件。VRS是一个非常理想的过程控制块，利用它无须进行测量，直接从视觉上就可指示出与所选条件的差别，进行视觉检查。

（2）GATF数字制版控制条　GATF数字制版控制条，如图3-3-2所示。

① 信息区。包括输出设备名称、PS语言版本、网屏线数、网点形状等。

② 阳图阴图的水平垂直细线。测试系统的分辨率，控制曝光强度。

③ 棋盘区。由1×1，2×2，3×3和4×4（像素×像素）构成的棋盘方格单元。

④ 微米弧线区。阳图和阴图型微米弧线。使用最小设置的尺寸以弧线段对系统检测，微米弧线图案是对系统最严峻的挑战。如果一个系统同时保持对阳图和阴图弧线的良好细节，就表明该系统良好的曝光条件。

⑤ 星标对象。测试系统的曝光强度，分辨率和阶调转移特性。

剩余的部分是两套匹配阶调梯尺。两个阶调梯尺的不同之处在于，上面一个绕过了

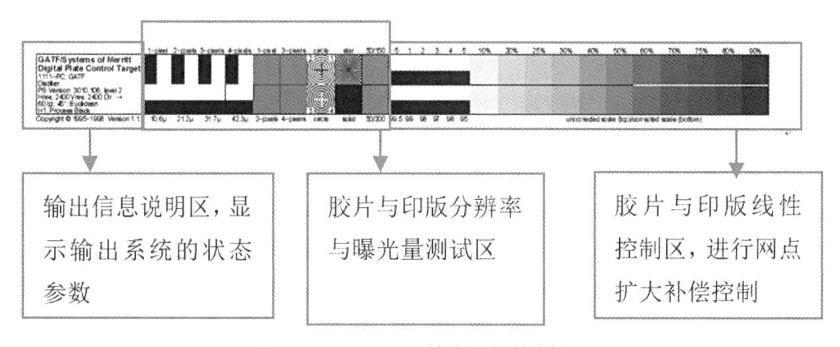

图3-3-2　GATF数字制版控制条

应用于其他文件的RIP的补偿程序，而下面一个则没有绕过补偿设置。对两个梯尺的比较清楚的表明了补偿程序所造成的影响。使用阶调梯尺，首先要用放大镜观察图像系统的高光和暗调的限定，然后使用密度计从10%到90%测量阶调梯尺，从而构建网点扩大值曲线。

（3）科雷的数字测控条　科雷的数字测控条，如图3-3-3所示。

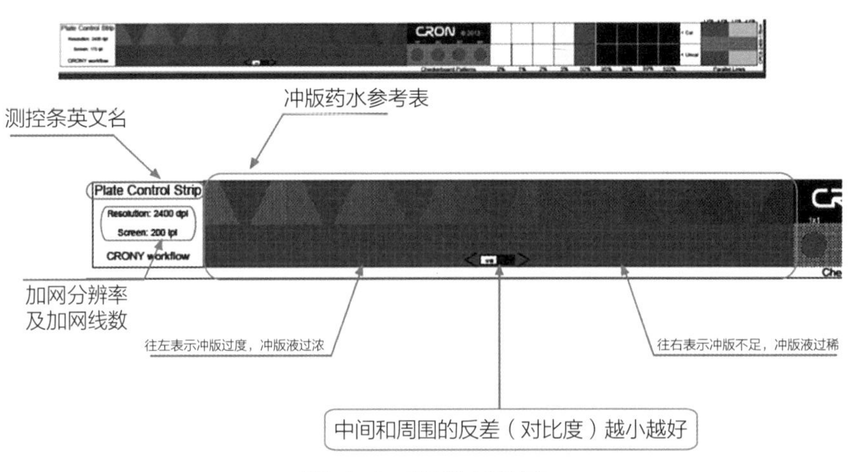

图3-3-3　科雷数字测控条

四、GATF 数字测试文件 4.1 功能

GATF数字测试格式4.1为25in×38in（63.5cm×96.5cm）的单张纸印刷测试标准数字文件，其主要用于印刷故障的诊断、印刷设备的校正和与印刷过程控制。

1. 输出胶片与印版质量控制分析区域

输出胶片与印版质量控制分析区域，如图3-3-4所示。

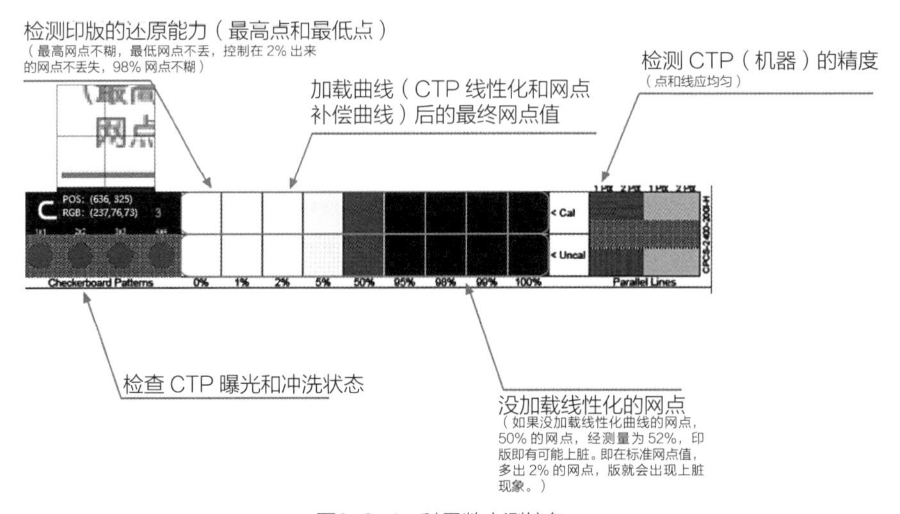

图3-3-4　科雷数字测控条

2．印刷常见故障测试区

测试区以黄、品红、青、黑加上两个专色共6大块组成（图3-3-5，见彩插），每块由4个竖直条，分别为实地、50%的竖线、50%的横线和50%的竖线（150lpi）4部分，从叼口到拖稍全长，位于印版的两边，用于测试各种颜色印刷时较易出现的如上脏、重影、水印等故障，以及印刷测试过程中墨量的均匀性。

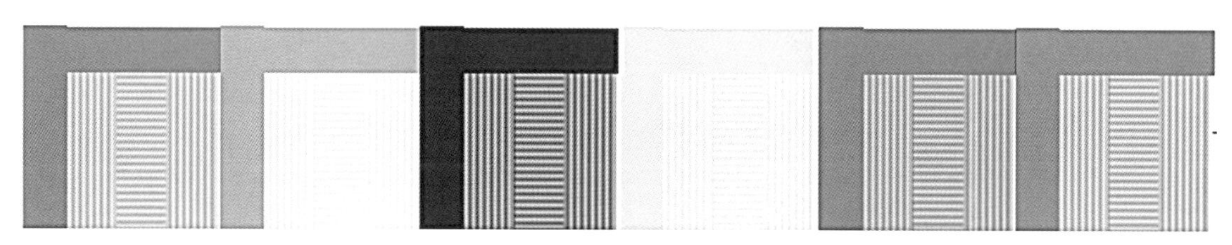

图3-3-5　GATF4.1数字测试文件印刷常见故障测试区

3．印刷色块

各种单色油墨和双色套印色的实地色块和50%网点色块，用于各色版密度测量与控制，以及油墨叠印的评估。

4．输出精度测试区

测试输出设备所能再现最细线条的能力，也是印版质量检测的一个重要区域。

5．星标

测试印刷网点扩大与重影、套准等故障。

6．彩色颜色校正对象

该部分的用途是提供一种方法来确定色彩校正的规范，它对于印刷系统当中的红、绿、蓝色调的控制进行测试的区域。

7．最大墨量测试区

最大墨量测试区如图3-3-6（a）所示。最大墨量是指四色分色胶片上的网点面积的总量。最大墨量区按照黑墨网点面积从76%～100%的变化，按排展开。三色叠印总网点面积按列从202%～275%（三色相加）的变化排列，而青、品、黄墨的网点值则在最上端显示，用于测定印刷的最大最佳供墨量，以便于印前图像分色时进行参数设定。

8．IT 8.7/3 基础数据

用于测量色彩的色度值，以便生成印刷特性文件，对印刷设备的色彩特性进行描述。

9．套印测试区

图3-3-6（b）（见彩插）所示为GATF数字测试文件的套印测试区，主要用于评估各种输出系统的套准的精确性，系统中轻微的套准偏差就会导致本应接触的各部分之间出现白线。这些白线突出于底色之上，很容易被发现。套准偏差的大小及方向可通过白线的宽度来确定。

10．网点扩大测试区

该部分包含了一些特定的黑色的比较网点大小的块，表示不同加网线数与网点百分比对复制阶调的影响。使用密度计对网点进行测量，可以绘出一组网点扩大值曲线，以表示不同

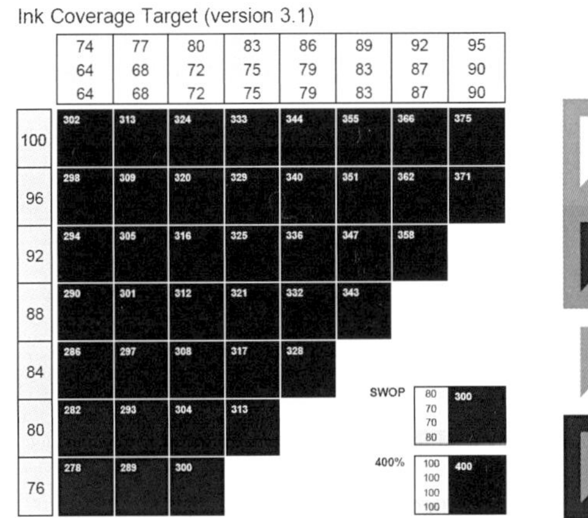

（a）最大墨量测试区

（b）套印测试区

图3-3-6　GATF数字测试文件最大墨量测试区与套印测试区

加网线数下的网点扩大值的变化。

11．数字校样比较

图3-3-7所示（见彩插）的数字校样比较测试区，通过该测试区进行印刷样与数码样张的对比评价。此区域包含CMYK四色阶调比较测试条，灰平衡比较测试条，基本色色差比较区，打印分辨率测试区（即细线打印测试），最大墨量测试区等。

12．灰平衡图

灰平衡图由一系列的色块组成，这些色块沿垂直方向品红值逐渐变化，沿水平方向黄色值逐渐变化。而青网点的大小在整个矩阵中是一致的，并由方阵的左上角的数值来确定。此测试区用于查找印刷灰平衡参数，找出印刷复制中的灰平衡曲线。

13．20级阶调梯尺

阶调值按5%～100%以5%递增，每个色块尺寸是55mm，该梯尺可用于测量印刷系统的网点扩大值，其数据可用于构建网点扩大值曲线。

14．图像复制质量评价区

该区域包含测试人物肤色与暗调层次的还原情况，测试中间调与暗调层次的还原情况，

GCA/GATF Proof Comparator III

图3-3-7　GATF数字测试文件数字校样比较区

测试亮调层次的还原，测试网纹与纺织品，以及中性灰色的印刷复制的效果，测试记忆色与人物肤色的复制效果与检查色偏，检测颜色的饱和度与准确性等各类图像。

15. GATF彩色测控条

测试印刷相关控制指标，如网点扩大值、印刷*K*值、油墨叠印率、油墨灰度、油墨色强等进行测量与分析。

16. 色彩测试区

色彩测试区（图3–3–8）可进行网点扩大测试与彩色复制色差分析，其包含IT8.7/3基础数据除CMYK色彩阶调梯尺外的所有基础数据设置色块，CMYK单色以及两色等量叠印的从5%～95%以5%等间隔增加的网点扩大情况，并增加3%和7%的高光网点和97%暗调网点。

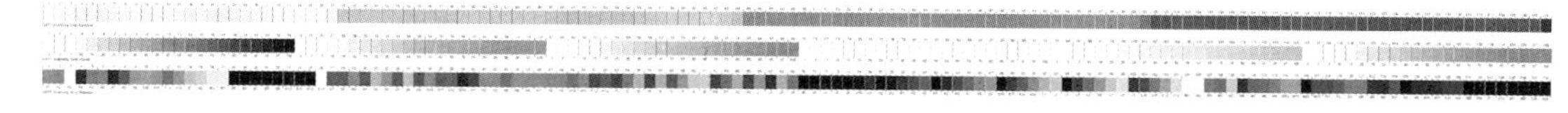

图3–3–8　GATF数字测试文件色彩测量区

第二节　网点增大的原

一、印刷网点与网点扩大

网点是油墨附着的基本单位，起着传递阶调、组织色彩的作用。网点扩大指的是印刷在承印材料上的网点相对于分色片上的网点增益。网点扩大在不同程度上对于印刷品都有损害，破坏画面平衡。但是由于技术上和光线吸收的原因，没有网点增大的印刷是不可能的，如图3–3–9所示。

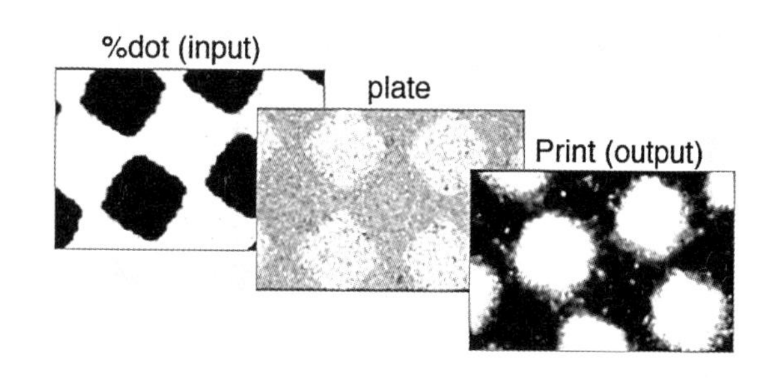

图3–3–9　网点在印刷工艺中传递的状态

印刷生产控制的目标之一就是为所有印刷机按纸张分组而规定相应的网点扩大标准，并在制作胶片时考虑这个网点扩大标准值，从而通过工艺补偿进行网点扩大控制，实现印刷图像色彩与阶调复制的理想结果。为了准确地获得网大标准，需要对印刷网点的扩大进行测量。

网点扩大的测量通常是在具体的印刷材料、设备器材和理想印刷压力条件下，用晒有网点梯尺与包含有实地、50%、75%网点内容的测试条（如布鲁那尔测试条）和任一图像画面的印版印出数张样张。印刷时要保证每张样张网点整洁、实在、无重影变形。然后，用反射网点密度计分别测出各样张的四色实地密度，50%与75%处的印刷网点面积率。最后将印刷网点与50%或75%求差值，即可测量网点扩大值。

二、网点扩大计算（TVI）

1．基于密度值的网点扩大

在实际印刷过程中，不论用哪种方法来计算颜色，都应该先对网点扩大进行修正。网点扩大是对印刷颜色影响最大的因素。通常，在计算印刷网点面积和网点扩大量时使用密度计算法，也就是要使用玛瑞—戴维斯（Murray-Davies）公式：在计算印刷网点面积和网点扩大量时使用密度计算法，也就是要使用玛瑞—戴维斯（Murray-Davies）公式：

$$a=\frac{1-10^{-D_t}}{1-10^{-D_o}}$$

或尤拉—尼尔森（Yule-Nielson）公式：

$$a=\frac{1-10^{-D_{t/n}}}{1-10^{-D_{o/n}}}$$

其中，a是色调密度为D_t时的单色原色油墨网点面积率，D_o为印刷实地密度。因此，用密度值控制印刷的条件非常方便。计算网点扩大，则再使用定义的值与a计算的结果相减就可以得到。

2．基于三刺激值的网点扩大

ISO/TC10128标准的规定，网点扩大值（*TVI*，Tone Value Increase）可以通过测量一系列色阶的三刺激值，结合实地四色三刺激值计算得到。

$$\text{黑色与品红色网点扩大值}=100\left(\frac{Y_P-Y_t}{Y_P-Y_S}\right)-TV_{\text{Input}}$$

$$\text{黄色网点扩大值}=100\left(\frac{Z_P-Z_t}{Z_P-Z_S}\right)-TV_{\text{Input}}$$

$$\text{青色网点扩大（}TVI\text{）}=100\left[\frac{(X_P-0.55Z_P)-(X_t-0.55Z_t)}{(X_P-0.55Z_P)-(X_S-0.55Z_S)}\right]-TV_{\text{Input}}$$

其中，X_P，Y_P，Z_P是纸张的三刺激值；X_S，Y_S，Z_S是实地青色，品红色与黄色，黑色的三刺激值；X_t，Y_t，Z_t是不同阶调的四色色阶三刺激值。

三、制版过程中避免网点增大的方法

网点是表现印刷品层次、阶调和色彩的基本单位，印刷网点的变化往往会导致色彩还原失真以及阶调层次减少等质量问题。印刷流程中常见的网点转移问题包括网点的扩大、滑移、重影等，其中最常见的问题就是网点扩大。导致网点扩大的主要因素有两个大的方面：照排机或CTP的非线性特点以及曝光系统的阶调传递特性等因素；印刷机、纸张和油墨的类型以及印刷压力等印刷工艺条件。

1．输出阶段的网点扩大补偿

理想条件下，照排机或CTP制版机接收到PS或ONE-BIT-TIFF文件后，输出的激光量应该与文件上不同图文部分的网点面积成正比。电子图像的每1个像素被输出为1个网点，像素的灰度值与网点大小是一一对应关系。但是，由于机器制造的工艺精度等原因，大部分设备实际输出效果并非如此，往往会呈现出一定程度的非线性，再加上其他光学以及显影方面等因素的影响，就会造成软片或CTP印版上输出的网点图像的阶调偏离原像素值 。

为了获得需要的网点大小，必须采取措施修正偏差，使像素值与最终的输出保持线性关系。这种偏差的修正可以利用PS页面描述语言中的变换函数实现。这一补偿需要在RIP之前进行，通过修正PS分色文件达到对制版阶段产生的网点扩大作出补偿的目的，这一过程一般有以下两种实现手段。

（1）通过制版流程软件线性化进行补偿　RIP制造商在其产品中提供了自定义变换函数的功能，即可以在其RIP中调用PostScript 语言的变换函数操作符，这种网点扩大补偿的方法通常称之为线性化。在新照排机正式投入生产之前必须进行线性化调整；在更换不同的显影液或软片之后也应当做当前状态下的线性化。

对CTP制版机而言，道理相同，在改变印版或冲版条件以及改变制版机的FOCUS、ZOOM或激光功率值时，要做到精确的网点控制，也要相应的重新做该条件下的线性化。线性化补偿的具体做法见前面相关章节。

（2）利用Photoshop的传递函数　补偿因照排机标定不当而导致的网点扩大，除了输出设备线性化的方法之外，利用Photoshop内置的传递函数功能，建立自定义的传递函数曲线，也可以达到这个目的。

在Photoshop中利用网点传递函数进行网点扩大补偿的具体操作：

① 由照排机输出检测片，利用透射密度计测量胶片上不同网点面积率的密度值。

② 执行文件菜单中的“页面设置/传递函数”命令。

③ 计算需要的调整值，将计算得到的值输入传递函数对话框相应的方框内。所谓的计算是指假如指定输出50%的网点，照排机输出的网点为52%，这样输出的网点扩大值为2%。为了补偿这一扩大值，应在该对话框50%文本框内输入48%。这样，在调用包含这一转移函数的分色文件时输出时，就会得到所需要的50%网点。传递函数的设定可以各个色版不同，也可以所有色版调用同一条曲线。如果使用这一补偿措施，那么在保存分色文件时要保存为DCS或EPS的形式，同时勾选“包含传递函数”选项，如图3-3-10所示。

需要指出的是Adobe公司并不提倡用户在Photoshop中进行转移函数的设定，而是建议用户在照排机上输出时，采用照排机自己的标定程序来做这一步（参看Adobe Systems Incorporated。 PostScript Language Reference Manual）。

2. 印刷网点扩大补偿

印刷的网点扩大是指在印刷过程中，油墨被纸张吸收时因扩散而引起的网点增大。印刷的网点扩大使得印刷出来的网点面积与实际所需要的网点面积存在差异，从而导致色彩再现不准确。

不同的印刷机和不同的纸张组合会有不同的网点扩大值。值得一提的是对印刷的网点扩大补偿并不是由测量值与理论值做减法得到补偿量的，而是由网点扩大曲线，根据反函数关系得到补偿值的。以50%处的网点A为例，网点扩大后得到的网点面积为75%（点C），但实

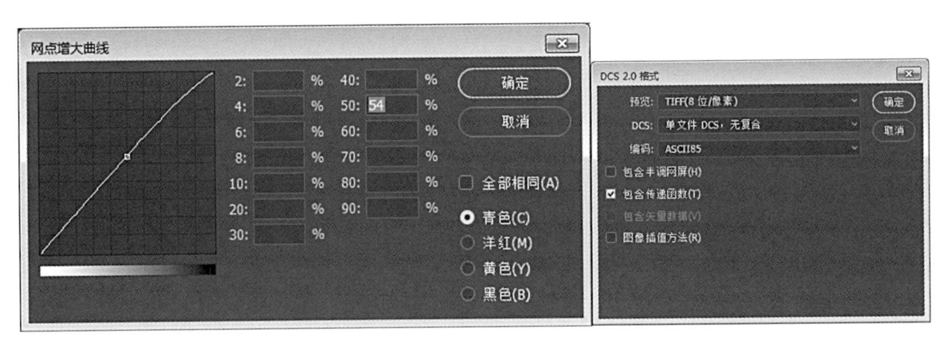

图3-3-10 “传递函数”对话框

际并不是以75%-50%=25%的网点面积来实现补偿的，而是由点B向Y轴做垂线，与曲线的另一个交点D所对应的X轴上的点E（30%），才是网点扩大补偿后的网点面积。

印刷过程产生的网点扩大一般在Photoshop中分色时进行补偿，可以对彩色图像的整体阶调或CMYK四个独立通道分别进行网点扩大补偿设定；另外Photoshop还提供了对灰度图像（在分色时要转化为灰度图才有效）以及专色的网点扩大补偿。

（1）利用Photoshop分色设置网点扩大补偿

① 在AI中制作带有不同网点面积率的色块测试文件；分别做出CMYK单色的网点色块以及四色叠印的色块。

② 把制作的测试文件在既定的印刷条件下印刷后，用反射密度计分别测量各个色块的实际网点面积。

③ 在Photoshop中打开测试文件，选择编辑>颜色设置>自定CMYK选项，在“网点增大”处选择“曲线”，把测量得到的网点面积输入到“网点扩大曲线”对话框相对应的位置。

④ Photoshop内部会自动插值计算并生成针对该印刷条件下（油墨、纸张、印刷压力等）的网点扩大曲线，以后在该条件下印刷时，制作得到的该印刷网点扩大曲线对当前的网点扩大有最好的补偿效果。

此外，还可以在“自定CMYK”中选择“标准”，通过修改“油墨颜色”，就可以调用已经设置好的网点扩大补偿值。使用不同的油墨与纸张组合就可以调用不同的网点扩大值，比如欧洲油墨标准与涂料纸、胶版纸、新闻纸搭配使用时网点扩大分别是9%（Eurostandard coated）、15%（Eurostandard uncoated）、30%（Eurostandard newsprint）。另外，如果制作了某印刷条下的ICC文件，那么除了自定网点扩大外，还可以在“载入CMYK”中调用ICC文件进行分色，也可以达到网点补偿的目的。

（2）制版流程印刷机补偿曲线　制版流程印刷机补偿曲线目的主要是找到印刷机的网点扩大特性，根据目标网点扩大数据生成补偿曲线。如175 lpi方圆网点在50%网点处的扩大率一般控制在15%左右。具体操作方法请见前面相关章节。

3．文字与图形的网点扩大补偿

实际生产中，很多颜色是在图形类软件（如AI）和排版软件（如方正飞腾）中进行编辑的，但是这类软件都没有网点扩大补偿功能，这就需要在设置颜色时考虑印刷网点扩大后的颜色，专业的做法是在进行这类色彩设置时要有印刷色谱（色标）进行参考，如PANTONE色标。

第四篇

平版制版

（技师）

第一章

制版设备测试与异常处理

学习目标

1. 能调节设备的激光能量参数。
2. 能判定印版着墨不良问题。
3. 能判定并处理印版的质量问题。

第一节 CTP 印版输出与测试

一、CTP 制版机运动测试

以科雷CTP系统为例，进行CTP制版机运动测试。表4-1-1为运动测试程序汇总表。

表4-1-1 运动测试程序汇总表

运动测试程序代号	光鼓位置、执行机构	相应的调整参数
100	各机构复位检查	
101	光鼓装版定位+版尾及平衡块的位置测量	1号、6号参数
102	光鼓装版定位+打开版头夹	
103	装版版头定位+打开版头夹+压版辊下压	
105	光鼓装版定位+无版探头复位	
111	光鼓卸版定位	2号、7号、23号参数
112	光鼓卸版定位+打开版头夹+压版辊下压	
115	光鼓顺时针慢速版头卸版位置定位	27号参数
116	光鼓顺时针慢速版头卸版位置定位+打开版头夹	

运动测试程序代号	光鼓位置、执行机构	相应的调整参数
121	光鼓版尾定位	3号、5号参数
122	光鼓版尾定位+版尾夹半开	
123	光鼓版尾定位+打开版尾夹	
125	光鼓逆时针慢速版尾卸版位置定位	28号参数
126	光鼓逆时针慢速版尾卸版位置定位+打开版尾夹	
128	光鼓版尾定位+打开版尾夹+压版辊下压	
131	光鼓平衡块A定位	4号、24号参数
132	光鼓平衡块A定位+锁定平衡块	
141	光鼓平衡块B定位	
142	光鼓平衡块B定位+锁定平衡块	

续表

运动测试程序代号	光鼓位置、执行机构	相应的调整参数
151	送版动力测试	
152	送版动力测试及歪斜测试	
153	光鼓中腔真空打开	
154	光鼓中腔+外腔真空打开	
155	光鼓中腔真空打开，放气测试	
156	打开镜头清洁气泵	
157	打开吸尘泵	
161	侧拉规左复位	
162	侧拉规左复位+依据模板移动版宽位置	22号参数
163	侧拉规压力调整	
165	侧拉规重复精度测试	
169	侧拉规跑合程序	
181	镜头向前直线复位	
182	镜头向前直线复位+丝杆角度调整+螺旋复位	

运动测试程序代号	光鼓位置、执行机构	相应的调整参数
183	镜头复位+定位到模板指定精度位置	
185	镜头向后移动50步（粗找焦距用）	
186	镜头向后移动4mm	
187	镜头向后移动8mm	
188	镜头精度测试（每步向后移动0.02mm）	
189	镜头前后移动10mm（5次）	
190	镜头/光头丝杆磨合（连续运行）	
191	光头向后复位	
193	光头向后复位+定位到模板指定精度位置	
196	光头向前移动50mm	
197	光头向前移动100mm	
199	光头前后移动110mm（5次）	

表4-1-2为装版过程测试时，相对应的参数号。

表4-1-2　装版过程测试时，相对应的参数号

调试过程	参数	对应的调整
装、卸版测试	0号参数	装版歪斜验证标准参数
	8号参数	标准版长调整参数
	9号参数	版尾夹压版宽度调整参数
	10号参数	平衡块对称调整参数
	21号参数	焦距螺旋复位调整参数（复位点对面）
	22号参数	装版居中调整参数
成像测试	相对应分辨率的焦距、物距参数	焦距、物距值
图像位置	33号参数	图像左右调整距离（0.1mm）
	34号参数	图像上下调整距离（0.1mm）

表4-1-3为科雷各CTP机型光鼓的弧长对应的数值计算关系。

表4-1-3　各机型光鼓的弧长对应的数值计算关系

机型	测量调整的数据 /mm	要调整的数值	机型	测量调整的数据 /mm	要调整的数值
TP/UV46	X	X*11.111	TP/UV26	X	X*9.259
TP/UV36	X	X*10			

表4-1-4为科雷各机型码盘“0”位的高度。

表4-1-4　各机型码盘“0”位的高度

机型	中心高 /mm	光鼓零位	机型	中心高 /mm	光鼓零位
TP/UV46	210	220	TP/UV26	180	190v
TP/UV36	180	190			

流程软件LaBoo4.xx程序对相关设备参数允许范围的规定如表4-1-5所示。

表4-1-5　装版前版尾位置、装版后版尾位置的允许范围

机型	版高	装版前版尾位置	装版完成后版尾位置
TP/UV46	*H*	（*H*+10）*11.111±20	*H**11.111±10
TP/UV36	*H*	（*H*+10）*10.0±20	*H**10.0 ±10
TP/UV26	*H*	（*H*+10）*9.259±20	*H**9.259±10

注：LaBoo4.XX 版本后，H+10，以前3.XX版本 H+15。

表4-1-6为件LaBoo4.XX程序对版长标准、歪斜度、温度、锁光条件的规定。

表4-1-6　程序对版长标准、歪斜度、温度、锁光条件的规定

项目	工作条件、允差范围
歪斜度标准	< ±4个数字
版长标准	< ±10个数字
温度范围（10min测量一次）	机架：10～40℃；激光箱：18~32℃
锁光条件	① 正常情况下，激光功率在不发生变化时，30min锁一次光，主要是提高输出效率，尤其是对小版。 ② 当模板调整、激光功率、精度等发生变化时，立即启动一次锁光。 ③ 当激光箱的温度<23.5℃，或激光箱的温度>26.5℃时，要求每张版都锁光

在进行综合检测前的准备工作：

① 用万用表检查，两组AC220V输入端内阻（打开开关），开关电源24V、5V的内阻情况，以确定电路中没有短路或断路现象。

② 各驱动器的电源线颜色线序正确性。

③ 光鼓码盘0位的确定，当光鼓前规转动在丝杆侧与光鼓轴心处于同一水平面时，码盘的LP指示的LED灯亮，可用钢尺测量，各机型对应的高度如表4-1-1所示。

二、光鼓装版、卸版、版尾位置定位及执行机构调整

接通电源，联接好USB线，启动主机，计算机，执行LaBoo程序，单击面板“工程师操

作”快捷键或菜单栏“操作”>“工程师操作”，弹出密码确认窗，输入正确密码后，单击“确定”按钮。弹出“工程师操作”窗口，如图4-1-1所示。

单击“运行测试程序”，进入“CRON Process”菜单，如图4-1-2所示。

图4-1-1　工程师操作窗口

图4-1-2　CRON Process菜单

三、复位测试

主要对安装在光鼓圆周方向上的执行机构进行复位测试。

光鼓控制复位测试

光鼓控制复位测试（100命令）是对围绕光鼓圆周方向上安装的执行机构，进行复位的命令，检查：

① 版头装版电机运行是否正常，传感器检测盘安装是否正确，传感器是否有效。

② 版尾开闭电机运行是否正常，传感器检测盘安装是否正确，传感器是否有效。

③ 版头卸版电机运行是否正常，传感器检测盘安装是否正确，传感器是否有效。

④ 装版压版电机运行是否正常，传感器检测盘安装是否正确，传感器是否有效。

⑤ 左平衡驱动电机运行是否正常，传感器检测盘安装是否正确，传感器是否有效。

⑥ 右平衡驱动电机运行是否正常，传感器检测盘安装是否正确，传感器是否有效。

点选程序代码100，单击“单次运行”，在图4-1-2的提示信息窗口中，会显示各过程的执行过程。

该功能检查所有电机零位是否正确。要求各零位传感器正常，传感器零位Led灯亮后，各执行机构都在最高位，到各自的硬件限位还有约0.5mm（传感器检测盘的外圆周）的间隙。可转动各自的运动控制轴来检测，转动时，应先关闭驱动器使能（驱动器上有说明），检查完了，不要忘记恢复；注意，在转动装版压版辊驱动控制轴时，应按下左侧的锁销。

检查部位包括版头装版电机传感器，版尾开闭电机传感器，版头卸版电机传感器，装版压版电机传感器，左平衡驱动电机传感器，右平衡驱动电机传感器，装版压版辊驱动的锁销是否正确。

如100程序命令不能运行完，会有相对应的提示，如等待某个电机或等待某个传感器，则需对相应的电机驱动器进行检查，驱动器的输入是否正确，输出是否正确；若是传感器，则要检查传感是否有效，安装是否正确。执行100命令的重要性，确保光鼓运转时，光鼓不会与沿光鼓周向安装的机构发生碰撞，从而保证设备运转的安全。

四、装版版头测试

装版版头测试主要对版头定位的准确性、版头机构控制的正确性进行检测。装版版头结构如图4–1–3所示。

1. 光鼓装版定位+版尾及动平衡数据测量（101命令）

方法及要求：

① 执行光鼓装版定位+版尾及动平衡数据测量命令后光鼓会定位在装版位置。

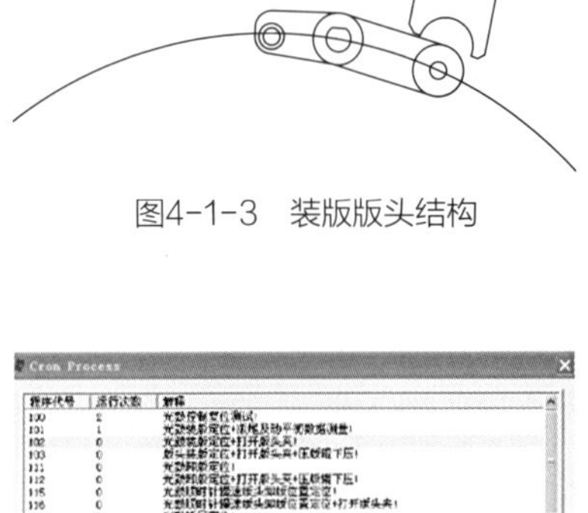

图4–1–3　装版版头结构

② 释放版头装版电机的使能，用手转动装版头控制驱动轴，使版头驱动臂往下压，驱动臂上的半圆形卡口应正好卡住版头摇臂上的轴承，如有不准通过修改1号参数使之能正好满足上述条件，转回原位，恢复电机使能。

③ 驱动臂下压时，两边应同时卡住轴承，若有高低不一致，则需调整驱动臂高度。

2. 光鼓装版定位+打开版头夹（102命令）

方法及要求：

① 执行光鼓装版定位+打开版头夹命令后光鼓会定位在装版位置（图4–1–4），在信息提示栏中，会弹出一个确定窗口。

图4–1–4　光鼓会定位在装版位置信息

② 用一把钢尺，以某一轴为基准，对准光鼓版头处的线，在3mm左右（如图4–1–5所示）。此时，单击“确定”按钮，版头驱动臂动作压下，光鼓应无晃动，而刻度尺的值也无变化；若有晃动，对照刻度尺，此时读数为4mm（假设），则需修改1号参数。信息提示栏中，再次弹出“确定”窗。

③ 检查版夹开启高度，眼睛平视版头压板下边缘与光鼓的高度，如图4–1–6所示，高度要求为3～3.5mm，如有不准可调整6号参数；为了便于检测，可先把光鼓装版压辊拆除。

④ 单击“确定”按钮，版头执行机构，回到零位。

⑤ 如1号参数需调整，调整好1号参数后，重新执行光鼓装版定位+打开版头夹102命令，按第②步骤检测，直至满足要求。

⑥ 如6号参数需调整，调整好6号参数后，重新执行光鼓装版定位+打开版头夹102命令

图4-1-5　光鼓定位测量

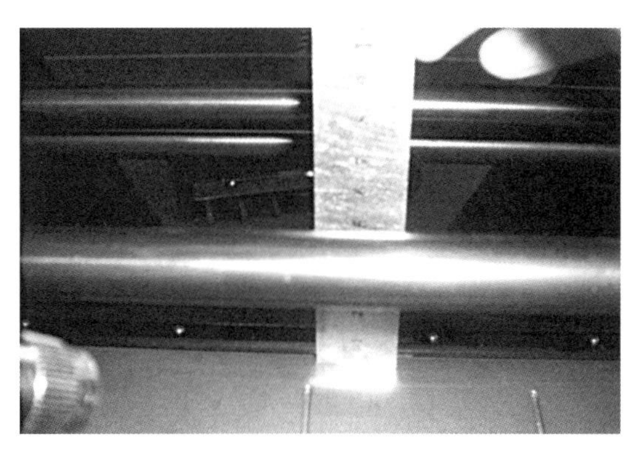

图4-1-6　检查版夹开启高度

按③步骤检测，直至满足要求。

⑦ 1号参数的修改方法

a. 单击“Cron Process”窗口中的“修改设备参数”命令，程序会弹出“EditIni”窗口，如图4-1-7所示。

b. 双击序号1对应的数值，如图中的“2729”，此时，即可对此数值进行修改。

c. 单击“确定”按钮。

注：修改参数，目测光鼓还要转动的距离，按各机型的数据对应关系（表4-1-3），计算出数值，然后对1号参数进行修改。

例：以46机为例，刻度尺读出是4mm，光鼓已转动过头，此时，1号参数（1号参数的记数方式为版头夹从光鼓0位逆时针）应减少，减少的数值为（3–4）×11.11=–11.11；把2729，改成2718，单击“确定”按钮，参数更改完毕。

图4-1-7　参数修改

⑧ 6号参数调整方法。参照1号参数调整方法，注意参数调整过大会使电机工作时失步。

“修改设备参数”>双击序号6对应的数值，进行更改，若要加大高度，则增加步数，反之，则减少步数，可先加10，测试>确定。

3．光鼓装版定位+打开版头夹+压版辊下压（103命令）

方法及要求：

执行光鼓装版定位+打开版头夹+压版辊下压103命令后，光鼓定位在装版位置、驱动臂下压打开版头夹、压版辊下压，检查装版压辊转动是否与版头夹有干涉现象，用手转动装版压辊，能无阻力转动即可。

4．光鼓装版定位+无版探头复位（105命令）

执行光鼓装版定位+无版探头复位105命令后，光鼓定位在装版头位置，此时，有无版检测传感器会对光鼓本体的颜色进行检测，并把检测的数据存储。当版材的颜色与光鼓的颜色有差异时，检测传感器就会检测到光鼓上有版。

五、卸版版头测试

主要对光鼓卸版定位的准确性、卸版机构控制的正确性进行检测。

1. 光鼓卸版定位（111命令）

方法及要求：

① 执行光鼓卸版定位111命令后光鼓会定位在卸版位置。

② 释放卸版电机使能，用手转动版头卸版电机驱动臂往下压，当驱动臂与版头摇臂轴承接触时，接触点位置大致在驱动臂后部1/3处，由于驱动臂和版头摇臂的旋转路径不一样，驱动臂完全下压后，轴承位置大致就到了驱动臂端面中间，如有不准可调整2号参数；恢复卸版电机使能。

③ 驱动臂下压时，两边应同时接触轴承，若有高低不一致则需调整驱动臂高度。

④ 确认驱动臂复位时接近驱动臂的最高位置。

2. 光鼓卸版定位+打开版头夹+压版辊下压（112命令）

方法及要求：

① 执行光鼓卸版定位+打开版头夹+压版辊下压112命令后光鼓定位在卸版位置并且卸版版头驱动臂会动作压下，同时装版压辊也会动作压下。

② 检查版头开启的大小，应为版头压版垂直与机器水平线，如有不符要求，可调整7号参数。要求版材应可以沿圆弧顺利弹开，版头打开时版材行迹过程中到版头压板的最短距离必须有0.5mm以上的间隙。

③ 驱动臂压下后内侧面与版头压版的距离约有1mm。

④ 检查装版辊的压力，在装版辊两端应同时刚好触到光鼓表面（用手向上提起压版辊应没有间隙）的前提下将23号参数加大3即可。

⑤ 检查该结构上的所有螺钉的紧固性。

⑥ 2号参数调整方法是参照1号参数调整方法。“修改设备参数”＞双击序号2对应的数值，进行更改，2号参数的记数方式为版头夹从光鼓0位逆时针，若摇臂轴承在驱动臂的右下侧，则需加大2号参数，反之，则要减少。具体计算关系可参照表4–1–3。

⑦ 7号参数调整方法是参照1号参数调整方法，注意参数调整过大会使电机工作时失步。“修改设备参数”＞双击序号7对应的数值，进行更改，若要增大打开角度，则增加步数，反之，则要减少。

⑧ 23号参数调整方法是参照1号参数调整方法，注意参数调整过大会使电机工作时失步。“修改设备参数”＞双击序号23对应的数值，进行更改，若要增大对光鼓的压力，则增加步数，反之，则要减少。

3. 光鼓顺时针慢速版头卸版位置定位（115命令）

该功能是设备在出现异常的情况下使用的，如版材的版头被版头夹夹住，而版尾没有被夹住。

方法及要求：

① 执行光鼓顺时针慢速版头卸版位置定位115命令后，光鼓定位在卸版位置，具体的要

求参照光鼓卸版定位111命令所述，如有定位不准确可调整27号参数。

② 与光鼓卸版定位111命令区别，光鼓卸版定位111命令光鼓顺时针转动在检测到光鼓零位后，反向旋转，光鼓定位在卸版开版头位置，而光鼓顺时针慢速版头卸版位置定位115是同一方向顺时针转动定位，并且在正常使用时光鼓转动的速度要比其他时候的转动速度慢很多。

4．光鼓顺时针慢速版头卸版位置定位+打开版头夹（116命令）

光鼓顺时针慢速转动到卸版位置后，定位，卸版版头驱动臂动作压下打开版头夹，其他具体要求可参照光鼓卸版定位+打开版头夹+压版辊下压112命令。

27号参数调整方法是可参照2号参数调整方法，但要注意的是27号参数要与2号参数记数方式相反。

“修改设备参数”＞双击序号27对应的数值，进行更改，27号参数的记数方式为版头夹从光鼓0位顺时针，若摇臂轴承在驱动臂的右下侧，则需减少27号参数，反之，则要增加。具体计算关系可参照表4–1–3。

六、版尾测试

主要对版尾定位的准确性、版尾机构控制的正确性进行检测。

1．光鼓版尾定位（121命令）

方法及要求：

① 执行光鼓版尾定位121命令后，光鼓会将版尾定位在相应位置（版尾开闭机构位置）。

② 释放版尾电机的使能，用手转动版尾开闭电机控制轴，使驱动臂旋转往下压，驱动臂的半圆形卡口应正好卡入摇臂轴承，如有不准可调整3号参数。

③ 两边的驱动臂压下时应同时接触版尾压版两端的轴承，如有高低现象则调整版尾驱动臂的位置。

④ 恢复版尾电机使能。

2．光鼓版尾定位+版尾夹半开（122命令）

方法及要求：

执行光鼓版尾定位+版尾夹半开122命令，光鼓的版尾定位在版尾闭机构处后，版尾驱动臂向下压一半，以便进一步确认版尾摇臂的位置是否合适。

3．光鼓版尾定位+打开版尾夹（123命令）

方法及要求：

① 执行光鼓版尾定位+打开版尾夹123命令后，光鼓版尾定位在相应位置（版尾开闭机构位置），并且版尾驱动臂会动作压下将版尾夹打开，弹出确定窗。

② 检测版尾夹打开的角度是否合格，版尾夹板的下边缘到光鼓表面的垂直距离应为3.5～4mm，如有不准，则调整5号参数（设备结构如图4–1–8所示）；测量左、中、右三点，数值应相等。检查密闭头安装是否良好。

③ 转动光鼓使版尾夹绕光鼓滑槽来回转动一个行程，检查版尾在滑动过程中是否灵活，

版尾锁齿是否会在转动过程中因为没有完全打开而引起的“嘀嘀嘀”的声音，如有不正常声音或转动不灵活，则是机械机构上有问题，应及时解决。

④ 单击“确定”按钮，光鼓旋转一周，在信息提示窗口中，显示版尾位置数值。

⑤ 检查该结构上的所有螺钉的紧固性。

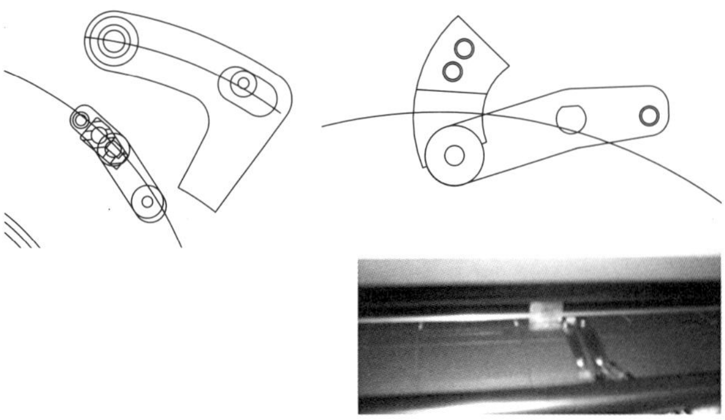

图4-1-8　检测版尾夹结构

⑥ 3号参数的修改方法是粗调，根据121命令第（2）步测量的误差，按表4-1-3的关系计算需更改的数值。“修改设备参数”，双击序号3对应的数值，进行更改，3号参数的记数方式为版尾从定位点顺时针记数，若摇臂轴承在驱动臂的左侧，则需增加3号参数，反之，则要减少。

4. 光鼓逆时针慢速版尾卸版位置定位（125命令）

该功能用于设备出现异常的情况，如版材的版尾被版尾夹夹住而版头没有被夹住。

方法及要求：

① 执行光鼓逆时针慢速版尾卸版位置定位125命令后光鼓定位在版尾位置，具体的定位要求参照光鼓版尾定位121命令所述，如有定位不准确，可调整28号参数。

② 光鼓逆时针慢速版尾卸版位置定位125与光鼓版尾定位121命令区别在于定位时，光鼓逆时针慢速版尾卸版位置定位125命令是光鼓逆时针旋转，当传感器检测到版尾检测杆时，光鼓逆时针旋转到版尾位置，而光鼓版尾定位121是光鼓顺时针旋转定位，光鼓逆时针慢速版尾卸版位置定位125命令的光鼓转速较慢。

5. 光鼓逆时针慢速版尾卸版位置定位+打开版尾夹（126命令）

① 执行光鼓逆时针慢速版尾卸版位置定位+打开版尾夹126命令后，光鼓逆时针转动定位在版尾位置，版尾驱动臂动作压下打开版尾夹，其他技术要求可参照光鼓版尾定位+打开版尾夹123命令。

② 光鼓逆时针慢速版尾卸版位置定位+打开版尾夹126命令与光鼓版尾定位+打开版尾夹123命令，另一个不同点，执行完光鼓逆时针慢速版尾卸版位置定位+打开版尾夹126命令后，版尾位置是前次的，必须执行光鼓装版定位+版尾及动平衡数据测量101命令，显示的版尾位置才是准确的。

③ 28号参数的调整是连续执行光鼓逆时针慢速版尾卸版位置定位+打开版尾夹126命令，光鼓装版定位+版尾及动平衡数据测量101命令，交替执行，记录光鼓装版定位+版尾及动平衡数据测量101命令显示的版尾位置，打开28号参数，进行修改。注意，28点参数的记录方式为光鼓逆时针转动。

6. 光鼓逆时针慢速版尾卸版位置定位+打开版尾夹+压版辊下压（128命令）

主要检查：

① 版尾夹板与压版辊之间是否有干涉，只要能灵活的转动压版辊即可。

② 版尾夹板与装版压版摇臂是否有干涉，若有可调整5号参数，满足打开版尾的高度的下限。

七、平衡块位置与驱动测试

主要对平衡块位置的准确性，及平衡块控制与调整的正确性检测。

1. 光鼓平衡块A定位（131命令）和光鼓平衡块A定位+锁定平衡块（132命令）

方法及要求：

① 首先必须执行光鼓装版定位+版尾及动平衡数据测量101命令。

② 执行光鼓平衡块A定位131命令后，光鼓会将平衡块定位在平衡块驱动臂的位置。

③ 先观察平衡块的驱动凸轮的最小端是否在驱动臂推动的一侧，用长柄螺丝刀推动驱动臂向下，驱动臂前方的半圆形卡口应正好卡住平衡块的检测杆，期间不得以任何方式移动右侧（有传感器的一侧）平衡块，注意左右两边应一致，不一致时在保证右侧正常的前提下可以单独移动左侧的平衡块已达到目的。

④ 右侧的位置不准确时可以调整4号参数校正。

⑤ 完成光鼓平衡块A定位131动作后，再执行光鼓装版定位+版尾及动平衡数据测量101命令，然后执行光鼓平衡块A定位+锁定平衡块132命令，平衡驱动臂前方的半圆形卡口应正好卡住平衡块的检测杆向轴心运动，使滑动齿脱开，此时，能自如地转动光鼓，碰到B块，再反转又碰到B块；若不能打开滑动齿，可调整24号参数，调整电机打开平衡块的驱动步数，要求：平衡块能顺利打开，而且驱动不能太多，应控制在0.5~1mm，确保滑动齿完全打开且平衡驱动臂必须还有0.5mm以上的余量。

⑥ 对弹出的“确定”窗口确认。

注：平衡块每台机器一共是4快，左右各两块，平衡块又分为A/B两组，每组分别为左右各一块，原则上只需将两块平衡的左右位置完全对应即可，设备系统会自动识别A块和B块；每完成一个动作就必须执行一次光鼓装版定位+版尾及动平衡数据测量101，因为设备系统需要对平衡块的当前位置做检测。

⑦ 4号参数调整方法是“修改设备参数”＞双击序号4对应的数值，进行更改，4号参数的记数方式为平衡块从定位点顺时针到驱动点的距离，若平衡块检测杆在驱动臂的下侧，则需增加4号参数，反之，则要减少。具体计算关系可参照表4–1–3。

⑧ 24号参数调整方法是“修改设备参数”＞双击序号24对应的数值，进行更改，若要加大平衡块驱动臂的移动距离，则增加步数，反之，则要减少。

注：平衡对中性的调整，在光鼓装版测试时，再说明。

2. 光鼓平衡块B定位（141命令）和光鼓平衡块B定位+锁定平衡块（142命令）

方法及要求与光鼓平衡块A定位（131命令）和光鼓平衡块A定位+锁定平衡块（132命令）相同，是对另一组平衡块进行调节。

① 首先必须执行光鼓装版定位+版尾及动平衡数据测量101命令。

② 执行光鼓平衡块B定位+锁定平衡块142命令后，光鼓会将平衡B块定位在平衡块驱动

臂的位置，并且平衡块驱动臂动作压下。

③ 检查平衡块齿钩离开齿圈的间隙，推动驱动臂向下压应还有至少0.5mm的间隙余量，如果间隙很大或过小（无间隙）则调整24号参数。

④ 转动光鼓（注意方向，转动尽量避免撞到另一组平衡块）平衡块应灵活没有卡住现象，也不能有碰齿的声音。

⑤ 光鼓平衡块B定位+锁定平衡块142命令是检查另一组平衡块的动作情况，其方法及要求同光鼓平衡块A定位+锁定平衡块132命令控制的平衡块一样，原则上光鼓平衡块B定位+锁定平衡块142只是确认过程，不需要调整参数，如果遇到有较大的差异应重点检查设备硬件的装配情况。

⑥ 检查该结构上所有螺钉的紧固性。

八、进版压力、光鼓真空压力、放气、吸尘泵测试

主要对进版压力、光鼓真空气压、放气、吸尘泵的测试与调整。

1．送版动力测试（151命令）

方法及要求：

① 执行模板调整，调整后切换到薄板系列模板或厚板系列模板，接着执行送版动力测试151命令后检查。

② 平带运动方向是否正确。

③ 在平带上是否有真空气压。

④ 放一张版在平带上，左右两边的吸力是否均匀。用拉力计测量吸力，薄板压力测试模式的吸力为0.5~0.7kgf，厚板测试模式的吸力为1~1.2kgf。

⑤ 对弹出“确定”窗口确认。

2．送版动力及歪斜测试（152命令）

方法及要求：

测试典型版材，能否有效送入，把版放在装版平台上，设备自动会把版送入。执行送版动力及歪斜测试152命令后检查。

① 510×400×0.15测试，进版时版头顶到前规时，没有弯曲变形。

② 745×605×0.27测试，碰到前规，有两次撞击声音。

③ 1030×800×0.27测试，碰到前规，有两次撞击声音。

3．光鼓中腔真空打开（153命令）

执行光鼓中腔真空打开153命令后，设备对光鼓中腔抽真空，检查光鼓中腔气孔，要求所有气孔通畅有吸气的感觉，气压检测可在装版时检测；弹出“确定”窗口确认并关闭。

4．光鼓中腔+外腔真空打开（154命令）

执行光鼓中腔+外腔真空打开154命令后，设备对光鼓中腔、外腔抽真空，检查光鼓中腔、外腔气孔，要求所以气孔通畅有吸气的感觉，装大版气压≥70kPa。

注：46、36机器的有气腔分割，26机器只有一个腔。

5．光鼓中腔打开，放气测试（155命令）

执行光鼓中腔打开，放气测试155命令后，设备对光鼓中腔抽真空，并打开左侧的放气阀，检查放气正常状况。

6．打开吸尘泵（157命令）

只有在安装吸尘系统后，此命令才有效。

九、侧拉规机构测试

主要对侧拉规的复位精度、对版材的侧边定位进行测试。

1．侧拉规左复位（161命令）

连续执行侧拉规左复位161命令5次，侧拉规正常停在复位位置，要求离开光鼓最边缘部0~3mm，同步带运动平稳，电机运转无失步现象。

2．侧拉规左复位+根据模板移动版宽位置（162命令）

执行侧拉规左复位+根据模板移动版宽位置162命令后，侧拉规移动到复位位置，并向右运动到根据当前模板确定的版宽位置。

在装版测试时，再介绍如何调整22号参数，使装版居中。

3．侧拉规压力调整（163命令）

方法及要求：

执行侧拉规压力调整163命令后，侧拉规上辊轮下压，用手转动侧拉规上辊轮，转动灵活，略有摩擦感。

在装版时，当侧拉规拉版时，能有效地把版左侧拉到侧规上，声音清脆。

4．侧拉规重复精度测试（165命令）

侧拉规重复精度检验，将千分表安放在侧拉规运动的反向，进表0.2~0.4，然后反复运行侧拉规重复精度测试165命令观察千分表的指针是否返回在同一位置，要求控制在＜0.005mm。

十、扫描聚焦镜头与物距镜头

主要对扫描平台上的聚焦镜头和物距镜头的控制与调整。

1．镜头向前直线复位（181命令）

镜头复位点检验，执行命令以后，检测镜头筒座与镜头座滑杆前支架之间间隙，要求0.75～1mm，可用塞尺检查。

方法及要求：

① 执行镜头向前直线复位181命令，聚焦镜头应向光鼓方向运动，当检测传感器检测到聚焦镜头到位后，聚焦镜头电机应停止工作。

② 检查聚焦镜头驱动电机螺杆上的传感器挡杆是否正好在2119号传感器中间，并且2119号和2120号传感器的指示灯处于熄灭状态。

2．镜头向前直线复位+丝杆角度调整+螺旋复位（182命令）

焦距螺旋检测杆与传感器成180°的位置参数检验，执行命令观察检测杆复位过程中第二次停顿位置，要求此位置此时检测杆与检测传感器成180°。

方法及要求：

① 执行镜头向前直线复位+丝杆角度调整+螺旋复位182命令后，聚焦镜头驱动电机向复位方向运动，电机螺杆上的传感器挡杆运行到传感器对面180°的位置后，再复位到传感器位置2119号传感器指示灯熄灭。

② 如果电机螺杆上的传感器挡杆不在180°的位置，则修改21号参数已达到目的。

③ 21号参数调整方法是修改设备参数>双击序号21号对应的数值，进行更改，若传感器挡杆在水平位置下侧，则增加步数，反之，则要减少。

3．镜头复位+定位到模板指定精度位置（183命令）

执行镜头复位+定位到模板指定精度位置183命令后，镜头向前复位后，镜头移动到当前模板参数指定的位置。

4．镜头向后移动50步（粗找焦距用）（185命令）

执行镜头向后移动50步185命令后，镜头向后移动50步，距离为0.0625mm。

5．镜头向后移动4mm（186命令）

执行镜头向后移动4mm 186命令后，镜头向后移动4mm。

6．镜头向后移动8mm（187命令）

执行镜头向后移动8mm 187命令后，镜头向后移动8mm。

7．镜头精度测试（每步向后移动0.02mm）（188命令）

镜头精度线性检验，在镜头筒后侧面打表，执行此命令，观察指针的进度，要求每执行一次，表针增加0.02mm，共测10次，要求每次误差<0.002mm，再重复执行183命令，表针的变化值应<0.002mm。

8．镜头前后移动10mm（189命令）

执行镜头前后移动10mm 189命令后，镜头前后移动10mm（5次），镜头移动应平稳。

9．镜头/光头丝杆磨合（连续运行）（190命令）

在更换丝杆或螺母后，需对丝杆、螺母进行跑合研磨。

10．光头向后复位（191命令）

物距复位点检验，执行光头向后复位191命令，检测消隙螺母到镜头座滑杆后支架的距离，要求有1.0mm以上的间隙。

方法及要求：

执行光头向后复位191命令后，物镜座做复位动作，物镜座向后运动到复位传感器停止，并且传感器的指示灯熄灭。

11．光头向后复位+定位到模板指定精度位置（193命令）

物距重复定位检验，在密排筒前侧面上打表，重复执行此命令，观察表针刻度是否归位，要求误差<0.05mm。

12．光头向前移动50mm（196命令）

执行光头向前移动196命令后，以某一基准测量，光头向前移动50mm。

13．光头向前移动100mm（197命令）

执行光头向前移动100mm 197命令后，以某一基准测量，光头向前移动100mm。

14．光头前后移动110mm（199命令）

执行光头前后移动110mm 199命令后，光头前后移动110mm（5次），检查运动是否平稳，螺杆无明显摆动，检查该结构上的所有螺钉的紧固性。

十一、装版测试

1．有无版检测传感器测试

在光鼓斜上方适当位置安装了一个反射传感器用于检测光鼓上是否有版材，在装版时，设备会检测光鼓上是否已有版，如检测有版，信息栏中会提示，并要求先卸版。

方法及要求：

① 执行光鼓装版定位+无版探头复位105命令，有版检测传感器复位。

② 在有版检测传感器下方，贴近光鼓放一张版，此时，传感器灯会亮；或如果设备已调整完毕，“命令功能操作”＞“命令装版”，当光鼓装完版后，再装一次版，设备就会提示先卸版。

2．装版调试

主要调试版材如何正确装到光鼓上，以及如何判断装到鼓上的版材是否符合设备工作要求。

方法及要求：以下说明以46机为例，可参照LaBoo的使用说明书。

① 装版居中，侧拉规调整，22号参数；

② 版尾夹压板的宽度，9号参数；

③ 通过多次装、卸版，再次检验版尾位置的准确性，3号参数；

④ 两组平衡块对称性调整，10号参数；

⑤ 确定标准版长，8号参数；

⑥ 装版歪斜验证标准，0号参数；

⑦ 气压测试点。

单击“模板快捷键”，弹出“模板列表”窗口，根据不同的机型新建典型模板（表4-1-7）。

表4-1-7　典型模板

机型	模板 1	模板 2	模板 3
46	1030-800-2400	745-605-2400	510-400-2400
36		745-605-2400	510-400-2400
26		650-550-2400	510-400-2400

单击“命令功能操作快捷键”，弹出“命令功能操作”窗口（如图4-1-9所示），选择

745-605-2400为当前模板。

单击“模板调整”＞“发送命令”，设备按照当前模板的设置进行调节。LaBoo的信息栏中，会显示相关的操作；准备一张745×605的标准版（标准长方形），放在设备装版位置，单击“命令装版”＞“发送命令”，设备自动把版装到光鼓上。

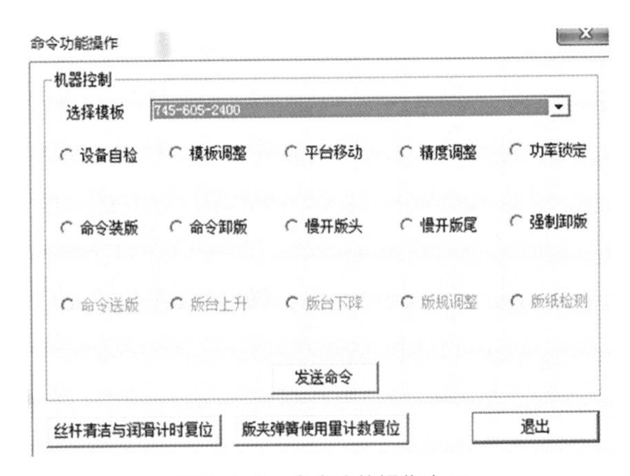

图4-1-9　命令功能操作窗口

3．调整侧拉规位置

版装到光鼓上后，用直尺测量版材边缘两边到光鼓边缘的距离是否一致，如果版材有偏差则调整22号参数，调整时应用测得的左侧数字减去右侧的数字，然后除以2，所得的数据为需要调整的数据，如图4-1-10所示。

（a）　　　　（b）

图4-1-10　光鼓22号参数的调整

如测得左边［侧拉规一侧，图4-1-10（a）］为211.5mm，右边（扫描平台复位一侧，图4-1-10（b））为210.5mm，对D型机，侧规电机每走12.4444 步，侧规运动距离为1mm；

要调整的数值为：（211.5−210.5）/2×12.4444 ≈ 6

“工程师操作”＞“修改设备参数”＞双击序号22对应的数值（如图4-1-11所示），若左侧大，则要减少，如a点，需减少6个数值，反之，则要增加。

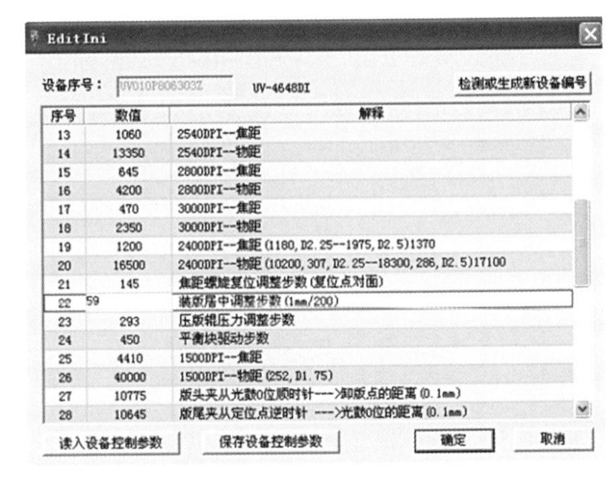

图4-1-11　修改设备参数窗口

4．确定版尾夹夹版的宽度

用铅笔在版尾边缘的两头和正中间画一条直线，单击“命令卸版”＞“发送命令”，将版从光鼓上卸下，用直尺测量画线到版边的距离，要求为4～5mm，平行度＜0.2mm，如有不准确，则调整9号参数。

9号参数的调整方法为：“工程师操作”＞“修改设备参数”＞双击序号9对应的数值，进行更改，若要加大压版宽度，则增加数值，反之，则要减少。

如版尾压版宽度，测量值为4mm，9号参数需加大1mm，根据表4-1-3计算关系，则需加大11个数值。

继续执行（1）与（2）的过程，直至版材居中、版尾压版宽度满足要求。

5．版尾位置的精确定位，主要是调整3号参数

3号参数精确调整方法是：由于3号参数与9号参数有关联性，9号参数调整完毕后，需重新调整3号参数。

连续执行光鼓版尾定位+打开版尾夹123命令4次，比较4次中，版尾位置的变化，如数据的变化不均匀，或较大，如大于8个数字，则需对1号参数重新复查；若变化是有规律递增或递减，则需修改3号参数。

例如：对某一设备测试，提示窗口中的信息如下：

命令序号：123

执行123号过程文件；

控制过程超时的过程编号是155；

当前过程号是3；

当前1号电机正在运行；

“当前过程控制等待停止条件”

正等待2号传感器

控制过程超时的过程编号是：155

当前过程号是：28

“当前过程控制等待停止条件”

正等待14号电机运行结束

控制过程超时的过程编号是：155

当前过程号是：29

当前 4 号电机正在运行

“当前过程控制等待停止条件”

正等待4号电机运行结束

控制过程超时的过程编号是：155

当前过程号是：30

“当前过程控制等待停止条件”

正等待14号电机运行结束

控制过程超时的过程编号是：155

当前过程号是：31

当前过程号是：31

当前过程控制请求‘主机启动’命令，按 OK 键继续

按确定键继续

控制过程超时的过程编号是：155

当前过程号是：31

当前4号电机正在运行

“当前过程控制等待停止条件”

正等待4号电机运行结束

控制过程超时的过程编号是：155

当前过程号是：32

当前过程号是：32

当前过程控制等待启动条件

正等待14号电机运行结束

主板控制过程测试结束

版尾夹位置：6885　　　第1次测量

平衡块A位置：2451

平衡块B位置：5423

…

版尾夹位置：6878　　　第2次测量

平衡块A位置：2451

平衡块B位置：5423

…

版尾夹位置：6873　　　第3次测量

平衡块A位置：2451

平衡块B位置：5423

…

版尾夹位置：6868　　　第4次测量

平衡块A位置：2451

平衡块B位置：5423

发现每次版尾位置，都在变化，间隔为5，出现这样的情况，需修改3号参数。

单击“Cron Process”窗口中的“修改设备参数”命令，程序会弹出“EditIni”窗口；

双击序号3对应的数值，如图4-1-12中的1479，此时，即可对此数值进行修改，改为1474；

点击“确定”。

再重复执行123命令，观察信息栏中提示的版尾位置数值，变化小于2个数字，侧3号参数调整成功。

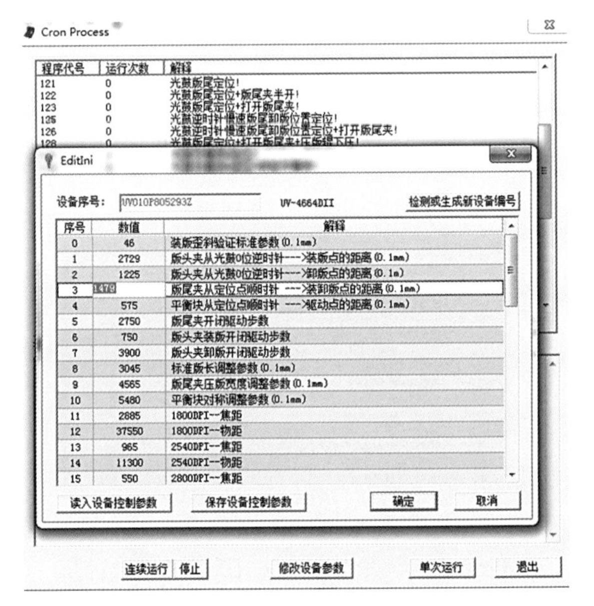

图4-1-12　3号参数调整窗口

版尾夹位置：6868　　　；第1次测量

平衡块A位置：2451

平衡块B位置：5423

…

版尾夹位置：6869　　　；第2次测量

平衡块A位置：2451

平衡块B位置：5423

…

版尾夹位置：6868　　　；第3次测量

平衡块A位置：2451

平衡块B位置：5423

注：3号参数的数值一定要调整准确，否侧，几次输出作业后，版尾就会进行调整。

3号参数，调整完毕后，还需对版尾压板宽度进行检查，按（2）进行，若无变化，则3号、9号参数调整成功。

6．对28号参数进行精确调整

用与以上相同的方法，重复执行光鼓逆时针慢速版尾卸版位置定位+打开版尾夹126命令，根据信息栏中的数据变化，对28号参数进行准确调整。

7．版歪斜测试

（1）“工程师操作”→“修改设备参数”→双击“0”号参数的数值，例如图4-1-13中的数值43改成0→“确定”→退出“工程师操作”。可把“0”号参数，设为 0；

（2）执行3次，“命令功能操作”→“命令装版”→“发送命令”→“命令卸版”→“发送命令”。

（3）把版旋转180°，再按步骤（2）执行。

（4）如果在信息提示窗口中，版尾斜度超标的值都是同一个数值，如图4-1-14（［版尾斜度超标：42］）所示。

（5）“工程师操作”→“修改设备参数”→双击“0”号参数的数值，改成信息窗口中，提示的［版尾斜度超标：XX］，例如图中的数值42→“确定”→退出“工程师操作”。

（6）再多次执行“命令功能操作”→“命令装版”→“发送命令”→“命令卸版”→“发送命令”，查看，信息提示窗口中，［版尾斜度超标：XX］，此时，XX值的变化应＜±4。

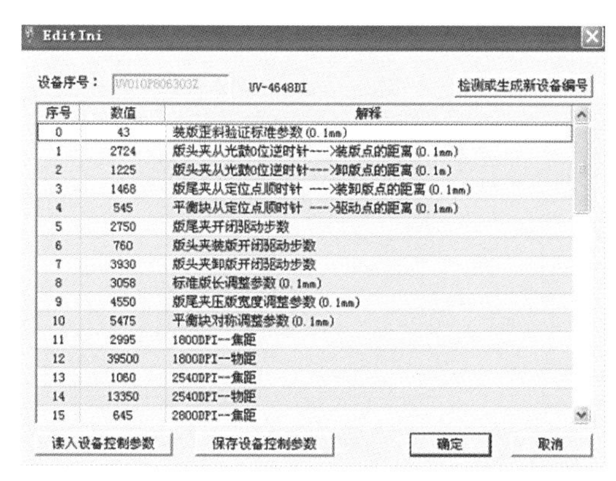

序号	数值	解释
0	43	装版歪斜验证标准参数(0.1mm)
1	2724	版头夹从光鼓0位逆时针--->装版点的距离(0.1mm)
2	1225	版头夹从光鼓0位逆时针--->卸版点的距离(0.1m)
3	1468	版尾夹从定位点顺时针 --->装卸版点的距离(0.1mm)
4	545	平衡块从定位点顺时针 --->驱动点的距离(0.1mm)
5	2750	版尾夹开闭驱动步数
6	760	版头夹装版开闭驱动步数
7	3930	版头夹卸版开闭驱动步数
8	3058	标准版长调整参数(0.1mm)
9	4550	版尾夹压版宽度调整参数(0.1mm)
10	5475	平衡块对称调整参数(0.1mm)
11	2995	1800DPI--焦距
12	39500	1800DPI--物距
13	1060	2540DPI--焦距
14	13350	2540DPI--物距
15	645	2800DPI--焦距

图4-1-13　“0”号参数的数值

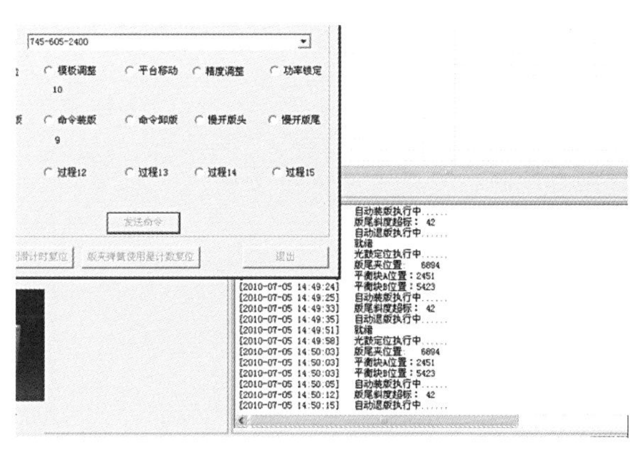

图4-1-14　版尾斜度超标窗口

8．标准版长调整

确定所用的版是标准的。版长准确，且版是标准的矩形。

（1）“工程师操作”→“修改设备参数”→双击“8”号参数的数值，减少50个数值，例如，图4-1-15中的数值3058改成3000→“确定”→退出“工程师操作”。

（2）重复两次以上执行“命令功能操作”→“命令装版”→“发送命令”，装版后，由于版长检测错误，设备会进行退版处理，信息窗口中，会提示［版长测量长度与模板不符（超标）：62］；如图4-1-16所示。

（3）“工程师操作”→“修改设备参数”→双击“8”号参数的数值，加上信息窗口所提示的［版长测量长度与模板不符（超标）：XX］，例如图0-20中的62数值，把3000改成3062→“确定”→退出“工程师操作”。

（4）再多次执行“命令功能操作”→“命令装版”→“发送命令”→“命令卸版”→“发送命令”，信息提示窗口中，［版长测量长度与模板偏差：-1. 版尾斜度偏差：0］，只要版长测量长度与模板偏差＜±10，8号参数设定完毕。

信息窗口中会显示如下数据：

00［2010-07-05 15：04：47］　光鼓定位执行中......

00［2010-07-05 15：04：52］　版尾夹位置：6725

00［2010-07-05 15：04：52］　平衡块A位置：2451

00［2010-07-05 15：04：52］　平衡块B位置：5423

00［2010-07-05 15：04：54］　自动卸版执行中......

00［2010-07-05 15：05：07］　就绪

00［2010-07-05 15：05：28］　光鼓定位执行中......

00［2010-07-05 15：05：33］　版尾夹位置：6895

00［2010-07-05 15：05：33］　平衡块A位置：2451

00［2010-07-05 15：05：34］　平衡块B位置：5423

00［2010-07-05 15：05：35］　自动装版执行中......

00［2010-07-05 15：05：47］　版长测量长度与模板偏差：-2. 版尾斜度偏差：0

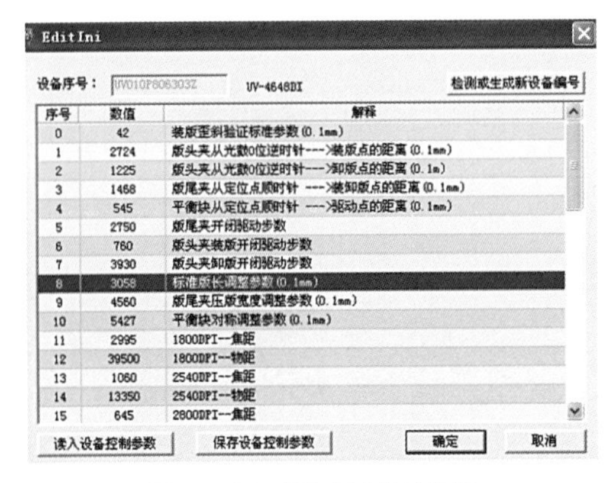

序号	数值	解释
0	42	装版歪斜验证标准参数(0.1mm)
1	2724	版头夹从光鼓0位逆时针--->装版点的距离(0.1mm)
2	1225	版头夹从光鼓0位逆时针--->卸版点的距离(0.1m)
3	1468	版尾夹从定位点顺时针 --->装卸版点的距离(0.1mm)
4	545	平衡块从定位点顺时针 --->驱动点的距离(0.1mm)
5	2750	版尾夹开闭驱动步数
6	760	版头夹装版开闭驱动步数
7	3930	版头夹卸版开闭驱动步数
8	3058	标准版长调整参数(0.1mm)
9	4560	版尾夹压版宽度调整参数(0.1mm)
10	5427	平衡块对称调整参数(0.1mm)
11	2995	1800DPI--焦距
12	39500	1800DPI--物距
13	1060	2540DPI--焦距
14	13350	2540DPI--物距
15	645	2800DPI--焦距

图4-1-15　“8”号参数的数值

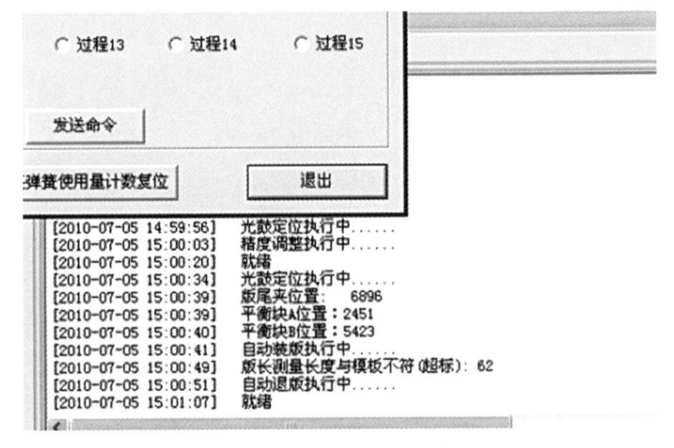

图4-1-16　信息窗口所提示

00［2010-07-05 15：05：47］　就绪
00［2010-07-05 15：05：56］　光鼓定位执行中……
00［2010-07-05 15：06：02］　版尾夹位置：6725
00［2010-07-05 15：06：02］　平衡块A位置：2451
00［2010-07-05 15：06：02］　平衡块B位置：5423
00［2010-07-05 15：06：03］　自动卸版执行中……
00［2010-07-05 15：06：16］　就绪
00［2010-07-05 15：06：37］　光鼓定位执行中……
00［2010-07-05 15：06：43］　版尾夹位置：6893
00［2010-07-05 15：06：43］　平衡块A位置：2451
00［2010-07-05 15：06：43］　平衡块B位置：5423
00［2010-07-05 15：06：44］　自动装版执行中……
00［2010-07-05 15：06：56］　版长测量长度与模板偏差：-2. 版尾斜度偏差：0
00［2010-07-05 15：06：56］　就绪
00［2010-07-05 15：07：42］　光鼓定位执行中……
00［2010-07-05 15：07：48］　版尾夹位置：6726
00［2010-07-05 15：07：48］　平衡块A位置：2451
00［2010-07-05 15：07：49］　平衡块B位置：5423
00［2010-07-05 15：07：50］　自动卸版执行中……

（5）对版尾夹的位置进行计算检验，装版后，版尾夹位置的数据应在允许范围内，计算可按表4-1-3中的关系进行计算，如46机型为例，对605mm的版，605*11.1111＝6722.2，则允许范围为6722±10之间，对照信息栏中的数据［版尾夹位置：6725］，是符合要求的。若不在此范围内，则需修改3号参数，测试时应测最大和最小幅面的版材其结果都必须符合以上要求。

9．气压测试

（1）“命令功能操作”→选择745-605-2400为当前模板→“模板调整”→“发送命令”→“命令装版”→“出”。

（2）“工程师操作”→“运行测试程序”→执行光鼓中腔真空打开153命令，检查设备左侧安装的气压表，气压显示≥70kPa对弹出的“确定”窗口，关闭。

（3）“命令功能操作”→选择1030-800-2400为当前模板→“模板调整”→“发送命令”→“命令装版”→“退出”。

（4）“工程师操作”→“运行测试程序”→执行光鼓中腔+外腔真空打开154命令，检查设备左侧安装的气压表，气压显示≥70kPa；对弹出的“确定”窗口，关闭。

（5）“命令功能操作”→选择510-400-2400为当前模板→“模板调整”→“发送命令”→“命令装版”→“退出”。

（6）“工程师操作”→“运行测试程序”→执行光鼓中腔真空打开153命令，检查设备左侧安装的气压表，气压显示≥40kPa；对弹出的“确定”窗口，关闭。

如出现气压不对，需对调压阀进行检查，还不能解决，需对气泵进行检测，参照《气泵使用说明书》。

10. 平衡块对应光鼓位置调整（如图4-1-17所示）

（1）“命令功能操作”→选择745-605-2400为当前模板→“模板调整”→“发送命令”→“命令装版”。

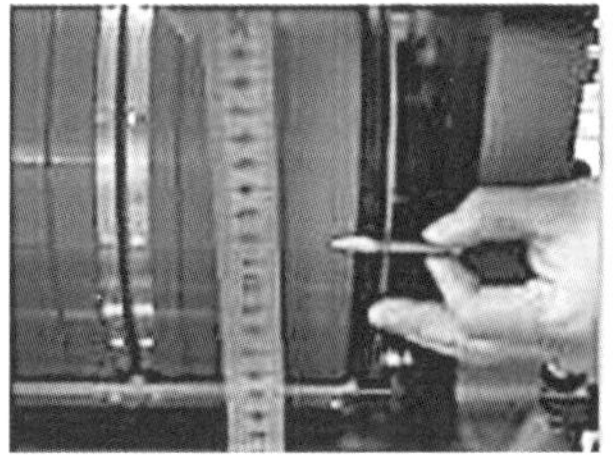

图4-1-17　平衡块对应光鼓位置调整

（2）用直尺测量，旋转光鼓，使平衡块A检测杆中心的高度与设备的光鼓轴心高度一至，见表4-1-4。此时，不要让光鼓转动，并根据此中心高，在版上用铅笔做好标记。如测量不便，可以用墙板撑板作为一个辅助基准。如平衡块A在版头的外测，此时，可把标记做到光鼓上，并用圈尺测量到版头的长度，可分段测量。

（3）重复步骤（2），但此时，测量的是平衡块B。做好标记。如平衡块B在版尾个侧，可把标记做到光鼓上，并测量到版尾的距离。

（4）“命令卸版”，把版放在平台上，分别测量，版头与标记线的距离，版尾与标记线的距离，要求平衡块A块、B块分别到版头、版尾的距离应基本相等，允许误差±1mm以内。如果距离不一致则调整10号参数，调整时注意应调整差值的一半，例如某46机：测得A块到版头为108mm，B块到版尾位置为103mm，则要调整的参数为（108－103）/2＝2.5mm，按表4-1-3的计算关系，要调整的参数为：2.5×11.111＝27.777，取整为28。

*10号参数调整：“工程师操作”→“修改设备参数”→双击“10”号参数的数值，平衡块的记数方式为顺时针，如图4-1-18（左）中，$A=108$，$B=103$，要把A值减小，则需对10号参数对应的数值减小，如图4-1-18（右）中的值5415改成5415－28＝5387→“确定”→退出“工程师操作”。

注：如果平稳块10号参数调整量小于10个数字，改变参数后，平衡块调整会失败，此时，需把模板切换一下，模板中的幅面尺寸相差越大越好，让平衡块做较大幅度的调整，然后，再切回要测试的模板，再进行调整测试。

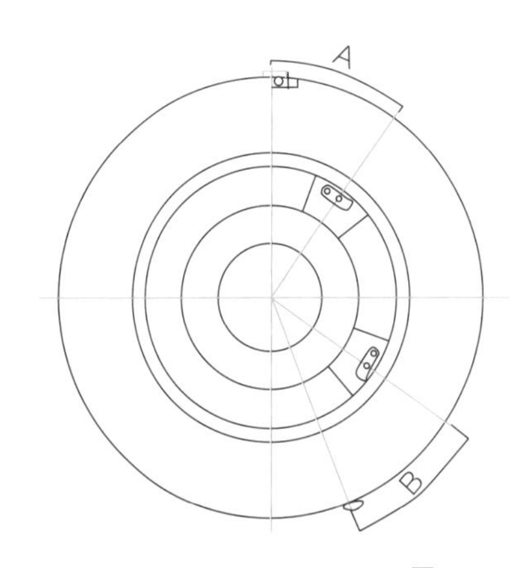

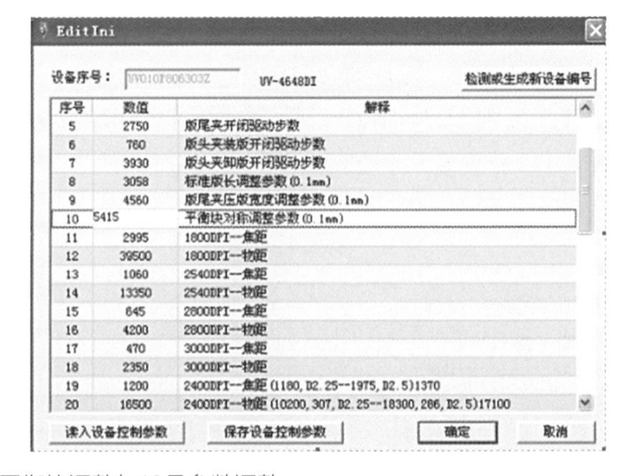

图4-1-18　平衡块调整与10号参数调整

（5）再次确认平衡块对应光鼓位置的参数，确保平衡块对称性，满足使用要求。

注：平衡块调整不准确，光鼓旋转时，振动、声音都会较大。

第二节　异常情况分析

一、图像质量问题及处理方案

输出印版时，若版面上出现质量问题，则引起此问题的原因是：

计算机：计算机的兼容性有问题、计算机存在病毒；

制版机：焦距偏离、功率不对，输送过程中或光鼓上有毛刺，激光不受控，丝杆导轨缺油，机构调整不当；

冲版机：显影温度、速度设置不合理，保养清洁有问题使设备不能正常工作，各辊轴、毛刷压力调整不当，补充液配比不合理。

版材：版材封孔不好、感光胶涂布不均匀，版材的平整度超标，版材的边缘不规则，不适合制版机的版材。表4-1-8为图像质量问题及处理方式。

表4-1-8　图像质量问题及处理方式

	图像质量问题	原因	解决方案
1	套位不准	（1）左右不准 ① 版左侧定位不准，侧拉规上滚轮压力不够 ② 扫描平台定位不准，丝杆电机联轴节松动 ③ 对C型机，可能侧拉规螺母和丝杆之间的间隙过大 （2）前后不准，或歪斜 ① 进版过程中，输送阻力过大，如送版台上有静电或版材带静电较严重 ② 如有供版器，检查650×550的版材与1030×800的版材的套位精度的差异	（1）调整压力或更换，参照《综合调试流程》 （2）拧紧固定螺钉 （3）确认侧拉规螺母和丝杆之间的间隙<0.01mm ① 用酒精擦导板，或用净电去除器清除 ② 供版机的导板与主机的进版高度是否一致。如果小版套位没问题，而大版有问题，侧供版机的摩擦阻力太大，请联系科雷客服部
2	版面有底灰，洗不干净	（1）设备问题 ① 焦距不对 ② 功率不适合 （2）冲版机的问题 （3）显影温度、时间不对 （4）冲版机的工作状况不对 （5）版材问题 ① 版材感度不对 ② 版材的封孔不对	（1）确认客户使用的版材合格性 检查版材的实际厚度，发调焦图，确定最佳焦距、合适功率 （2）确认冲版机的维护情况 ① 检查实际的显影温度、时间 ② 检查水循环工作压力，水喷淋必须直射，毛刷压力不对等 （3）检查版材的品牌、生产日期 （4）联系版材供应商

续表

	图像质量问题	原因	解决方案
3	图像未能发完，扫描平台复位，提示buffer空	数据跟不上，数据格式被破坏 ① 计算机在工作时，又有其他进程调入，如数据传递 ② 计算机感染病毒	① 不要做与作业无关的事情 ② 清除病毒
4	图像局部出现暗线、暗点	① 版材背面的划痕 ② 光鼓上对应的位置有灰尘	① 检查使用的版才背面划痕、变形，确认原有的，还是在输送过程中产生的，找出相对应的位置，清除毛刺 ② 找出光鼓上相对应的位置，清除毛刺
5	版面上有细细的有规律的白线；图像在实地部分出现白线，或空白部分出现黑线	激光不能有效控制，相对应的激光驱动板或联线有问题	可通过LaserAdjust程序把0路、8路设定成50，发焦距图进行检测，先确定是哪路激光未受控，检查相对应路数的激光品的联线情况，排除接触不良情况 如联线没有问题，更换激光驱动板
6	图像上偶尔出现一段线中，有间隔的白线	主控板有接触不良现象	更换主控板
7	图像上偶尔出现白线	激光驱动的负压配置不对（注：热敏机型）	重新配置负压
8	3%的网点有丢失	① 激光功率偏高 ② 冲版机的冲版温度及时间有变化	① 确定合理的曝光功率 ② 检查冲版机的温度、时间需要注意的是，补充液是否按规定进行补充，补充液的合理配比，建议补充液的配比应与显影液的配比相同
9	98%的网点中，白点不明显，有条纹印	激光功率偏低	在确保冲干净的情况下，调整激光功率
10	整个版面上有花纹，或有刷痕	冲版机的各胶辊压力未调整到位，毛刷辊的压力未调整到位	调整各胶辊的压力、毛刷辊压力
11	图像上有淡淡的条纹或带脏，冲不干净	显影不干净，显影液失效或冲版机条件设置不当	可适当提高药水温度或降低冲版的速度，或更换药水
12	发版时，偶尔有图像头部错位	锁相不稳 ① 码盘信号被干扰 ② 伺服电机运动不稳	检查有效接地情况

续表

	图像质量问题	原因	解决方案
13	发版时，偶尔有局部乱码，并且有时会超出图文部分	① 文件被损坏 ② 码盘信号被干扰	① 文件预览时，显示情况是否对 ② 由于计算机主板与内存的不兼容性，也会造成文件被破坏。可先更换一台无病毒的品牌计算机 ③ 测试，确定在文件的制作过程中，未被破坏 ④ 检查有效接地情况
14	图像中，满版的小白点或小黑点	版材问题	可换一种品牌的版测试
15	图像有痕迹，非激光扫描造成	① 版材问题 ② 冲版机胶辊涨	① 因版材本身药膜较嫩，检查在输入或输出时，是否有摩擦力造成版面的痕迹 ② 检查冲版机各辊系，是否有对版面造成损伤
16	出版有黑线，分不规则黑线及间隔4mm、5mm黑线	① 丝杆、导轨缺油 ② 扫描平台对光鼓的直线度有偏差 ③ 丝杆局部的运动阻力有变化	① 按要求重新清洗丝杆、前后导轨，并加润滑脂 ② 用千分表检查，光鼓和扫描平台的直线度＜0.006mm；如有超差，则需调整平行度 ③ 用千分表检查丝杆的运动精度＜0.004mm，如果超出需重新研磨丝杆

二、其他异常情况及处理方式

硬件系统在工作过程中，参照综合调试流程，根据报错信息，进行相应的调整。

1．系统工作异常

表4-1-9为系统工作异常及处理方法。

表4-1-9　系统工作异常及处理方法

序号	异常情况	原因分析	处理方法
1	进版不顺	① 进版真空吸附力不适合（D/E型机） ② 进版滚轮压力不适合（C型机） ③ 供版机与主机的左右高低位置不符 ④ 版材或导板上有静电	① 调整真空吸附力，见综合调试流程 ② 执行LaBoo程序，运行测试程序151命令，调整两组滚轮压力一致，调整时以0.15mm厚的版材为基准，版送至版头前规时，遇到阻力，版材中间不拱起 ③ 供版机的送版导板与主机的进版导轨高低一至，左右居中，当版材送到主机时，版材左边缘与侧拉规指针有3mm以上的距离 ④ 消除静电，可用酒精擦洗导板，版材上有静电需消除
2	卸版不顺	① 卸版版头打开的角度不够 ② 使用的薄版版基太软	① 调整打开角度 ② 与公司方客服部联系
3	退版时卡版	① 可能装版时，版材已经歪斜，退版时，碰到侧拉规 ② 对C型机，退版导板安装有问题	① 检查输送动力及输送歪斜 ② 退版导板必须与进版导板平行

续表

序号	异常情况	原因分析	处理方法
4	版尾调整失败	① 光鼓版尾位置定位不准确 ② 版尾打开时角度不够，未能有效把锁齿脱开 ③ 版尾左、右扭簧坏 ④ 版尾摇臂拉簧损坏	① 检查3号参数是否准确 ② 检查版尾开闭执行的步进电机、驱动器，传感器是否工作正常，调整5号参数 ③ 更换版尾左、右扭簧 ④ 换版尾摇臂拉簧
5	版尾斜度超标	① 版材不规则 ② 0号参数设置不当	① 检查版材的角尺，确认版材符合标准；在中间部200mm内，允许误差±4个数字，约±0.4mm ② 重新检查0号参数
6	版才长度与模板不符	① 版材的实际长度不标准 ② 8号参数设置不当	① 检查版材的实际长度，允许误差±10个数字，约±1mm ② 重新设置8号参数
7	报“光鼓上无版”或“光鼓上有版”请执行命令卸版	光鼓上有无版检测探头调整不当	执行105命令，使“无版检测探头”复位
8	曝光过程光鼓速度异常	① 计算机病毒，对程序攻击 ② 光鼓皮带偏松，或光鼓皮带磨损严重 ③ 电源质量不稳定	① 清除病毒 ② 调整皮带的松紧度 ③ 确保电源质量在220AC±15%内
9	激光箱温度超出工作范围（在环境温度满足的前提下）	① 测温传感器（18B20）坏 ② 恒温驱动板可能坏或线头接触不良	① 确认温度传感器工作状态可以和机架温度传感器互换查找原因 ② 用万用表测量恒温驱动板的4P插头，正常状态下，输入电压15V，输出电压约9V，如果一直偏高或偏低，则应重新定标
10	锁光失败	① 出光未对准能量检测传感器探头中心 ② 镜头、密排、能量检测传感器表面有灰尘 ③ 联线的线头接触不良 ④ 激光驱动板有问题 ⑤ 光纤与激光器耦合不良 ⑥ 光纤损坏 ⑦ 激光器损坏	① 检查对准情况 ② 对各表面的灰尘进行清洁 ③ 检查激光器的电压是否正确 ④ 检查驱动板是否有问题 ⑤ 检查光纤的耦合处，是否漏光 ⑥ 检查密排的光纤是否有漏光 ⑦ 更换激光器 可通过互换的方法，确定是哪个零件有问题
11	平衡块调整失败	① 版材是否为标准规格 ② 电机、驱动器、传感器工作是否正常 ③ 传感器安装是否正确 ④ 参数是否正确，定位、滑动齿打开的正确 ⑤ 机构的各零部件固定是否可靠	① 确认版材是标准的，制版后，不用裁切 ② 确定电机、驱动器、传感器工作正常 ③ 确定复位正确 ④ 光鼓定位准确，锁齿能有效打开 ⑤ 确认各零部件运动可靠

2．激光锁不定问题及处理方法

激光锁不定的原因：

① 出光未对准能量检测传感器探头中心。

② 镜头、密排、能量检测传感器表面有灰尘。

③ 联线的线头接触不良。

④ 激光驱动板有问题。

⑤ 激光箱的恒温控制有问题。

⑥ 光纤与激光器耦合有问题。

⑦ 光纤损坏。

⑧ 激光器损坏。

以下的介绍，以405nm激光器为主，830nm激光器可参照执行。

（1）确定激光箱的恒温控制系统是否符合工艺要求　LaBoo程序的信息提示栏中，锁光时，有温度提示，温度要求控制在23.5～26.5℃范围内。

恒温激光箱的装配要求：

① 打开Laserjust 4.10软件，执行读取功率命令，根据反馈的数值判断激光箱的温度，要求温度为25.5℃±0.5℃，如温度过高，需检查激光箱恒温箱部分散热风扇工作是否正常，恒温驱动板工作是否正常，制冷片工作是否正常。

② 检查散热风机工作状态，观察恒温控制箱内散热风机的工作状态，是否有故障风机的存在，如有，需更换散热风扇。风扇安装位置如图4-1-19所示。

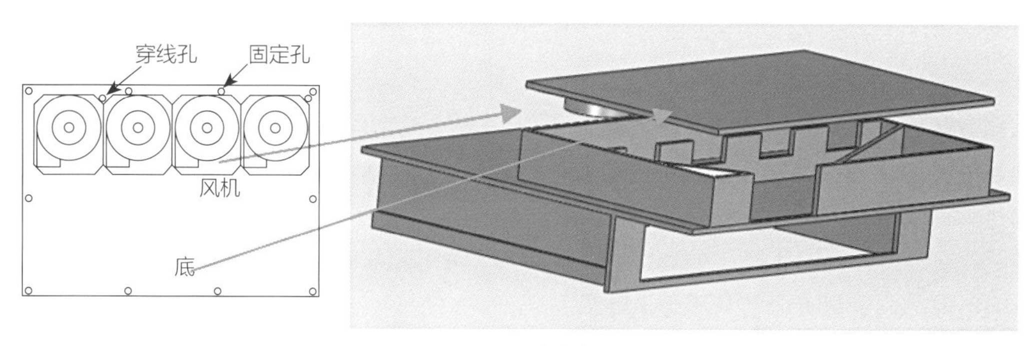

图4-1-19　风扇安装位置

（2）恒温驱动板工作状态　开启AC220V进行以下检测，如图4-1-20所示。

① 用标准10kΩ电阻替代原温度探头（热敏电阻）RT，观察恒温驱动板上的红（D1）、绿（D2）两个LED指示灯是否都处于熄灭状态。

② RT换用标准9.6kΩ电阻，观察恒温驱动板上绿（D2）亮、红（D1）灭，如图4-1-20所示。

（3）制冷片工作状态　拆卸下激光器固定铜板，检查以下内容：

① 制冷片能否正常制冷，用标准9.6kΩ电阻替代原温度探头（热敏电阻）RT，确认

图4-1-20　恒温驱动板

制冷片能正常制冷。如不能正常制冷，需更换制冷片。

② 制冷片接线是否正确，（不同制冷片线材颜色可能略有不同）需保证当恒温驱动板绿灯亮时，贴激光安装铜板的一面为值冷片的制冷面，如图4-1-21所示。

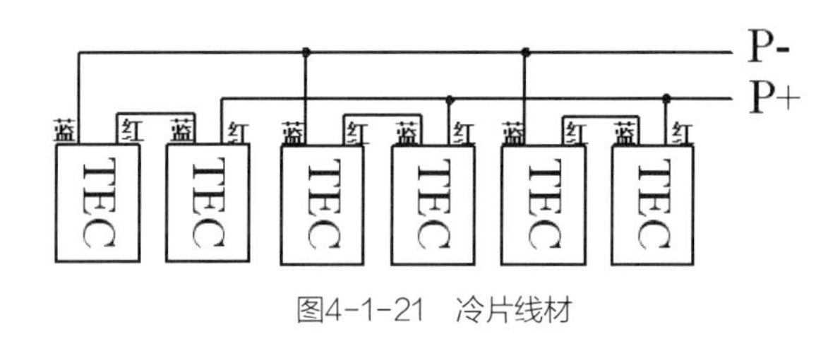

图4-1-21　冷片线材

③ 安装时电线是否跨于制冷片上表面，造成制冷片和激光安装铜板有间隙，无法进行热传递。

④ 制冷片是否有破损现象，如有破损，需更换制冷片。

⑤ 制冷片上下表面硅脂的涂抹是否适量，硅脂厚度约为一张普通纸的厚度，大约为0.1~0.3mm，如果硅脂太厚会造成制冷面和制热面通过硅脂连接进行热交换，影响制冷效果。

（4）确定是整体下降还是某几路下降　运行LaserAdjust 4.10程序，按限定电流锁定激光功率，比较于上次用同样的方法锁定的激光功率；如果激光功率整体下降，即在相同的电流下，激光功率下降或相同功率条件下，驱动电流上升。

① 确定出光点位于光电池的中心。

a. 运行LaBoo程序＞“命令功能操作”＞“平台移动”＞“发送命令”，使平台复位。

b. 运行LaserAdjust4.10程序，开启中间的某路激光，观察光斑位置，要求光斑位于光电池的中（目测或轻轻转动光电池位置，当通过软件读取激光功率的值最大时即为中心位置），如图4-1-22所示。如有问题，需调整光电池的固定位置，使其满足该要求。

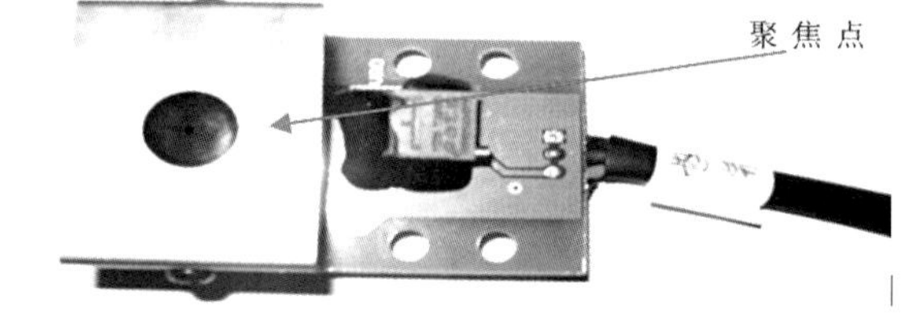

图4-1-22　测试出光点

c. 更换标准光电池，锁定光功率，如果光电池有问题，需更换；或对光电池重新定标。调节光电池电位器，直至通过光电池读取的数据和使用光功率计读取的数据相等为止，表4-1-10所示为光电池等高柱说明表。

表4-1-10　光电池等高柱说明

型号	46型	36型	26型
TP	25.4mm	20.2mm	15.4mm
UV	16.8mm	11.9mm	8.8mm

② 确定开关电源输出的正确性。电源问题的检测处理方法：用万用表直流20V档，逐个测量电路板MUVLDDRA，各标示点对应的输入电压；图4-1-23中5V-1/GND、5V-2/GND两端，要求输出电压为5.20~5.3V，如果不在此范围内则需调整开关电源HF150W-SC-5的电位器（顺时针旋转电压增加，反之减小），如图4-1-23所示。将其调整在该范围值内，5V/GND两端电压要求输出电压为5~5.1V，如果不在此范围内则需调整开关电源HF55W-D-A的电位器，调整时需注意缓慢调整，以防止调压时电压波动对驱动板和激光器的损坏。

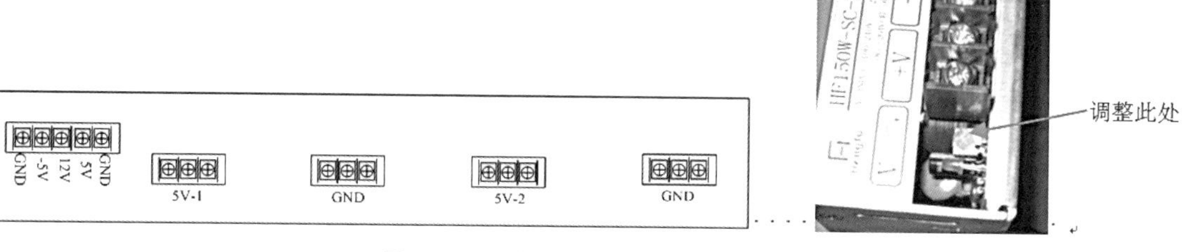

图4-1-23 电路板电压标示与电位调节

③ 灰尘污染造成激光功率下降。最常见的问题，UV机型最易受污染的位置包括镜头表面，密排头出光端污染。因镜头作为外露的原件，非常容易受灰尘及其他杂物的污染，所以，首先要检查激光镜头处是否存在污染。

擦镜头前，先执行“工程师命令”＞“运行测试命令”＞187命令，使镜头向后移动8mm，执行“191命令”，使光头向后复位。

用戴手套的手旋转丝杆与电机联接法兰，使扫描平台右移到极限位置。此时，用棉球（不脱毛棉球）蘸上少许的清洁剂（以擦拭时，没有液体流出为标准）沿着一个方向擦拭镜头，把棉球转180°，再清洁，观察棉球上是否有涨点，如还有涨点，更换一根棉球棒继续清洁，清洁完毕后，反方向转动丝杆连接法兰，使扫描平台超过原来的位置，如图4–1–24所示。

注：棉球应用长纤维的不脱毛的棉球，镜头清洗剂为90%的乙醇和10%的乙醚混合而成。

④ 密排头污染的清洁

a．拔下电源、信号联接线插头，拆卸出版架，并放好。

b．执行LaBoo程序＞“命令操作窗口”＞“平台移动”＞“发送命令”。

c．当平台移动到合适的位置后，用挡板挡一下2204光电传感器，当平台往回移动时，再挡一下2203传感器，此时，平台停住。

d．拆卸平台罩壳，用铅笔在镜头筒6#1与密排筒座上做一标记了，目的是原拆原位，如图4–1–25所示。

e．略微拧松密排筒座左侧的紧定螺钉（图4–1–26），左旋镜头筒6#1，完全松开后，把镜头筒4、6#1，向光鼓方向推，此时，可对密排表面进行清洁，如图4–1–27所示。

f．用棉球（不脱毛棉球）蘸上少许的清洁剂（以擦拭时，没有液体流出为标准）沿着一个方向擦拭密排头，直到棉球上看不到涨点。

g．拧紧镜头筒6#1，拧紧到原回，拧紧密排筒座左侧的紧定螺钉（图4–1–27）。

h．装回平台罩壳。

i．装回出版架，装回各电源、信号联接线插头。

j．机器复位，再检查功率恢复情况。

（5）如果是某路或某几路激光功率下降 某路（假设为X路）激光未锁定，原因可能是激光驱动板、联接线头部松动、激光器与光纤耦合不良、光纤损坏、激光器损坏，可用互换排除法确定。

图4-1-24　擦镜头

图4-1-25　排筒座

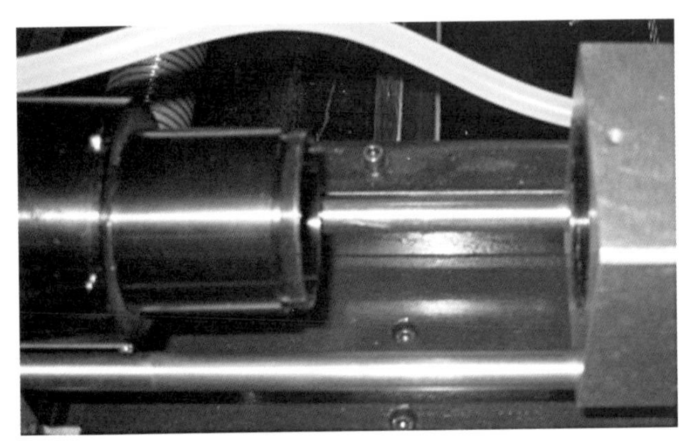
图4-1-26　密排表面

图4-1-27　清洁密排

① 确定驱动板。把X路联接激光器的插头与相邻的某路（锁光正确）互换，锁光，如果功率降低跟着X路，证明驱动板卡没问题。反之，需检查驱动板卡的问题，检查驱动板卡的联线是否可靠，若还是有问题，则更换驱动板卡，如图4–1–28所示。

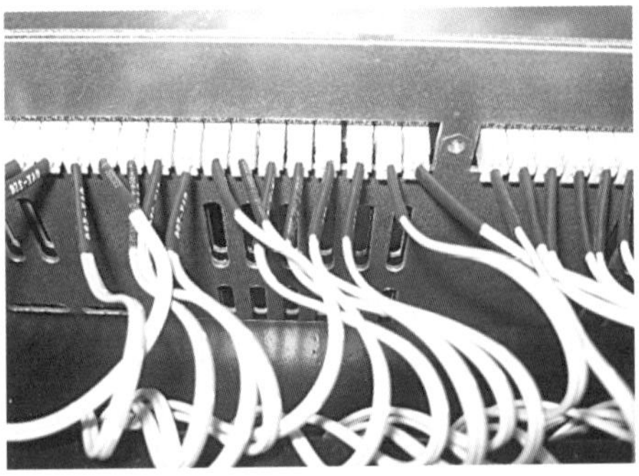

图4-1-28　检查驱动板卡

② 确定激光器与光纤耦合

a．用一字螺丝刀，插在陶瓷部金属槽中，慢慢推动光纤旋转一个角度，如60°。

b．测试功率，如果功率恢复正常，再用螺丝刀轻微摆动光纤，如果输出功率稳定，没有变化，那就是耦合有问题。

③ 确定是光纤的问题，还是激光器的问题

a．采用光纤互换的方法，确定是光纤问题，还是激光器问题，如图4–1–29所示。

b．用镊子，轻轻将X路的光纤尾端陶瓷芯推出激光器，同样操作X ± N 路（X ± N路是正常的）。

c．清洁光纤头，用专用的光纤头清洁器洁光纤头，或用无尘纸清洁光纤头，在显微镜

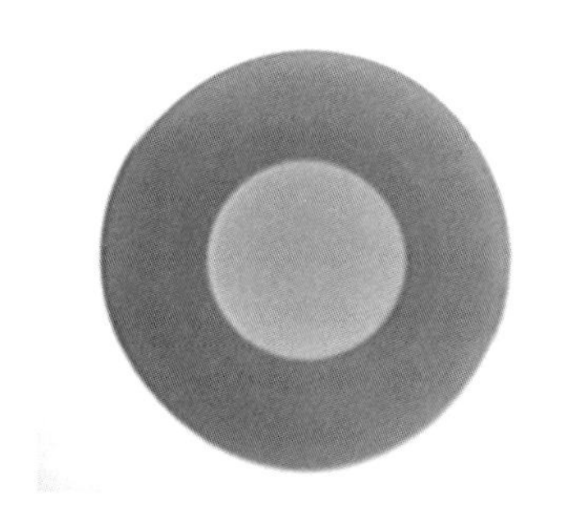

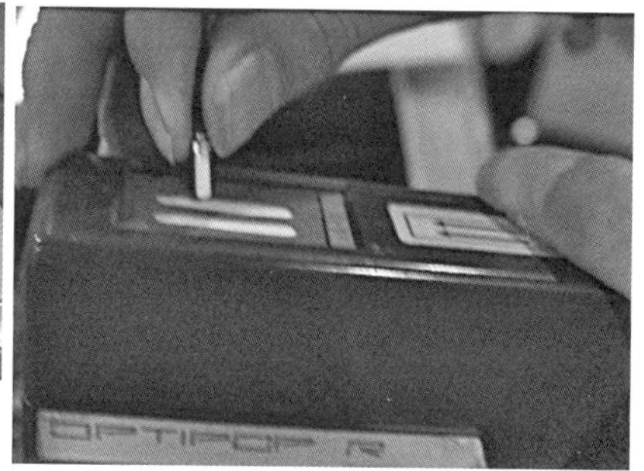

图4-1-29　确定光纤与激光器的问题

上，光纤芯径上看不到任何灰尘。

d. 把X、X ± N路互换插入。

e. 锁定激光，如果还是X路功率低，则可确定光纤密排有问题，请联系科雷客服部；如果是X ± N低，则说明功率跟着激光器走，激光器有问题，需更换激光器。

④ 更换激光器。操作时，需带防静电装置保护激光器。

a. 拨下联接激光器的插头，用内六角扳手，拧开固定激光器的压板螺钉，取出激光器，并放好。

b. 把新的激光器放入原位，激光器底面有导热硅脂，用压板固定激光器，拧紧螺钉，拧紧力适度。

c. 把激光器的插头，插入对应的位置。

d. 清洁光纤头，用显微镜观察，无任何涨点后，插入激光器的内孔。

e. 通电，检测，锁激光，功率确定达到标准。

f. 轻微转动光纤，功率不变。

g. 按第④步的e、f操作，点胶固定，垫好。

h. 复位激光箱。

i. 做好更换的记录。

（6）确定某路激光不受控的方法

运行LasetAdjust4.10程序，在功率补偿配置窗口中，双击0路对应的数值，如改为50，意味着把0路的激光功率，改成为原锁光功率的50%，在成像时，由于此路功率不够，对应此路激光的线就会变粗（阳图版），以此路为基准，就可找出有问题的光路，点击左上角“>”按钮，则可以把所有百分值一起配置到对应数字光路中，锁定功率，检查是否已按要求锁定。

发送焦距测试图到CTP，对照焦距测试条的线条部分，就可以检查，把版头放在前面，若非0路的有某激光线有问题，可从错开的焦距线中比较，0路的线比较粗，如果0路在下侧，左侧相邻的即为2路，左上侧为1路，以此类推，找出不受孔的那路激光，查找此路激光的各联接线头是否有松动，如还不能解决，则更换激光驱动板。

注：用显微镜观察时，像呈倒像。

第三节 判定印版输出质量的方法

一、查阅工作指令、工艺要求

CTP出版工在接到印刷工艺单以后，需按印刷工艺单上咬口要求对文件咬口进行调整后出版。出版前应在计算机预览中检查咬口无误后再输出。

印版输出前CTP出版工必须在输出列表中仔细核对需要输出的“产品名称”和胶印工艺单上的“拼版对象”名称是否一致，检验一致后在胶印工艺单“拼版对象”后签上检查人的名字作为检验的凭证。未经过此道检验的文件不允许输出。

作业输出设定后，放置印版并按下绿色按钮（或LOAD键），印版曝光完成后自动进入冲版机，将输出印版摆放于“待检”架子上等待检验。

1. 自检

印版完成后直接制版机输出人员对印版进行质量自检，检验版面位置，咬口方向，咬口大小正确；检验印版信号条，网点还原正常，版面无污迹；并在检验合格后将印版放置于“合格”架子上。

2. CTP版材等版情况及特殊烤版要求的确认

凡使用CTP版材的产品，一律不需要做上车版备用印版。

使用CTP版材的产品大于8万印的应烤版。

3. CTP质量专检

按照印刷施工单或标准样张为检验标准；印版检验员根据当日所需检验的印版，逐一进行检验。

检查一套印版色数是否俱全；版面角线下方处“标的”的内容：编号、产品名称、制作人、规格、色数、日期、色标是否俱全。尤其是“产品名称”必须和胶印工艺单上的“拼版对象”名称一致，此检查项目为判断印版是否合格的一个必须条件。

① 检验印版是否与签样（承印标准样张）的规格、彩图及文字一致。

② 检验整套印版咬口是否符合印刷施工单上的胶印工艺要求。

③ 检验每一印版尺寸是否正确，是否有龌龊色点等缺陷。

④ 检验完毕后做好记录。

⑤ 每一印版检验合格后，在拖梢处用白粉笔写好产品名称、色别、日期。

⑥ 凡检查出有问题的印版，同时反馈前道工序进行返工、返修或重新制作。将不合格印版做好状态标识和隔离工作，如需报废销毁的应做好销毁记录。

⑦ 印版发放应按领版申请的定单号、产品名称、色别、车号等内容，对印版进行准确发放，并做好印版出库记录。

⑧ 报废的印版，必须按一般废弃物的处置规定，集中堆放，统一处置。

⑨ 印版制作咬口，按印刷工艺单。

⑩ 印版存放条件应控制在温度17~26℃；湿度35~70%RH，原包装保质期一年。

二、成像焦距不正确

1．初调

方法及要求：

①"工程师操作">"修改设备参数">双击"19"号参数的数值（如表4-1-11所示），19号对应的值改为1200>"确定"。

表4-1-11　热敏/UV对应的19号初始值

激光器类型	19号参数对应的初始值
405nm激光器	1200
830nm激光器	1500

②"命令功能操作">选择745-605-2400为当前模板>"模板调整">"发送命令">"命令装版">"发送命令"，装一张没有曝过光的745×605版材。

③进入LaserAdjust 4.10.exe程序，打开其中一路激光为常开状态。

④"命令功能操作">"平台移动">"发送命令"，将记录头移到激光可以找到光鼓有版材的范围（移动时准备一个挡片等记录头到版材范围时，将2204号传感器挡一下，接着挡一下2203号传感器，记录头才会停在指定的位置）。

⑤松开镜头座上的锁紧镜头螺钉（两颗M3内六角），前后移动镜头并慢速转动光鼓，观察激光点到最小现象，并且会在版材上烧灼出一条很细的白线，此时为初调的最佳焦距，紧固两颗螺钉。

⑥检查该结构上的所有螺钉的紧固性。

⑦关闭激光，退出LaserAdjust 4.10.exe程序。

⑧"命令功能操作">"命令卸版">"发送命令"。

2．焦距、物距细调

进入LaBoo，选择能进行焦距测试作业的TIF文件，如科雷公司提供的焦距测试图文件"Test focus 745×605_2400__90"，如图4-1-30所示。

点击"操作">"打开输出文件"到输出作业队列，鼠标右击此作业，在下拉菜单中选择"参数设置"，进入作业模板设置界面，勾选"焦距测试"，如图4-1-31所示。

设置"聚焦测试"（建议取20，25，30以便于计算），其单位多少"次"表示输出的版材上，有多少条焦距条和"聚焦补偿"（为方便计算，建议取值为-40）。

根据设置的参数，输出焦距测试图作业。放置版时，把版头向上，如图4-1-32所示。

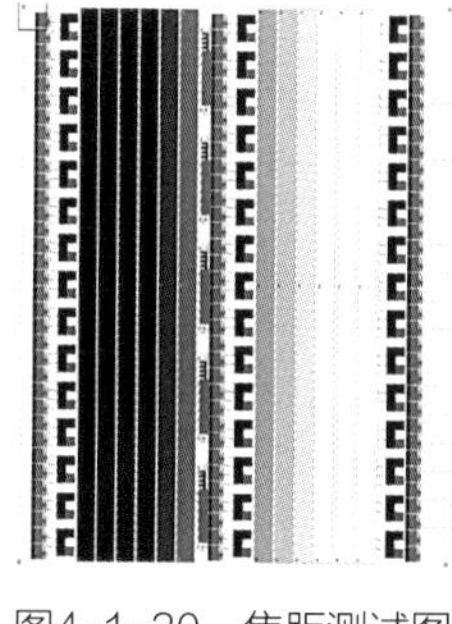

图4-1-30　焦距测试图

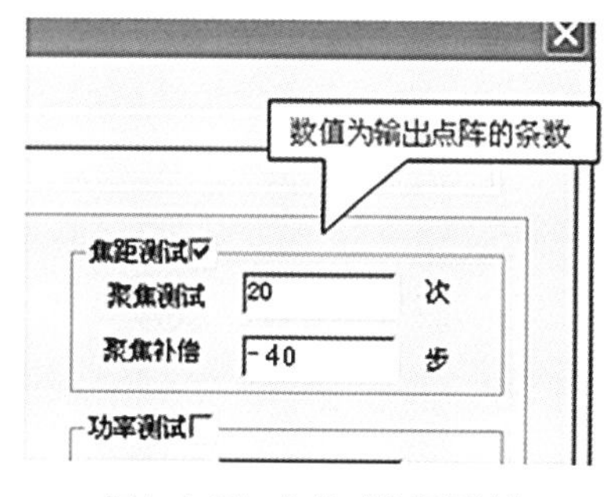

图4-1-31　勾选"焦距测试"

在版子上找到合适的焦距，方法是用肉眼观察焦距测试块中的焦距线都应全部均匀排列，没有条纹，如图4–1–33所示。或用放大镜从右往左，观察1%或2%的网点从开始有到没有都分别做上记号，然后从两边往中间数，取中间的一个，再观察焦距测试块中的焦距线都应全部均匀排列，如果有明显的线细一点或粗一点都是不正常的，1×1的网点里排列均匀，不应出现明显的深浅不均匀的现象，2×2的网点应绝对均匀，不得有任何干扰纹路，如图4–1–34所示。

例如，把版按版尾边靠近人的身体放在平台或桌面上，用放大镜从右向左看，第M个出现1%的网点，过了N个后，1%的网点消失，N/2的那一块，应该就是焦距最清晰的。那么，焦距的最佳位置位于M+N/2。

注：M是从0开始数的，如N是奇数值，可看N/2中左右两块中的小测试块中的线条，比较确认相应的焦距变化值即为：

$$(M+N/2)\times 4$$

如此次，焦距最佳值在从右边数过去的第12块上（从0开始计数），则焦距的变化值为：

$$12\times 5=60$$

$$f=F+(5\times X)=-50+(5\times 12)=10$$

用放大镜观察焦距线（图4–1–33），如果焦距线中有粗一点的线则表明物距偏小，应该将物距参数加大，反之则减小。

同时，还要观察实地部的边缘（图4–1–34），如果边缘不齐，还需要调整密排的角度（密排斜排方式），调角度的过程中会影响到物、焦距的大小，反过来物、焦距的大小也会影响到角度的变化，调整的时候应注意这个问题。

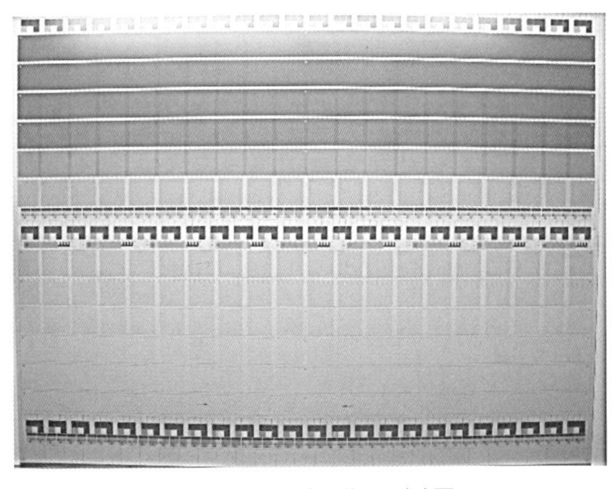

图4–1–32 输出焦距测试图

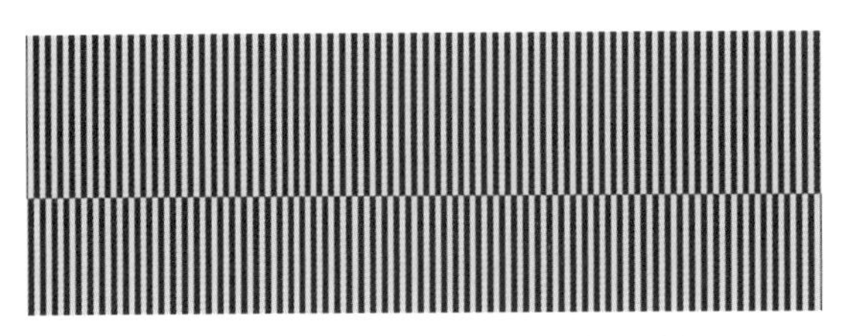

图4–1–33 观察焦距测试块中的焦距线

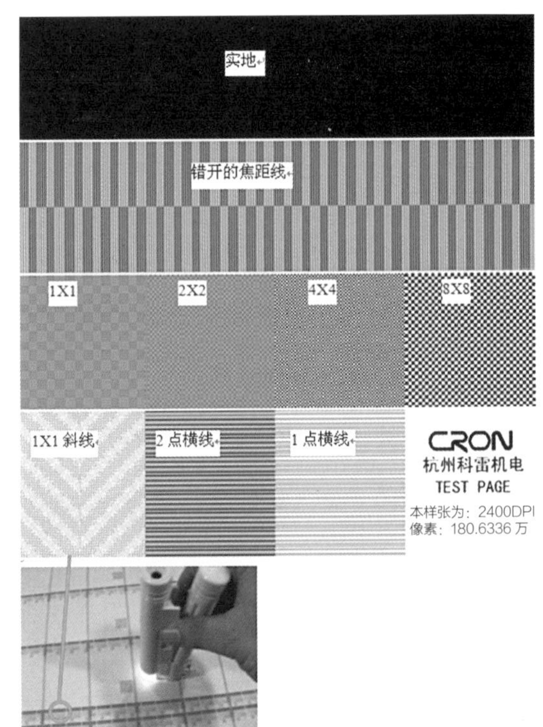

图4–1–34 焦距测试块中的焦距线

在10%~99%角度为90°的平网内不能出现任何干扰条纹。

进入“工程师操作”＞“修改设备参数”（图4-1-35），找到相对应DPI有焦距数值进行修改。

如此次为2400dpi焦距测试，焦距调整的值为10，原19号参数值为1200，加入后，更改为1210，点击“保存设备控制参数”。

表4-1-12提供了各精度焦距、物距参数，以2400dpi的焦距、物距参数为基准的对应关系，实际参数，以发版测试为准。

检查版尾压痕是否锐利没有虚影，主要验证版尾压条是否整条压实了版边。

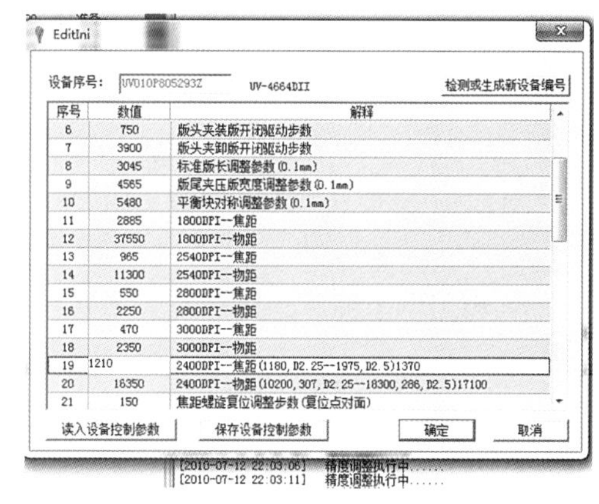

图4-1-35　DPI修改焦距值

三、版面图像位置调整

输出一张平网，注意，在作业模板参数设置的输出位置，上边空 0，左边空0，横向居中、纵向居中没有勾选，冲洗后，检查。

网线中不能有任何干扰条纹；各个区域的网点扩散率是否一致；整张版面上没有暗点，这种情况一般都为光鼓上有颗粒状的尘物或光鼓气槽边缘的金属毛刺没有修整干净影响了焦距引起的。

测量版头图像到版头版边缘的距离，如果与设计理论值不符，则调整34号参数，版头边缘与曝光点间的距离，10个参数为1mm，可以输入小数点。

测量图像边缘到版边缘（光鼓横向）的距离，如果与设计理论值不符，则调整33号参数，记录头曝光点到作业输出点距离，10个参数为1mm，可以输入小数点。

表4-1-12　各dpi的焦距、物距对应关系

参数	TP707 排列方式	UV707 排列方式	TP/UV111 排列方式	UV123 排列方式
DevParam11	X+1770	X+1650	X+1925（只用于TP）	X+1670
DevParam12	Y+22300	Y+21200	Y+19500（只用于TP）	Y+21200
DevParam13	X-245	X-265	X-325	X-265
DevParam14	Y-5040	Y-4950	Y-4700	Y-4950
DevParam15	X-715	X-680	X-815	X-680
DevParam16	Y-14400	Y-14100	Y-13200	Y-14100
DevParam17	X-1072	X-925	X-1140	X-925
DevParam18	Y-22200	Y-21200	Y-20100	Y-21200
DevParam19	X	X	X	X
DevParam20	Y	Y	Y	Y

四、光功率调整

宏观上看，图4–1–34的1×1网点部分，有没有条纹，用放大镜看，有没有深浅变化，如果有，则需对光功率进行补偿，如图4–1–36所示。

设置“最小功率”每台机器都有其合适的功率范围，设置合适的起始功率，根据设置的参数，输出功率测试图作业（如图4–1–37、图4–1–38所示）。

确保冲洗条件正确后，在输出的板材中挑选网点效果最好的焦距条（版头向上时，一般在1%网点处右边网点效果比较好，而在99%网点处左边的网点效果比较好，选择时选择网点都比较均匀的网点焦距条），并以版头向上的位置，从右向左第二个焦距条开始数。第X条为最佳焦距条，当前激光功率为P，每级增量为p_1补偿后合适的激光功率为p，则最合适的激光功率为：

$$p=P+(p_1\times X)$$

用专用仪器测量：网点的扩散率，一般测出的结果都比理论小3个百分点左右为合适；空白的区域的底灰标准在0.005以内（可以使用丙酮滴一滴在空白处，散开后应不能看到明显的色圈）。

取消“功率测试”，在激光功率后的下拉框选择与p值相等的激光功率，点击“确定”保存此参数，并对模板及待输出作业的激光功率进行更改。

图4–1–36　光功率不均匀示意

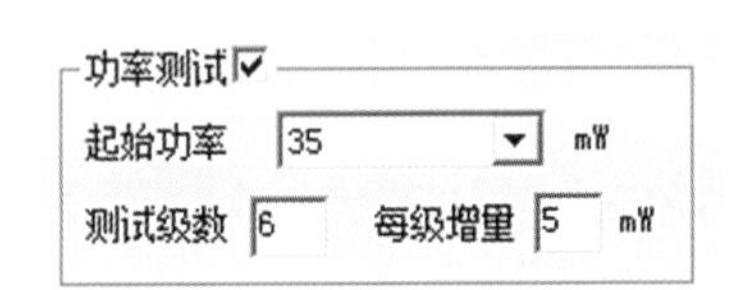

图4–1–37　勾选“功率测试”

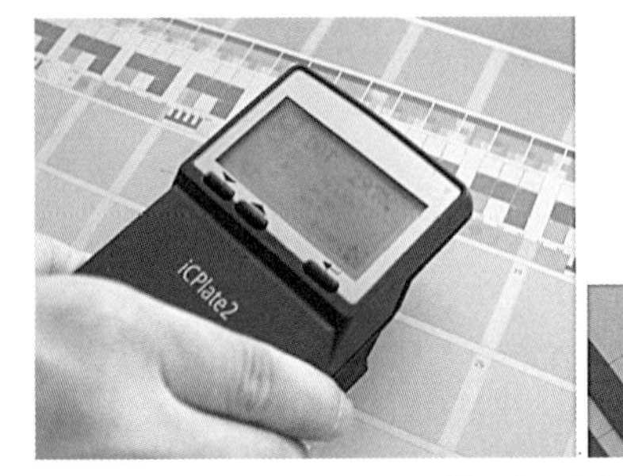

图4–1–38　使用仪器测试与分析

第四节　印前处理及制版与印刷

一、感光片和印版质量要求

（1）软片和CTP版套印准确，误差≤0.05mm；实地平实光洁，无明显墨杠、不花，网点均匀清晰。

（2）版面整洁、色标齐整，信号条各色版不重叠，紧贴出血放置，高5mm，所有颜色做实地，铺满。如遇到混拼，信号条的颜色与产品要相对应。

（3）十字线、角线要在纸张范围内出现，如不能出现要适当加长。

（4）条码清晰完整，符合国家标准。输出软片的请叠色扫条码，必须≥B级，输出CTP的，条码部分应先出软片，按软片检验标准执行。

（5）每一拼联均与批样要求一致，版面排列，尺寸符合图纸或划样要求。每一联按常规要求做好专色与专色，专色与四色之间的陷印，有特殊要求的请按备注或批样要求制作。

（6）标的齐全，位置正确，标的最上端离净角线25mm。

（7）如遇特殊咬口的产品，请按备注或批样要求制作。

二、图像扫描的质量

（1）黑白场定标准确，阶调齐全、清晰度高。

（2）扫描图像要忠实原稿、高于原稿。

（3）图文组版要考虑后工序。

（4）输出质量应字体完整、图片链接准确，陷印正确。

（5）印前数字流程版本尽可能高、能兼容最新版本的PDF文件。

（6）数码打样质量应做好打印机标准化工作，打印时选择正确的特性化文件。

第二章

培训指导

学习目标

1. 能编写培训讲义。
2. 能进行印前处理与制版基础知识讲座。
3. 能讲述本专业技术理论知识。
4. 能指导初、中、高级人员进行实际操作。

一、培训讲义的编写要求

培训讲义是培训讲师对培训文章（课本）的内容所撰写的总体概要含义，即教师为培训而编写的教材。讲义、教材是实现课程目标、实施教学的重要资源，也是学员学习的辅导材料。因此，对讲义的基本要求就是讲义内容的科学性、逻辑性和系统性，学生要能根据讲义的讲解，系统、全面地理解本课程的知识。

1．明确培训的对象

培训讲义不同于一般教材，有明确的培训对象，具有极强的针对性。因此，编写讲义时要对培训对象进行学情分析。学员的理论基础、技能操作水平、解决问题的具体方法，都必须具体研究透彻。培训的目的不是将学员的具体工作内容作简单重复，而重要的是要提高学员的基本素质和理论修养，提高学员实际的分析问题和解决问题的能力。他们不仅学会解决生产中的实际问题，还要学习新技术、新方法和新理论。

2．确定培训的内容

培训内容是在对学员学情分析的基础上确定的，而培训讲义的内容则是根据培训内容来确定的。这是培训讲义编写的核心。在确定培训讲义的编写内容时一般应考虑以下几个方面的原则。

（1）以岗位规范为准绳，突出针对性、实用性。岗位培训的职业性和定向性，决定了培训讲义的内容指向，岗位规范、岗位标准、工人技术等级标准、职业技能鉴定标准的具体要求和岗位生产工作的实际需要，是确定培训讲义内容深度、广度的准绳和依据。

（2）遵循教学规律，强调科学性。培训讲义应与教学过程有机结合，把启发式教学思想和教学方法融于其中。讲义内容应由浅入深，由易到难，由简到繁，由表及里，由特殊到一般，由基本技能、专业技能到综合技能。在学员已有知识和技能的基础上，提出新问题，分析和解决新问题，循序渐进，使学员易于理解和掌握知识与技能。

（3）讲义内容必须经过认真精选和提炼，把那些符合科学规律，经过实践检验证明，适应生产工作需要，具有典型性和代表性的知识和技能编入其中，使学员能够“举一反三”“触类旁通”。

（4）讲义内容具有先进性和超前性。不仅要包含当前生产工作所需要的知识和技能，还应包含未来所需要的知识和技能。适时增加有关的新技术、新工艺、新材料、新设备、新手段和新方法的内容，反映新生产技术和经营措施、新的经验和发明创造、新的工作进展和取得的成果，帮助学员增强适应能力和竞争能力。

（5）讲义内容科学、正确、准确、清楚。讲义中概念的说明、原理的表述、公式的应用都应力求正确；数据、事例的引用，现象的叙述，生产工作经验的介绍，都应认真选择、核对，有充分可靠的依据；技能、工艺必须标准、正确；示例、案例的编选应正确，并有典型性和示范性；图表正确、清晰；名词、术语、符号、代号、编码等的选用符合国家标准；计量单位采用国家法定单位。

3．掌握编写的原则

（1）在编写培训讲义时，应注意知识内容的编写。知识是能力训练的基础和支持系统，没有知识就形不成能力，所以理论知识是构成讲义内容极其重要的组成部分。但编写理论知识要坚持“必须”和“够用”的原则。所谓“必须”就是围绕能力训练的需要，必不可少的理论知识，少了就说不清，学不会，无法进行能力训练；所谓“够用”就是以满足需要为原则，不能把关系不大的、甚至可有可无的都加上，淹没了主题。

（2）编写理论知识要注意把新理论、新思想、新知识、新工艺、新技术、新方法、新的研究成果等写进去。使培训讲义具有鲜明的时代气息，增强了实用性。

（3）编写理论知识时，不要忽略对重要的概念和基本原理的叙述，因为这些不仅是学员必须要掌握的知识，也是与能力训练密切相关的。

4．学会编写的方法

在编写培训讲义时还要学会相应的编写方法，掌握撰写技巧。编写时文字表述要深入浅出、生动活泼、图文并茂、直观性强，融科学性、知识性、趣味性于一体，把抽象的内容化为具体可感的形象，把难懂的科学原理阐述清楚明白的编写技巧。可借助图表和实例来表述单用文字不易说清的原理、概念、技能技巧。用原理图、结构图、示意图、系统图、工艺图、表格、照片及不同的色彩，使培训讲义不仅满足内容编写要求，还具有直观、形象、生动等特点。

5．理论培训的程序和要点

技师一般对初、中、高级工进行印前处理和制作员基础理论知识的培训。对各级人员的理论学习目标一般都是与操作相关的，是进行操作时涉及的、应该掌握的起码知识。印前处理和制作员理论知识的要求是与各工序的操作相一致的，分为图像、文字输入，图像、文字处理及排版，样张制作，制版，打样样张、印版质量检验五个环节。对不同等级的理论学习目标不同，并且随着等级的增加逐渐提高。

二、培训实施步骤

（1）学习国家职业标准《印前处理和制作员》，了解初、中、高级印前处理和制作员的理论要求。

（2）调查摸底培训对象的情况，如学习基础、技能等级、工作经历、培训要求等，以便能有针对性的培训。根据培训对象的基本情况确定培训内容，制订一个培训周期内的培训进度计划。参考培训进度计划如表4-5-2所示。

（3）根据教学大纲的要求进行备课，编写教案，制订教学的具体安排。

（4）进行教学。在教学中可设计教具、PPT、实验等来辅助教学，通过案例分析或其他先进的教学方法把实际问题为学员讲清楚、讲明白，易于接受。

（5）对本次培训进行总结，找出不足，加以改进。

三、注意事项

（1）编写讲义的人员一要对所讲授的内容非常熟悉，有深刻的理解，懂得从一定的高度来编写，二要对实际操作非常熟悉，对各种设备非常了解，能够应用自如。

（2）遇到有操作的培训安排，教师在培训之前务必准备好各种操作所需的设备、仪器、工具、耗材等。

（3）理论培训要与实际操作相联系，通过理论学习让学员理解为什么要这样操作，这样操作的道理是什么，这样学员才容易理解理论的内容，容易接受。因此在进行理论讲解时，应该尽量多找出一些案例来加以说明，以便加深学员的理解。

第三章 管理

学习目标

1. 能进行印品的等级评定。
2. 能应用质量管理体系知识实现操作过程中的质量统计、分析与控制；能针对打样中可能出现的问题提出相应的预案。
3. 能依据 ISO-9001 标准制订打样工序的质量管理方案。
4. 能进行生产计划、调度、设备安全及人员的管理。
5. 能制订部门的环保作业措施；能制订、优化制版的工艺流程。
6. 能制订特殊工艺方案。
7. 能根据各工序生产情况制订生产计划。
8. 能分析产生质量问题的原因。

第一节 印刷的相关

一、ISO12647 标准

ISO12647印刷过程控制标准由国际标准化组织（International Standard Organization，ISO）内针对印刷技术的专门委员会TC130制定，其制定的国际标准主要可归纳为以下几大类：术语标准；印前数据交换格式标准；印刷过程控制标准；印刷原辅材料适性标准；人类工程学/安全标准。其中，印刷过程控制标准是印刷生产广泛应用的基础标准，在ISO/TC130中占有重要的地位，它主要规定了印刷生产过程中各关键质量参数的技术要求和检验方法。如ISO12647的一系列标准，它是按照胶印、凹印、网印、柔印、数字印刷的工艺方法划分，针对不同印刷方式的质量控制能数，规定各自的技术要求和检验方法。

ISO12647标准（印刷技术、网目调分色、样张和印刷成品的加工过程控制）是在世界范围内多个国家印刷质量委员会的综合数据基础上发展而来的。它是一系列标准包装防伪，为各种印刷工艺（胶印，凹版印刷，柔性版印刷，等等）制作的技术属性和视觉特征提供最小参数集。该标准向制造商和印刷从业者提供了指导原则，有助于将设备设定到标准状态。来自这些印刷厂的测量数据可以用来创建ICC色彩描述文件并生成与印刷色彩相匹配的打样样张。

ISO12647是建立在包括油墨、纸张、测量和视觉观察条件标准之上的标准。这个标准包括很多部分。在ISO12647标准的每一部分中，对不同的印刷工艺，定义了该工艺参数的最小值。

ISO12647-1：网目调分色样张和印刷成品的加工过程控制：参数与测量条件。包装装潢。

ISO12647-2：平版胶印。

ISO12647-3：新闻纸的冷固型胶版印刷。

ISO12647-4：出版凹版印刷。

ISO12647-5：丝网印刷。

ISO12647-6：柔性版印刷。

ISO12647-7：直接来源于数字数据的样张制作，数码印刷和打样。

简而言之，ISO国际标准有助于印刷从业者、印前部门以及印刷品买家之间进行信息交流。作为国际上通和的标准，ISO已经越来越广泛地被印刷品买家所接受和采用，也成为印刷企业进出出口业务的通行证。

而在国内，采用国际标准的印刷企业也越来越多，如凸版利丰雅高有限公司、北京圣彩虹制版印刷技术有限公司、浙江影天印业有限公司等众多知名印刷企业，甚至一些规模还不是很大的企业，在印刷生产时均严格按照ISO12647-2、ISO12647-7、ISO2846、ISO12646、ISO10128等一系列国际标准的要求去执行印刷流程的每一步操作，做到产品有序可循、有章可查、以确保产品的稳定性。

二、ISO12647-2 标准

ISO12647-2是ISO12647中的标准“印刷技术——半色调分色、打样和印刷的生产过程控制—— 第2部分：胶印机过程控制”，ISO12647-2 的可信度是建立在实地密度块和TVI（网点扩大曲线）曲线的基础上。

1. 实地CMYK色度标准

随着印刷与检测技术的发展，印刷品质控制分析研究发现印刷密度指标不能准确地控制印刷四色油墨的品质，因此ISO12647-2印刷过程控制标准于2004年发布的新标准中将印刷四色实地色的测评指标修订为以CIELab色度值为标准的值，如表4-3-1所示。

表4-3-1 ISO印刷实地标准

纸张类型	1+2			3			4			5		
	L^*	a^*	b^*	L^*	a^*	b^*	L^*	a^*	b^*	L^*	a^*	b^*
黑色衬垫测量值（On Black Backing）												
黑色	16	0	0	20	0	0	31	1	1	31	1	2
青色	54	-36	-49	55	-36	-44	58	-25	-43	59	-27	-36

续表

纸张类型	1+2			3			4			5		
	L^*	a^*	b^*	L^*	a^*	b^*	L^*	a^*	b^*	L^*	a^*	b^*
品红色	46	72	-5	46	70	-3	54	58	-2	52	57	2
黄色	88	-6	90	84	-5	88	86	-4	75	86	-3	77
红色M+Y）	47	66	50	45	65	46	52	55	30	51	55	34
绿色（B+Y）	49	-66	33	48	-64	31	52	-46	16	49	-44	16
蓝色（C+M）	20	25	-48	21	22	-46	36	12	-32	33	12	-29
白色衬垫测量值（On White Backing）												
黑色	16	0	0	20	0	0	31	1	1	31	1	3
青色	55	-37	-50	58	-38	-44	60	-26	-44	60	-28	-36
品红色	48	74	-3	49	75	0	56	61	-1	54	60	4
黄色	91	-5	93	89	-4	94	89	-4	78	89	-3	81
红色（M+Y）	49	69	52	49	70	51	54	58	32	53	58	37
绿色（C+Y）	50	-68	33	51	-67	33	53	-47	17	50	-46	17
蓝色（C+M）	20	25	-49	22	23	-47	37	13	-33	34	12	-29

2．TVI标准

在ISO12647-2胶印印刷控制标准中对印刷网点扩大进行了说明，表4-3-2列出了ISO标准纸张与胶版印刷条件下的50%阶调时的网点扩大值。图4-3-1所示为ISO根据特定印刷条件所获取的标准网点扩大曲线。

表4-3-2　ISO标准纸张与胶版印刷条件下的50%阶调时的网点扩大值

印刷条件	网点扩大值（针对不同的加网线数）		
	52LPcm	60LPcm	70LPcm
四色彩色印刷各彩色版网点扩大①			
阳图版②，纸张类型③1、2	17	20	22
阳图版，纸张类型4	22	26	—
阴图版，纸张类型1、2	22	26	29
阳图版，纸张类型4	28	30	—
轮转商业印刷等印刷条件下四色版网点扩大①			
阳图版，纸张类型1、2	12	14（A）④	16
阳图版，纸张类型3	15	17（2）	19
阳图版，纸张类型4、5	18	20（C）	22（D）
阴图版，纸张类型1、2	18	20（C）	22（D）
阴图版，纸张类型3	20（C）	22（D）	24
阴图版，纸张类型4、5	22（D）	25（E）	28（F）

① 黑版与其他彩色版的扩大值相同或大3%。

② 印版的种类相对直接制版技术应该是独立的，但在实际生产过程中往往使用不同的控制参数输出阳图版与阴图版。

③ 纸张的类型在ISO12647-2胶印标准的相关的规定。

④ A，B，C，D，E，F是图08所对应的标准曲线，曲线通过测量印刷复制品上的CMYK各色阶的色样的色度值计算后得到网点值，然后绘制曲线。

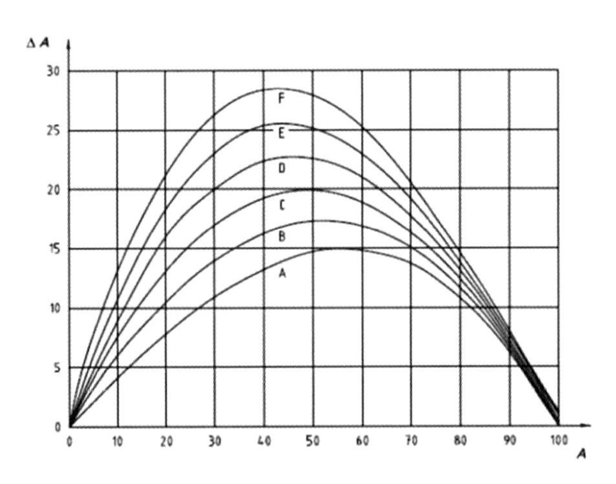

图4-3-1　ISO标准网点扩大曲线

第二节　印刷的相关质量管理

质量是一组固有特性、满足要求的程度，质量管理是在质量方面指挥和控制组织的协调活动，包括确立质量方针、质量策划、质量控制、质量保证、质量目标达到的有效性与效率。印刷产品质量是印刷品外观特征的综合表现。颜色图像产品包括图像的阶调值、层次、颜色、外观特征，文图地位，规格无误等；文字产品质量包括文字正确，墨色均匀一致、密度足够、牢固，便于阅读，管理就是为实现质量要求而努力做的工作。

质量管理方式发生重大变化。随着设备的更新与换代，材料的换代与创新，工艺技术的进步与发展，质量管理从完成后的质量检查阶段，到通过数理统计与相关图表，如直方图（搜集大量数据进行分析）、管理图（实为预防为主的控制图）、相关图（把影响质量的因素加以解决）等称为统计质量管理，到全员的，全过程的、全方位的全面质量管理，在全面质量管理的基础上建立质量管理体系。几个阶段的管理是继承发展的，不管采用哪种方式或兼用，都必须控制好、管理好，确保不符合规格的产品不流向社会。

推荐ISO9000：2000族标准。该族标准是国际标准化委员会，组织几十个国家众多质量专家，多次修改定下来的，是先进的、经济的、有效的、可行的，具有法规性和管理模式的双重作用。

1．坚持八项质量管理原则

“以客户为关注焦点，领导作用，全员参与，过程方法，管理的系统方法，持续改进，基于事实的决策方法，供需互利的关系”八条原则体现了以人为本、关注各方、重视方法、永不满足的指导思想。

2．建立质量管理体系

按十二项质量管理体系的基础要求（理论基础、产品要求、管理方法、过程方法、质量方针与目标、领导作用、文件、评价、持续改进、统计技术的作用、与其他管理体系的关注点、与组织优秀模式间的关系）建立质量管理体系。提倡前管理或叫预防管理、过程管理、系统管理的方法。结合企业实际编写质量手册、实为全系统全方位的岗位责任制；制定相关的程序文件，实为做事的步骤与方法；编写可行的作业指导书与记录表格。这样实施前有明确目标，实施过程中有明确要求、操作时有明确的根据，做后有准确的记录。可以弥补管理上知识的不足，认识上的偏差，指挥上的盲目，克服操作者目的不明、操作上的随意性。

3．统一对术语的认识

术语源于概念，是概念更高层次的概括，术语定义须明确，内涵的解释应是唯一性的。术语的“要领是指客观事物的平贡在人们头脑中的反映，是反映对象的特有属性的思维方式。”印刷技术术语（GB 9851）包括基本术语、印前术语、凸版印刷术语、平版印刷术语、凹版印刷术语、孔版印刷术语、印后加工术语等，相关人员应学懂术语而且对术语内涵的理解应一致，如果相关人员对相关的术语理解不一致，在实施过程中既做不好，也管理不好。

4．各环节应有明确的质量要求，有产品质量标准或总要求

产品质量要从源头抓起，每个环节必须达到各自的要求，原则上，上环节的问题不能流向下环节，一环扣一环，并处理好上、下接口，环环都保证，最后的产品质量才有保证。

5．做好生产管理工作

现代企业的生产与质量管理是相辅相成的、内容相互包容的。质量管理是生产管理的一部分，生产管理好了，质量管理就有了基础与保证。因此生产管理的相关知识都适用质量管理。

6．用ISO9004标准要求，持续改进与提高产品质量

ISO9000族标准是总结多种质量管理经验而提出的，为现代印刷企业提供了良好的管理模式，应该学习并采纳：用ISO9000族标准的要求，坚持八项质量原则，认真学习十二项理论基础，学懂相应的质量管理术语，并贯彻到实际工作当中；用ISO9001标准要求，结合企业实际，建立质量管理体系；用ISO9004标准要求，持续改进与提高产品质量。

印刷品的评价往往以人们目测评价为准，但各单位又有其具体的评价方法和数据标准。我国印刷行业的质量标准主要由中华人民共和国新闻出版总署印刷行业标准化委员会制定，由国家标准化委员会批准并发布。标准化工作并不意味着要求所生产的产品一模一样，只要保证每次生产出来的产品质量在允许的误差范围之内即可。因此，在具体生产时必须先清楚实际参考值和误差范围，而实际参考值的获取要使用测量和检测仪器经过多次的测量和检测得到。

对于印刷品质量的评估而言，现有国家行业标准CY/T4-1991《凸版印刷品质量要求及检验方法》、CY/T5-1999《平版印刷品质量要求及检验方法》、CY/T6-1991《凹版印刷品质量要求及检验方法》和国家标准GB/T 7705-2008《平版装潢印刷品标准》、GB/T 7706-2008《凸版装潢印刷品标准》、GB/T 7707-2008《凹版装潢印刷品标准》、GB/T 17497-1998《柔性版装潢印刷品标准》作为评判印刷品质量优劣的参考依据。

一、生产管理基本知识

生产管理是企业最根本的管理，它涉及顾主的要求与市场的需求，涉及企业管理体系与组织结构，是直接创造价值与提高产品质量的管理。中、小型企业可将设备、材料、工艺、

质量、环境、安全等内容包容在一起管理，大型企业可根据需要分项进行管理。

1．设备管理的相关内容

设备属于硬件，是生产加工的基础，其性能、能力配制、保养维修、完好状态，直接影响着生产的成败，代表着企业的综合能力，是企业竞争的条件与手段，是企业发展的保证。

（1）设备选型既要考虑其先进性、科学性，又要考虑其经济性、适用性、配套性、安全性，要学懂弄清使用说明书和要求，按操作规程实施；新进设备技师最好参加安装调试，明确设备功能和维护内容，以便使用。

（2）重视设备的配套：如生产能力的配套，功能的配套，各相关设备规格的配套，与辅助设备的配套，与所用材料的配套，与加工任务的匹配，与生产环境的符合，以便连续均衡生产，稳控产品质量，保证制作周期，提高生产效率。

（3）加强设备的保养与维修：对晒版设备的易损部件要定期检查更换，要定期测定光源的照度、光衰、照度的均匀性、稳定性等；提出设备小修计划和要求，最好参与维修，保持设备性能的良好。

（4）提高设备的完好率：设备完好度是设备管理水平的标志。设备功能、精度要达到设计要求，动力传动与润滑系统自如，控制系统灵敏，不漏油、不漏水、不漏溶液、更不能漏电，装置齐全、安全可靠、正常运转，保证顺利生产。

（5）提高设备利用率是企业管理的根本，是管理水平的综合反映，技师参与技术管理主要是为提高设备的利用率、达到提高效益和产品质量的目的。

（6）做好设备维护档案与记录工作。

2．材料管理的相关内容

企业的生存与发展，一方面要提高设备利用率；另一方面就是通过严格的管理降低材料的成本与消耗。材料的性能与供应既影响着产品质量，又影响着产品成本，有的直接影响、有的间接影响。因此材料管理必须重视。

（1）了解材料的市场信息，掌握相关材料的使用性能，货比三家，知晓性能价格比。在保证质量、保证供应、满足使用的前提下，降低成本、减少库存、杜绝积压。对采购的材料应同时索取材料的质量标准或使用说明书，并学习弄通。

（2）提高认识，加强保管。例如各类版材的保管与使用都有严格的条件。如适合的温度、湿度、暗光保存、感光材料使用前应从库房领出到工作间备用。保管过程中预防变性、变质与降低使用性能。

（3）材料使用过程中，应按物流运转要求，实行定额领取、定量使用，严格工艺规范、严格溶液配制、严格按规程操作。对新购进的材料（换了批号或型号的材料）和新型材料、应对其主要性能进行测试，如感光度、分辨率等；对常规使用的显影液，用相应的显影测控条定期对显影液性能与浓度、温度与时间、给液与补充方式进行测试，发现问趣及时调整或更换。

（4）从材料购入、保存、使用到产品交出都应符合物流程序，所有环节都应有记录，物、账、卡相符，以便分析，为降耗提供决策依据。

3．工艺管理的相关内容

工艺管理涉及的内容很宽，如果工艺管理科学合理，将会提高综合效率。

（1）工艺管理纵向上涉及生产的全过程，横向上与设备、材料、质量、环境、标准有密切关系，属于综合管理。要根据顾主对产品的要求、不同原稿的特性、设备的综合能力、原材料性能与供应状况、技术能力，确定工艺加工的内容和要求，要结合企业实际，在保证质量的前提下，内容可运作。

（2）工艺管理的相关内容必须按工艺设计的要求进行。确定产品生产路线与方法，确定使用设备与主要材料，拟定生产组织形式，定出实施进度与各环节的加工时限，规定质量控制手段与检验方法，用工艺管理把各项内容有机地结合起来，实现总体要求。

（3）工艺管理是统一认识、规范实施的重要途径，是现代企业多项（设备、材料、质量、标准、安全、环境等）管理的结合点，是硬件与软件功能的统一点，是落实岗位责任制与分工协作的联结点，是实现责权相符、运作一致、指挥畅通、减少环节或变量、实现工作高效化的切入点，是实施计算机管理的基础，是实施标准化、规范化、数据化运作的前提，并为信息化管理创造了条件。这与管理者参加操作，技师参加管理有异曲同工的作用。

（4）工艺管理的内容应符合相关法规要求（“三废”排放、安全生产等），要与企业的生产规模、产品结构、所用设备、材料性能、人员能力等相适应，与工艺设计的内容相符，与标准化、规范化、数据化的运作相符，内容应简单、明确，不能有漏项，在保证质量的前提下，工艺路线越短、越简化越好，目的是能提高效率、降低消耗、监控质量、保证周期。

（5）印前处理和制作包括图像、文字输入，图像、文字处理及排版，样张制作，制版，打样样张、印版质量检验五个环节。管理方式有两种，一种是将管理内容编成程序，通过计算机实施；另一种是用“生产通知单”或叫“作业指导书”实施，作业指导书是操作指令，必须看懂后执行。由于企业的生产结构不同，作业指导书可能是全部的，也可能是分段的，分段实施要处理好上、下接口问题。

4．实施制度化与标准化管理

相关的规章制度与标准是相关人员按一定的程序共同遵守的依据。在系统内各个方面与过程都应制定相关的规章、标准或要求，内容要切实可行，执行人要学懂，而且要求相关人员对其内容理解要一致，以规章制度、标准为依据运作，克服管理者的盲目性、操作者的随意性。

（1）标准与标准化管理既是管理手段，又是管理目标。标准分为国际标准（ISO）——由国际标准化组织通过的标准；国家标准（GB）——由国家标准化主管机构批准、发布，在全国范围内统一实施的标准；出版印刷行业标准（CY）——由新闻出版总署批准，上级备案、发布的标准。企业标准——由企（事）业或其上级批准发布的标准。从标准内容分有管理标准、产品标准、方法标准、技术标准、术语标准、服务标准等。

（2）标准是对重复性事物和概念所作的统一规定。它以科学技术和实践经验的综合成果为基础，经有关方面协商一致，经主管机构批准，以特定的形式发布。它作为共同遵守的准则和依据，具有科学性、全面性、指导性、可操作性，并有权威性、法规性。强制性标准必须执行，按国家严禁无标准不能生产的要求，推荐性标准也要严格执行。

（3）标准化的含义：标准化是一门科学，又是一项管理技术，是对实际的或潜在的问题制定共同和重复性使用规则的活动。既是人类实践活动的产物，又是规范人类实践活动的有效工具。通过制定、实施标准，达到统一，以获得最佳的秩序和效益。印刷的标准化是规范印刷操作和要求的工具、手段：一是实现图文的再现性，把顾客的要求无误一致地再现出来；二是重复性，按顾主的要求重复一致地印制出来，标准化的核心是执行标准、严格操作、重复生产，产品质量达到一致。

（4）标准与标准化工作是企业生存与发展的基础；是规范市场与企业经营生产的依据；是企业产品结构调整与产品创新的条件；是国际交流与经济交往的通用语言；是参加WTO、参与国际合作，消除国际贸易中的关税与技术壁垒，迎接全球化的挑战不可或缺的手段。因此要认清形势，提高认识，加强学习，锐意改革，大胆实践，实施好标准与标准化工作。

（5）标准与标准化工作的指导思想：要“适应市场、服务企业、加强管理、国际接轨”；要建立科学高效、统一管理、分工协作的管理体制；要制定“结构合理、层次分明、重点突出的标准体系”；要“面向市场、反映快速的运作机制，企业为主、广泛参与的开放式工作模式”。企业要明确任务、讲究方法，规范工艺、严格操作，培训队伍、落实责任，健全规章、加强管理，结合实际、稳步实施，持之以恒、取得效果。

（6）国际、国家与行业标准都是合格性的标准，是起码的要求：因此鼓励企业制定某些或全部指标和要求高于上述标准的企业标准，以求提高企业的竞争力，占领更大市场。

5. 实施现场管理

现场管理以现场为切入点，属于综合管理，应配套进行。整治现场环境，重点治理脏、乱、差、险；规范劳动组织，各岗位上的所有人要严肃而有序地工作；优化工艺路线，科学策划工艺，在保证质量的前提下，工艺越简化越好；健全规章制度，所有工作运作都要有章可循；促进班组建设，提高劳动者素质；体现综合优势，调动各方积极因素形成合力；确保安全生产，是各项管理的基础与保证。通过优化的现场管理达到：环境整洁、纪律严明、物流有序、设备完好、信息准确、生产均衡、队伍优化，实现提高生产效率、降低综合成本、稳定产品质量、确保印制周期、满足顾主要求。

二、安全技术操作规程

安全既是企业管理的出发点，又是落脚点。

（1）提高对安全管理的认识。安全工作关系到国家和人民生命财产安全，关系到社会稳定和经济的健康发展；要提高全民的素质，提高全社会和全民族的安全意识、安全知识、安全技能、安全行为与安全道德，为安全生产创造良好环境与氛围。

（2）必须实施“安全第一，预防为主，综合治理”的方针。“做到思想认识上警钟长鸣，制度保证上严密有效，技术支撑上坚强有力，监督检查上严格细致，事故处理上严肃认真”。事先对所有人进行安全教育，实施事前与过程管理，建立安全管理体系，执行相关法规，完善安全管理制度，落实安全岗位责任，加强安全综合治理，确保经营生产安全。

（3）明确安全管理的任务。以人为本，所有部门、环节、过程都不能出人身事故，预防事故，杜绝伤亡事故，确保人身安全；执行相关法规，严格按要求运作，不违法，更不能犯法，依法管理；加强设备管理，制定符合实际、能确保安全生产的操作规程与要求，预防设备事故的发生；配备符合安全生产的厂房和环境，及时或定期检查水、电、气等；高度重视消防安全，预防火灾发生；加强综合治理，凡涉及安全的人和事，都要有预案，加强管理和治理，定期或不定期检查，发现问题及时整改。

（4）建立健全安全管理机构。实施“企业负责，行业管理，国家监察，群众监督”的安全管理体制。体制明确了企业法人对安全管理的责任。因此企业要建立以法人为代表的安全管理委员会或领导小组，形成指挥畅通、行动统一的纵到底（从法人到职工），横到边（所有部门）。全方位（相关部门与环节），全时空（所有时间内）的安全管理体系。大企业要有专人管理，中小企业可设专人兼职，层层、线线都必须有人管，落实责任，分工协作，实现安全第一、预防为主、综合治理，确保企业安全，技师应该参加安全管理、掌握安全知识和要求。

（5）严格执行法规，完善安全管理制度。安全是现代企业管理重要组成部分，是安全生产统一认识与行动的准则。安全法规与企业的安全制度都是强制性的，必须认真学习、严格执行，要结合企业实际建立以安全生产责任制为核心的、能够预防与控制安全生产的各项规章制度。

（6）强化安全生产管理。安全管理有独立的管理系统，其内容又渗透到相关系统。与生产管理相配合，按谁管生产必须管安全的原则，实施安全与生产五同步：同计划、同布置、同检查、同总结、同评比。法人或委托生产管理者全权管安全工作，落实岗位责任制；与现场管理相融合，整治现场环境，提倡综合管理；与环境管理相融合，提高安全环保意识，实现安全清洁生产，防止职业病发生；实施人、物、环境、安全、法规的配套管理，不漏项，不留死角，全时空管理，确保安全生产。

安全操作规程是指操作人员操作机器设备和调整仪器仪表时必须遵守的规章和程序。一般包括：操作步骤和程序，安全技术知识和注意事项，正确使用个人安全防护用品，生产设备和安全设施的维修保养，预防事故的紧急措施，安全检查的制度和要求等。

作业人员在印前作业过程中，必须同时遵守印前作业岗位安全操作规程。

作业人员必须通过培训，了解、掌握设备性能和操作技能，经考试合格后方可上岗操作。

作业前根据相应设备的操作要求严格检查设备安全装置（急停开关）、润滑部位、电器开关、发现有异常情况，应及时请专业人员维修。

严禁明火，严禁私用电器器具，严禁易燃易爆物品带入生产现场，以防火警事故。

工作前，作业人员应按《劳动保护管理规定》要求穿、戴好预防职业危害和防止工伤事故规定的个人劳防用品。

生产现场保持清洁、干燥，严禁生产场所就餐，严禁存放各类食品。严禁外来人员进入生产现场（参观、施工等工作需要例外）。

电源线路、电源开关等装置，不得擅自更动。如发生故障，应及时报修，严禁湿手接触电源开关。

配制、使用、处置药液，作业者应戴上防护眼镜和专用手套，防止药液溅入眼睛和灼伤皮肤。

计算机部件未经部门主管同意，不得任意拆卸擅自修理。各类计算机光盘应妥善保管，尤其本公司烟标须统编归档。

移动电具的使用须遵守企业《电气安全管理规定》。

搬运、堆放、使用铝版、纸张、软片盒等原材料时，应集中思想，安全操作，落实安全措施。

设备运转时，严禁操作人员离岗，设备操作完毕后必须关机，关闭电源，确保无问题方能离机台。

按规定要求做好设备的维护和保养工作，并在ERP上做好记录。部门主管和安全员要定期对维护保养工作进行监督检查。

对在操作中产生的各类废弃物，必须按企业《废弃物管理规定》条款要求，进行分类处置，并将其堆放到指定堆放点。

下班时，必须进行安全检查，关好水龙头和窗门，按《电气安全管理规定》要求关闭电源开关，确认无问题后方可离开。

1．胶印打样机安全操作规程

（1）开机前，应仔细检查所有防护装置、警停开关是否完好。

（2）当机器运转时，操作人员不得离开岗位，禁止设备无人看管。

（3）在调换橡皮时，应扳紧所有螺丝，完成工作后，各类使用工具必须清理，严防遗落车内。

（4）设备保养时，应切断总电源，严禁在只按下停车按钮的状态下，进入设备保养。

（5）机器发生机械或电气故障，应请设备专业人员进行检修，任何无关人员不得擅自拆、修。

（6）在完成生产停车后，应切断电源，释放空压机气源。

（7）在完成生产停车后，应把油墨、溶剂妥善安放在柜内或指定安全地点。

（8）废洗车水及废揩布应按《废弃物管理规定》处理。所用洗车水及油墨每天下班时由操作人员负责还入周转间，妥善保管。

（9）下班应关闭电源、气源和门窗。

2．显影机安全操作规程

（1）更换滤芯时，应关闭循环泵。保养、清洁机器装卸辊筒时，严格按操作指导书要求进行，以防砸伤。

（2）废显影液应按《废弃物管理规定》要求进行排放。

（3）操作人员在操作过程中，如有异常，立刻停机，关闭电源请专业人员检修。

3．软片资料保管安全操作规程

（1）凡上车版软片借出企业外，须按企业规章制度办理手续。

（2）软片资料保管人员应妥善保管上车版软片，对软片的安全保管负责。

（3）资料室保管人员发放上车版软片，应严格根据印刷工艺定单和所附样张，检查无误方能发放，不得错发，并做好收发台账。

（4）工作台面的玻璃，请勿重压，以免压碎伤害人身。

（5）软片资料必须做到台账齐全，分类、放置标识清楚。报废的软片资料，交由安保部门作集中毁灭处置。

4．PS版晒版机安全操作规程

（1）使用晒版机前须检查晒版用铝版和软片，防止版子折角和黏带异物进入晒架，每晒一次，都要对橡皮平台，晒架玻璃进行检查，严防异物进入而使玻璃损碎。

（2）清洁晒版机上光源反射器，必须关闭电源。调换灯管时必须在晒架框上垫好木板，不准用手摸灯管以免烫伤手指。

（3）开启晒版机光源前，应关闭好遮光布，以免紫外光灼伤眼睛和皮肤。

（4）操作人员当班晒版完工，将所借上车版软片妥善保管好，确保上车版软片安全无损。制版打样的原版片子晒后，及时存放到指定的抽屉内并锁好，以免遗失。

（5）每一张印版通过晒、显、清、烘、检的生产流转线时，操作人员应谨慎小心，严防印版擦伤皮肉以及折坏印版。

5．烘版机安全操作规程

（1）使用烘版机时，应根据产品的技术要求设定工作温度和时间，不得随意变更温度，手不能伸入框架进出缝间强行取版，以防烫伤。

（2）烘版机机台上以及周围不准堆放易燃物品。严禁烤烘非生产的一切私用物件。操作人员工作完毕，即刻关机，关闭电源开关。

（3）机器在运转中若发生异常的声响、异味、振动或故障，应立即停车关闭电源，请专业人员检修后才准使用。检修时须将烘版机的烘室温度冷却至常温才能进行，检修时必须关闭电源。

6．计算机设计与制作安全操作规程

（1）计算机主机任何功能的部件在接线前，必须严格遵守先关机后操作的规程。

（2）计算机主机上不得堆放任何物品。

（3）开机前应检查电源线是否完好。

7．扫描仪安全操作规程

（1）设备任何功能的部件在接线前，必须严格遵守先关机后操作的规程。

（2）计算机主机上不得堆放任何物品。

（3）开机前应检查电源线是否完好。

8．激光照排机安全操作规程

（1）设备任何功能的部件在接线前，必须严格遵守先关机后操作的规程。

（2）保养、清洁机器装卸辊筒时，必须有二人配合操作，以防砸伤。

（3）废显、定影液应按废水排放要求，集中收集后交有关方处置。

9．CTP直接制版机安全操作规程

（1）严格遵守说明书“警告”“当心”和“注意”事项。

（2）更换滤芯时，应关闭循环泵。保养、清洁机器装卸辊筒时，必须有二人配合操作，以防砸伤。

（3）废显影液应按废水排放要求，排放到指定集水井中。

（4）设备上的防护板必须完好，严禁设备运行时触碰活动部件。

（5）设备故障必须由专业人员修理，穿带防护眼睛及手套，维修时必须切断电源，修复完必须装好所有防护罩及安全装置，严禁在未断电情况下拆除安全装置。

10. 数码打印机安全操作规程

（1）严格遵守“用户手册”操作。

（2）用完的废旧墨盒，应按废弃物处置规定，集中交由计算机房统一处置。

（3）禁止把手放在传送装置的切割槽口或能触摸切割刀刃口。

（4）下班后关闭电源。

11. 盒型打样机安全操作规程

（1）操作前应遵守操作手册内容程序，并正确穿戴好劳防用品。

（2）操作中应遵守安全标记及警告指示。

（3）机器运行时应与工作台保持充分安全距离，以免运行中的设备碰撞、挤压造成伤害。

（4）更换切割刀时应注意刀刃以免伤害手指。

（5）维修保养应关闭总开关。

（6）下班应关闭电源、气源和门窗。

12. 剪版机安全操作规程

（1）开机前要检查保险手柄是否关好，在确认保险手柄已关好，脚踏开关不能踏下的情况下，方可开机。

（2）每次只能剪切一张版子，在放版子、量尺寸等前期操作时，严禁打开保险手柄。

（3）前期操作完毕，应双手离开机器台面，才能打开保险手柄，进行剪切。剪切完毕，立即关好保险手柄。

（4）发现机器异常，应立即关闭总开关，请专业人员检修后才准使用。

（5）使用完毕，应立即关闭总开关。

（6）平时清理废料，保养、维修机器，应关闭总开关。

13. 自动打孔机安全操作规程

（1）严格按“操作手册”中的说明要求操作。

（2）不得随意调整光源设定及电脑程序设定。

（3）发现机器有漏气、计算机显示不清或混乱等故障，必须马上关闭电源和气源开关，请专业人员检修。

（4）及时清理打孔废料，以避免打孔废料过多掉落，造成其他机件故障。

（5）清理打孔废料或保养、维修机器时，应关闭电源和气源开关。

第三节　计算机与制版系统

一、CTP 网络环境

内存2G或以上，10000转WD硬盘，显卡256M或以上，操作系统WindowsXP /Win7 /Win8/ Win10，USB2.0Port，CPU为Intel双核E5200/7400或以上配置。

二、环境条件验收

（1）制版机所在空间环境操作温度必须在20~30℃，湿度在40%~60%。设备场地应配置温度湿度计。

（2）设备场地地面平坦度须在±4mm以内。

（3）设备准备专用地线，要求电压一定要稳定，地线直径4mm^2（用镀锌金属直径不小于10mm，深埋湿土1.5m以下）要良好，设备对地电阻≤0.5Ω，同时计算机机箱也要接地。

（4）设备配置UPS不间断供电电源（>6kVA）。

（5）设备外部连接配置35A的空开及标准的电源线。

（6）设备周边不能有因震动会对制版机造成影响的大型设备。

（7）工作间的除尘措施和达标要求应达到国家质量二级标准，即API值大于50且小于等于100。

（8）设备场地水质较差需安装净水装置，若水压不足，需安装水泵。

三、设备运输检查

（1）设备到客户处后首先检查木箱外观有无破损、有无撞击、整体木箱的完整性是否良好。

（2）拆除木箱后检查设备表面是否有油漆脱落、刮痕、罩壳凹陷、水痕、上盖移位等现象发生。

（3）根据随机清单检查与设备配套软件、工具包、配件包、简易供版台等是否完整无缺。

四、安装调试检查

（1）制版机水平测试，制版机的三只升降地角升起保证地轮处于松弛状态同时将水平尺置于光鼓表面确认左右水平；再将水平尺放于墙板表面确认前后水平。

（2）冲版机水平测试，可根据显影槽的药液进行前后左右的水平调整。

（3）确认所有固定扎带，固定装置拆除。

（4）确认所有可活动部件的正常，如平衡块、压版辊等。

（5）冲版机毛刷压力测试，剪一条PS版插入毛刷下方调 整至压力适接触状态，左右压力一致。

（6）冲版机胶辊压力测试，压力调整螺丝刚接触到胶辊轴套时，两边分别微量旋转，直至两边90°左右。

（7）冲版机功能测试，用温度计确认药水实际温度与显示温度一致；观察药水循环状态是否正常；添加制冷液、根据版材配套药水比例进行药水的添加、设置药水温度及冲洗时间，补充液浓度应高于显影槽的显影液配比。

五、制版机各项功能测试

（1）确认UPS不间断供电电源的正常连接。

（2）设备自检，设备执行相应动作时工程师应严密观察设备相关机构有无异常动作及异常声响。

（3）确认所有参数达到最佳值。

（4）激光测试，确认激光功率达到出厂标准。确认激光温度（正常范围25℃±3℃）。

（5）曝光输出确认光鼓气压符合范围值。

（6）印版测试，确认网点范围值误差在1%以内；确认1%~99%网点还原；确认印版空白部分无底灰；确认图像咬口复合要求；确认图像居中，确认印版表面无任何划伤；确认四色套印误差在0.01mm以内。

六、印版质量问题产生的原因及解决方案

1. 曝光能力不足或过大，使网点增大或损失

解决方案：采用能量测试，选择最佳能量。

2. 冲洗不足或过冲，印版产生底灰或者网点丢失

解决方案：调节冲洗时间，做好显影液补充，定期更换药水。

3. 印版有伤痕

解决方案：可能印版本身有伤痕，更换印版；可能冲版机胶辊造成，通常是胶辊表面结晶划伤，或者胶辊老化变形；清洗胶辊或者跟换变形的胶辊。

4. 咬口位置不对，或者图像不居中

解决方案：校准咬口参数和图像参数。

5. 图像错位

解决方案：通常外部干扰造成，确认接地状况良好，电源线和数据线分开捆扎。

6. 网点发虚非能量和药水问题

解决方案：镜头或者光电池表面污染，进行清洁处理，或者焦距参数偏离，校准焦距参数。

7. 四色套位不准

解决方案：调整侧规重复定位精度，使其定位精度达到0.01mm。

8. 图像在实地部分出现白线或者空白部分出现黑线（指药膜的颜色）

解决方案：可能某路激光不受控制，更换激光控制板。

9. 印版曝光一部分然后停止曝光

解决方案：可能数据传输问题，或者更换USB接口，或者更换USB线。

第五篇

平版制版

（高级技师）

第一章

工艺流程控制

学习目标

1. 能根据印品要求选定计算机直接制版（CTP）的复制曲线。
2. 能根据印前工艺中出现的问题提出解决方案。

G7印刷认证由美国的平版胶印商业印刷规范组织（简称GRACoL），结合CTP设备的多年实践，探索总结而成，其目的就是要在CTP的帮助下，实现商业胶印品质的一致化效果。

一、准备工作

预计的时间长度和工作过程全过程共需要两次印刷操作，分别为校正基础印刷和特性化印刷，各约需一到两个小时，中间需要半个小时到一个小时的印版校正，共约需半个工作日左右。所有的工作都应安排在同一天，并由相同的操作人员对同样的设备材料来完成。

1. 设备

印刷机调试到最佳工作状态，包括耗材，并检查其相关的物化参数是否符合要求。按生产厂家的要求，调节CTP 的焦距、曝光及化学药水，并使用未经线性化校正的自然曲线出版。

2. 纸张

使用 ISO1#纸，尽量不带荧光，纸张的色度参数见表4–3–1。纸张需要6000~10000 张不等，由操作效率决定。

3. 油墨

使用ISO2846–1油墨。其基本色油墨及叠印色的参数见表4–3–1。

4. 标准样张

可以从www.printtools.org 网站上购买预置好的《GRACoL7 印刷机校正范样》，也可以自己做，如图5–1–1所示（见彩插）。

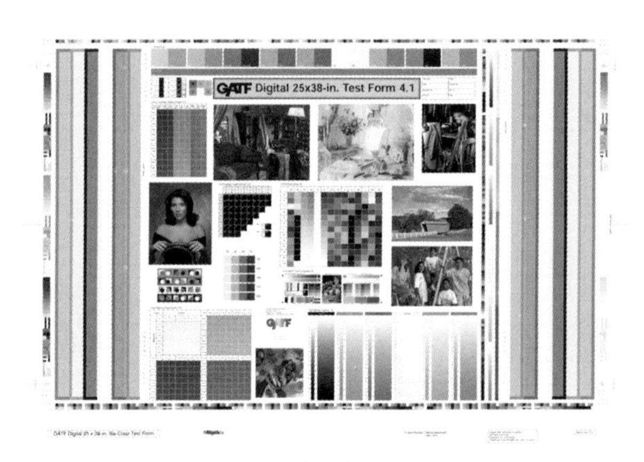

图5–1–1　标准样张示意图

标准样张应该包括：

① 两份P2P23×标准（或较新的版本），且互成180°。

② GrayFinder20标准（或较新的版本）。

③ 两张IT8.7/4特性标准样（或相当于），相互成180°，且排成一排。

④ 一条横布全纸张长的半英寸（1厘米）（50C，40M，40Y）的信号条。

⑤ 一条横布全纸张长的半英寸（1厘米）50K的信号条。

⑥ 一条合适的印刷机控制条，应包括G7 的一些重要参数，如HR，SC，HC等。

⑦ 一些典型的CMYK 图像。

5. 其他

其他设备包括有由GRACoL免费提供的NPDC图纸（如图5-1-2所示，其可通过www.gracol.org网站下载）；测量印版的印版网点测量计；分光光度计；D50 标准观察光源；做图用的曲线工具等。

注：也可以购买GRACoL的软件IDEAlink来帮助快捷完成测试工作。

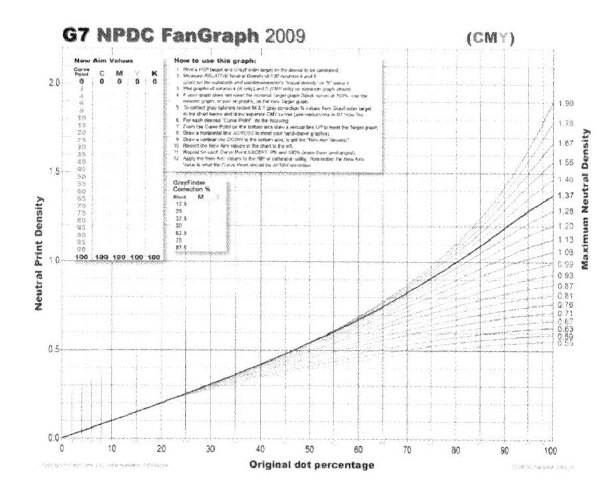

图5-1-2　NPDC 图纸示意图

二、校正基础印刷

1. 印刷条件

印刷机及其耗材都应得到正确调节，包括油墨的黏性、橡皮布、包衬、压力、润版液、环境温度、湿度等。印刷的色序建议为K-C-M-Y。最好不使用机器的干燥系统。

2. 实地密度SID

按标准实地油墨的色度值（L*a*b*）或密度值印刷（如表4-4-1所列的数据）。

3. 网点扩大曲线TVI

测量每一CMYK色版的TVI值。CMY 的每条TVI 曲线之间的差值应在 ± 3%之内，黑版略高3%~6%。

4. 灰平衡

将分光光度计设定在D50/2°，测量印张上的几个HR（50C，40M，40Y）块的灰平衡值。显示针对L*a*b*的误差组合情况，调节CMY 的油墨实地密度。

如果灰平衡不能接近目标a*、b*值，或者不能通过少量实地密度的调节来改正，那么，检查一条或多条TVI的值是否过大，油墨的色相是否对，叠印是否好，或者是油墨色序是否正确。

5. 调节印刷均匀性

这可能是印刷机校正中最难的部分。调节印刷机墨键，尽量减小印张上实地密度的偏差，最好每种油墨在印刷面上的偏差不要大过 ± 0.05，才能使灰平衡的偏差尽可能小，最好在印刷区域上或是滚筒处不超过 ± 1.0a*或 ± 2.0b*。

6．印刷速度

用1000张以上的生产速度来开动机器（预热机器），再次检查实地密度、灰平衡和均匀性。如果油墨的实地密度、灰平衡或均匀性的变化超过了数值，调节印刷机，确保得到希望的印刷要求，然后按需要再次提速，以正常的生产速度印刷，保证印刷品质量的均匀稳定。

三、CTP 的校正

1．三色 CMY曲线的校正

进行完第一次印刷后，检查P2P的第四列的色度值，中性灰有可能会做得很好，也可能不好。

（1）灰平衡达到后

① 测量P2P：选出符合要求的印刷品，干燥后测量P2P的第四列的数值相对密度值。注意，应从不同区域至少测两个读数，取其平均值。

② 绘出实际的NPDC曲线：在GRACoL的官方网站上下载免费的图纸，做出印刷输出实际的NPDC曲线图。

③ 确定标准曲线：在NPDC扇形图中，找到最接近实际生产的实地密度值的目标图。若没有，可从上下两条接近的曲线中，自己用曲线板分析画出。

④ 确定校正点：检查所实际曲线，看看在哪儿弯得最明显，然后确定需要校正的曲线点。由于人眼对亮调最敏感，因此，可以在亮调处最好多设几个点。

⑤ 校正NPDC 曲线：在每一个校正点从（60，44）处往上画一条竖线，与目标线相交并从交点处再画一条横线，（向左或向右）与标准线相交从交点处向下画一条竖线，交于坐标轴，获得一个新的目标值。在图纸上记录该值，并在每一曲线点处重复上述步骤，0和100%处不要动。

（2）未达到灰平衡

① GrayFinder：若印刷时不能实现想要的灰平衡，就可以用GrayFinder来完成校正。用一台分光光度计，测量标定青色为50%处（实际是49.8%）色块的中间，以及相邻的色块，寻找一个最接近目标的中性灰值（即0a*，–1b*）。如果中间色块最接近目标灰，那么，该设备已经灰平衡了（在50%C处），不需要做任何校正。如果最靠近目标的a*b*值不是中间的色块，注意M和Y旁边所列的百分数值。例如，如果最佳测量在+2和+3的M之间，–3Y上得到，那么所要的较好的灰平衡为+2.5M和–3Y。重复此步骤，可以为75%，62.5%，37.5%，25%和12.5%等色块，找到实际的灰平衡数值。

② 确定单色C、M、Y的NPDC曲线：在CMY图上，先画出P2P的第四列值的曲线，即为C版曲线，然后通过在GrayFinder上所找到的百分数，画出单色M和Y版的曲线，在原曲线（C版）的左边或右边。

③ 确定标准的NPDC曲线、校正点并画出新的NPDC曲线。

2．确定印刷实地密度值的标准曲线

在NPDC扇形图中，确定最接近实际印刷实地密度值的标准曲线。然后，找到需要校正的点。对每一个校正点进行校正。从下至上画一条竖线，交于目标线在交点处，画一条横线，与C、M和Y线相交在交点处，从上至下画若干条竖线，与坐标横轴相交，得到C、M、Y的三个新的目标值。在图纸的新值栏上记录CMY的目标值重复每一个曲线点，0和100%不变。

3. 单色黑版的校正

在黑版专用图纸上，将P2P第五列的数值绘上。做法可参考三色CMY的NPDC 校正。

4. 为RIP赋值

将上述CMY和K的NPDC校正结果，为RIP或校正设备赋新的目标值。有些RIP设备需要输入“测量后”的值，而不是“所需要的”值，还有些RIP需要输入校正的差值。新的目标值就是经过校正后每个曲线点都应该得到的值。

四、印刷

1. 制版

用新的RIP曲线，制作标准样张的新印版，并且将P2P上的印版值与所记录的未校正过的印版曲线进行对比，确保所要求的变化已经获得。例如，如果50%的曲线点有一个新的目标值为55%，则检查新版的50%色块处是否比未校正过的印版大约增大5%。由于印版表面测量困难，因此，只要这些值大概正确即可。

2. 印刷

使用新的印版或RIP 曲线，并且用相同的印刷条件，印刷特性标准样，最好是整个测量标准样。照着与校正印刷最后所记录相同的L*a*b*值（或密度值）来印刷。注意墨色的均匀性和灰平衡。调机时，测量HR、SC和HC值，确定印刷机满足NPDC曲线。如果可能的话，也测量P2P标准样，或者在一张空的G7图纸上动手绘出第4和5列。这些曲线此时应该可以与目标曲线完全一致。如果不是，调节实地密度，或者再多印几张让印刷机预热。检查其他参数，如灰平衡，均匀性等，其数据都在控制内，然后高速开动机器到正常印刷速度，检查测量值，看看是否到最后都很好。从现场选取至少两张或更多张，自然干燥。如果可能，再以相同的条件，进行两次或更多次的印刷机操作，从每一次印刷中选取最佳的印张，为后续工作平均化准备。

3. 建立ICC

用分光光度计，测量所选取的每一印张的特性数据，然后从平均数据中建立印刷机的ICC 文件。如果可能，存储原来测量的光谱数据，而不是CIEL*a*b*（D50）的数据。如此得到改良后的ICC文件，可以减少由于非标准光源，或是两种光源的变化而导致的同色异谱的问题。

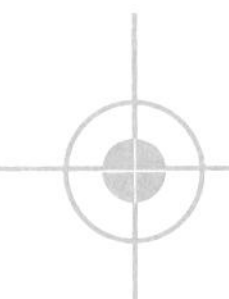

第二章

培训指导

学习目标

1. 能制订培训教学计划。
2. 能对技师及以下人员进行技术理论培训。
3. 能编写制版工作指导书。

一、相关知识

1. 培训讲义的编写

技术培训主要包括知识培训和技能培训两个方面，目的是使学员具备完成本职工作所必需的基本知识和工作技能。理论培训是学员进行的专业理论知识和专业基本知识的学习，一般以本专业为基础，跟踪新技术、提高理论水平的培训。

（1）理论培训的基本方法　理论培训是保证完成确定的教学目的和任务，师生在共同活动中所采用的方式。它包括教和学的方法，是教与学互动的过程，也是教与学的统一。理论培训的基本方法主要有：

① 讲授培训。就是通过讲解，向学员传输知识、技能等内容的培训方法。讲授比较依赖个人的语言基础和讲授技巧。一般要求讲师具有高超的传播艺术、良好的语言基础和丰富的专业知识。讲授培训的基本要求是：讲授的内容有科学性、思想性、系统性和逻辑性。讲授要具有启发性，易于理解，注重语言艺术，善于运用板书。

② 讨论培训。是在培训教师的指导下，组成学习小组，充分调动学员参与的积极性，就既定议题，通过学员与学员之间的交流发表对问题的认识和看法，进行探讨和争辩，找出个性化的解决方案，这种培训方法以学员活动为主。讨论培训可分为定型讨论、自由讨论、专题讨论等形式。

③ 演示培训。是运用一定的实物和教具，进行示范，让学员掌握某项活动的方法和要领，从而掌握职业技能的培训方法。

④ 视频培训。指运用录制的视频来进行培训。它是目前企业应用最广泛的培训方法。它通过组织收看、讨论，再由培训教师诠释，这种培训法的最大优点是：充分发挥视频的长处，即直观、形象、感染力强，能观察到许多过程细节，便于记忆；可以形象地表现难以用语言或文字描述的特殊情况；学员可以共同观察现场状况，并对学习目标进展给予快

速的反馈。

⑤ 新学徒法。一般都在工作中进行，没有课堂培训环节，学习不离岗，师傅在工作现场对徒弟进行“理论+技能”的培训方法。师傅和徒弟可针对具体的教学内容签订协议，规定责任与义务，从制度上保证了培训效果。

（2）培训讲义的编写方式　培训讲义是培训教材的前身和基础，是教学的依据和教师授课最主要的备课资料，是学员获得知识的重要来源和学习中最重要的参考资料。培训讲义是讲课文本的体现，编写过程中要求具有体系的科学性、内容的正确性、语言的规范性和编排的合理性。

培训方法不同，培训讲义的编写方式也就灵活多样。培训讲义一般有以下几种编写方式。

① 学科式培训讲义。注重对学员学历的教育，对特定专业的理论体系教育，因此在编写内容上，强调内容的系统性、理论性和完整性。在编写形式上是传统的章节式编排方式，注重章节内容之间的联系与延续。使用这种培训讲义学习内容针对性差，学习形式适应性不强。

② 问答式培训讲义。针对生产实际中的不同操作问题编写教学内容，采用一问一答形式，有较强的内容针对性。但将它用于周期较长的强化性技术培训，则显得内容零散，深度不足。

③ 模块式培训讲义。突出培训目标的可操作性，主张采用直线式教学方法对受训学员实施技能训练。在模块内容的编排上有较强的灵活性，适应不同的培训需求，在培训内容的选择上强调按需施教。

④ 自学式培训讲义。强调学员在学习中的主导作用及在学习中的及时反馈原则。学员在学习中可自定学习步骤，循序渐进地加大学习难度，并可根据练习册及测验考核册检验自己对知识的掌握程度，以便及时修正自己的学习进度。这种讲义应用在培训中可能会产生教师的主导作用与学员的主体作用相矛盾的问题。

⑤ 案例式培训讲义。这种培训讲义依靠的不是传统的“知识”体系，而是一个个教学案例。搜集案例素材的渠道一般有深入现场直接收集，通过学员收集，从企业内部提供的各种信息资料中收集，从互联网上搜集四种主要方法和强调以能力为中心、采用模块式编写体例、与学员实际联系紧密、可操作性强四个突出特点。案例式培训是能力训练的最好载体之一。

值得注意的是，培训讲义在编写过程中，应注重引导加强各级人员的道德品格培养和敬业精神的培养。技术工人是企业生产一线的主力，技术工人的素质和敬业精神直接关系到产品的质量和企业的效益。要提倡他们提高自身技术水平、刻苦钻研技术的精神。技师、高级技师是企业的骨干力量，其素质与企业的盛衰是密不可分的，因此，应当把培养劳动者的敬业精神，作为培养目标之一来抓。

2．印刷制版理论知识

（1）印刷的五大要素

① 原稿。是印刷中要被复制的实物、画稿、照片、底片、印刷品等的总称。原稿是制版、印刷的基础，原稿质量的优劣，直接影响印刷成品的质量。因此，必须选择和设计适合不同印刷方式的特定的原稿，在整个印刷复制加工过程中，还应尽量保持原稿的格调。

印刷原稿有反射原稿、透射原稿和电子原稿等。每类原稿按照制作方式和图像特点又分为照相原稿、绘制原稿、线条原稿、连续调原稿和半连续调原稿。

② 印版。是用于传递图文部分油墨至承印物上的印刷图文载体。原稿上的图文信息，体现到印版上，印版的表面就被分成着墨的图文部分和非着墨的空白部分。印刷时，图文部分黏附的油墨，在印刷压力的作用下，转移到承印物上。

印版按照图文部分和非图文部分的相对位置、高度差别或传送油墨的方式，被分为凸版印版、平版印版、凹版印版和孔版印版等。用于印版的材料有金属和非金属两大类。

③ 承印物。是能够接受油墨或吸附色料并呈现图文的各种物质的总称。随着印刷品种类的增多，印刷中使用的承印物种类也包罗万象，主要有纸张类、塑料薄膜类、塑料容器类、木材木板类、木材容器类、纤维织物类、金属类和陶瓷类等。目前用量最大的是纸张和塑料薄膜。

④ 油墨。是在印刷过程中被转移到承印物上的呈色物质的总称。油墨主要由颜料、染料色料与连结料组成，随印刷方式、承印物种类和印品用途的不同，印刷油墨的种类越来越多。随着印刷技术的发展，油墨的品种还在不断增加，但不造成环境污染，价格低廉的绿色环保油墨和数字印刷油墨将是未来油墨制造业研究的重要课题。

⑤ 印刷机械。是用于生产印刷品的机器、设备的总称。它的功能是使印版图文部分的油墨转移到承印物的表面。随着印刷技术的发展，印刷机械也从传统有压印刷的单张纸印刷机、卷筒纸印刷机、单色印刷机、多色印刷机等发展到无压印刷的数字印刷机。印刷机械是随着印刷技术的发展而变化的，但同时也影响着印刷技术的变革。

（2）印版制作

① 凸版制版。分两类，一类是传统凸印版的制作，另一类是柔性版制版。

a．传统凸印版的制作。铜锌版是通过照相的方法，把原稿上的图文信息拍摄成正向阴图底片，然后将底片上的图文，晒到涂有感光膜的铜版或锌版上，经显影、坚膜处理，再用腐蚀液将版面的空白部分腐蚀下去，得到凸起的印版。

感光树脂版是以感光树脂为材料，通过曝光、冲洗而制成的光聚合型凸版。

b．柔性版制版。所使用的版材主要有两大类，即橡皮版材和感光性树脂柔性板材。感光性树脂柔性板材现在被广泛应用。它是一种预涂感光版，晒版工艺过程为：背面曝光、主曝光、冲洗、干燥、去黏、后曝光。

② 平版制版。方法有很多，其中预涂感光版的用途最为广泛，计算机直接制版发展最为迅速，这里主要介绍这两种制版方法。

a．阳图型PS版的制版工艺流程。曝光→显影→后处理→打样。

b．计算机直接制版（CTP）就是用计算机把原稿文字图像经数字化处理和排版编辑，直接在印版上进行扫描成像，然后通过显影、定影等后处理工序或免后处理制成印版。

③ 凹版制版。一般是直接制作在滚筒上的，印刷时将凹版滚筒安装在印刷机上。从制版工艺看，凹版主要分为腐蚀凹版和雕刻凹版。

腐蚀凹版就是应用照相和化学腐蚀的方法，将所需复制的图文制作成的凹版。

雕刻凹版是利用手工，机械或电子控制雕刻刀在铜版或钢版上把图文部分挖掉，为了表现图像的层次，挖去的深度和宽度各不同。深处附着的油墨多，印出的色调浓厚；浅处油墨少印出的色调淡薄。雕刻凹版有手工雕刻凹版、机械雕刻凹版、电子雕刻凹版。

④ 孔版制版。印版图文部分由空洞组成，可透过油墨漏至承印物形成印迹，非图文部分不能通过油墨，在承印物上形成空白。丝网印刷是孔版印刷的主体。丝网制版的方法很多，有直接法、间接法、直接间接混合法以及计算机直接制版法。

（3）打样　打样是通过一定的方法由印前处理过的图文信息复制出各种校样的工艺过程。它是印刷生产过程中的一个重要环节，其作用在于：检查制版各工序的质量；为客户提供审校依据；为正式印刷提供墨色、规格等依据及参考数据。

打样主要有机械打样、照相打样、数码打样和计算机软打样。

二、操作步骤

（1）学习国家职业技能标准《印前处理和制作员》，了解平版制版员高级技师的各项操作要求，高级技师的技能和理论知识汇总见表5–2–1。

（2）根据国家职业技能标准《印前处理和制作员》中关于平版制版员的要求制订相应技能等级的教学计划。参考教学计划如表5–2–2所示。

（3）调查摸底培训对象的情况，如学习基础、技能等级、工作经历、培训要求等，以便能有针对性的培训。根据培训对象的具体情况制订相应的培训进度计划。参考“学员培训进度计划”如表5–2–3所示。

表5–2–1　高级技师的技能和理论知识汇总

职业功能	工作内容	技能要求	相关知识
1. 图像文字输入	① 图像扫描／数字拍摄	① 能生成适应印刷条件的色彩特性文件 ② 能对色彩特性文件进行编辑	① 色彩管理和色彩特性文件的生成和编辑方法 ② 扫描仪、数字照相机色彩管理专用测试色卡与处理软件
	② 图像处理	① 能根据不同印品结构，选择底色去除、非彩色结构工艺分色，并评价其优劣 ② 能校准显示器，生成显示器特性文件 ③ 能识别网点百分比，误差在3%以内	① 底色去除、非彩色结构原理及工艺特点 ② 输出设备校正的工作流程 ③ 彩色平衡、灰平衡的概念和意义
2. 图像文字处理及排版	① 图文排版	① 能利用组版软件制订并实施统一编排方案 ② 能制作各种印品的样式模板 ③ 能设计包装的立体盒型及模板	① 美学基础理论知识 ② 数据资源管理和再利用的相关知识 ③ 合版印刷的概念
	② 标准文件生成	① 能解决排版与输出不匹配的问题 ② 能通过排版软件进行色彩管理	① 排版与输出不匹配的产生原因 ② 排版软件色彩管理的方法
3. 数字打样	① 数字打样实施	① 能制订印刷机的测试样张的数据标准 ② 能使用色彩管理软件编辑色彩特性文件 ③ 能进行专色打样的色彩管理	① 国际印刷技术标准和相关的国家和行业标准 ② 色彩管理原理和控制方法 ③ 远打样的工作原理

续表

职业功能	工作内容		技能要求	相关知识
3. 数字打样	② 数字流程实施制作		① 能提出数字流程软件的功能与性能改进要求 ② 能生成印刷补偿曲线或反补偿曲线	① 数字工作流程系统的组成和功能 ② 印前处理及制版的数据化、标准化控制知识 ③ 制作印刷补偿曲线或反补偿曲线的方法
4. 制版（选择一个工作内容进行考核）	平版	① 工艺流程控制	① 能根据印品要求选定计算机直接制版（CTP）的复制曲线 ② 能根据印前工艺中出现的问题提出解决方案 ③ 能制订新工艺流程方案	① 直接制版机特性曲线的生成方法 ② 印前处理及制版的数据化、规范化控制原理 ③ 国内外先进技术的现状及发展趋势
		② 设备的调试与验收	① 能制订计算机与制版系统局域网的配置标准 ② 能对新设备进行测试验收	① 计算机网络应用知识 ② 相关新设备的技术水平及性能指标
	柔性版	① 工艺流程控制	① 能制订柔性版印刷数据化、标准化的工艺流程 ② 能推广应用新工艺、新材料、新技术、新设备，提高印品质量和生产效率 ③ 能组织技术攻关和新产品开发	① 国内外“四新”技术应用信息 ② 柔性版印刷机的特性及原辅材料的性能 ③ 国内外先进技术的现状及发展趋势
		② 设备的调试与验收	① 能提出计算机制版系统局域网的配置要求 ② 能对新设备进行测试验收	① 计算机网络应用知识 ② 相关新设备的技术水平及性能指标
	凹版	① 电子雕刻准备	① 能制订电子雕刻工艺流程 ② 能根据印刷适性设置相应的电子雕刻层次曲线	① 电子雕刻工艺规范 ② 制作雕刻层次曲线的注意事项
		② 电子雕刻控制	① 能对凹版打样出现的质量问题进行分析并制订解决方案 ② 能制订排除电子雕刻机故障的解决方案	① 不同雕刻机雕刻曲线的对应关系 ② 工艺参数的制订规范 ③ 电子雕刻机的电控原理
		③ 激光雕刻准备	① 能制订激光雕刻工艺流程 ② 能根据印刷适性生成相应的激光雕刻层次曲线	制作激光雕刻层次曲线的注意事项
		④ 激光雕刻控制	① 能对凹版打样出现的激光雕刻质量问题进行分析并制订解决方案 ② 能制订与激光雕刻工艺匹配的辅助工序加工方案 ③ 能制订排除激光雕刻机故障的解决方案	① 雕刻工艺参数的制订规范 ② 激光雕刻机的电控原理 ③ 激光雕刻质量控制范围
	网版	① 制作胶片	① 能根据印品设置印制工艺参数 ② 能设置调频加网的工艺参数 ③ 能制作艺术品多色版胶片	① 印刷适性与质量控制要素 ② 调频加网的原理及应用 ③ 丝网版画的基本知识
		② 绷网	① 能绷制异形的网版 ② 能绷制金属网版 ③ 能设计异形刮胶斗 ④ 能在异形网版上涂感光胶	① 异形网版的技术要求 ② 金属丝网的性能 ③ 异形刮胶斗的主要性能 ④ 光聚合型感光胶的特性
		③ 印版制作	① 能设置各种数字制版的工艺参数 ② 能晒制特殊要求和高精度印版	① 最佳曝光时间的测定方法 ② 计算机直接制版技术 ③ 曝光和冲洗变量的调节与控制方法

续表

职业功能	工作内容	技能要求	相关知识
5. 样张、印版质量检验	① 检验样张质量	① 能使用仪器和软件来审定数字打样的质量 ② 能利用样张检验并调节印版的印刷补偿曲线	① 制版过程中影响质量的因素及解决方案 ② 印版质量标准和检验规则
	② 检验印版质量	① 能全面准确地分析印版质量问题产生的原因 ② 能解决印版质量问题 ③ 能制订减小颜色色差值（ΔE）的解决方案	
6. 培训指导	① 理论培训	① 能制订培训教学计划 ② 能进行色彩管理理论培训 ③ 能对技师及以下人员进行技术理论培训 ④ 能编写制版工作指导书 ⑤ 能指导制订色彩管理流程和质量控制规范	① 培训讲义的编写方法 ② 印刷制版理论知识 ③ 制版过程中影响质量的因素及解决方案
	② 指导操作	① 能指导和解决生产过程中出现的技术疑难问题 ② 能指导技师按照检测标准检测产品质量 ③ 能运用新技术组织和指导技术攻关与新产品开发	① 作业指导书的编写方法 ② 解决技术疑难问题的方法 ③ 检测产品质量参数的相关标准
7. 管理	① 质量管理	① 能制订制版各工序质量要求 ② 能根据印品质量调节色彩特性文件 ③ 能对供应商来料进行验收 ④ 能制订技术升级创新方案	① 相关质量标准 ② 制版材料的相关质量管理要求 ③ 生产过程相关规定及实施方法 ④ 新技术的发展趋势
	② 生产与环境管理	① 能制订制版各工序的环境保护措施 ② 能提出节能减排和提高设备利用率的可操作性方案	① 相关环境管理体系标准 ② 制版设备利用率和成本控制方法 ③ 节能减排的管理知识
	③ 工艺控制	① 能制订和优化工艺流程 ② 能制订特殊工艺方案 ③ 能制订技术升级和创新方案	① 生产过程相关规定 ② 新技术和新工艺的发展方向

表5-2-2　印前处理和制作员（技师）教学计划

职业功能	工作内容	序号	培训内容	课程类型	参考学时	备注
（一）图像、文字输入	① 印版制版曲线的制作	①	印版制版线性化	理论课	2	
		②	印版线性曲线	一体化课	2	
		③	印刷补偿曲线	一体化课	4	
		④	印版制版曲线的制作	实习课	2	
		⑤	……			
	② 印版质量分析	……				
	③ ……					
（二）……	1.……					

表5-2-3 学员培训进度计划

学员单位:__________ 技能等级:__________ 培训讲师:__________ 培训时间:__________

周期	月 日	课时	授课内容	场地要求	备注
第一周期	9月1日	2	印版线性化的原理	一体化教室	
	9月2日	2	就去印版线性曲线制作	一体化教室/机房	
	9月3日	4	平版制版曲线的制作	流程软件，CTP制版机、印版、印版测量仪计算机等	撰写学习总结
	……				

三、注意事项

（1）培训教学计划制定前务必做好调研工作，包括单位“月工作计划”、生产管理安排、设备使用情况、操作人员技能水平等，以便培训工作实用、有效。

（2）实际操作要以目标为导向，即每次的操作要规定具体的内容，要求和要达到的效果，切忌盲目操作。

第三章

指导操作

学习目标

1. 能指导和解决生产过程中出现的技术疑难问题。
2. 能指导技师按照检测标准检测产品质量。
3. 能运用新技术组织和指导技术攻关与新产品开发。

一、相关知识

1. 作业指导书的编写方法

作业指导书是生产过程中的依据文件，也是进行标准化管理的重要基础文件。它对控制生产过程中的品质、效率、成本、安全等要素有着重要的指导作用，也为我们进行员工培训和制程改善提供了依据。

（1）编写的目的　首先明确作业指导书是程序文件的支持性文件，属于程序文件的范畴，只是内容更具体，对象只需明确回答如何做的问题，没有普遍性和统一性。一般结合本单位的实际情况进行编写，保证质量目标的实施和实现。

（2）编写的原则　按照企业内部质量管理的要求，作业指导书应具有法规性、唯一性和实用性的特点。所以只有一个原则，就是保证最科学、最有效、最实际的可操作性和良好的综合效果。

（3）编写内容　作业指导书是检测活动的技术性指导文件，其主体是作业内容和要求，因此，内容应当准确。同时，内容的表达顺序同作业活动的顺序要保持一致。

（4）编写注意事项　一是作业指导书应专注于控制影响质量的因素而不是详细的操作；二是ISO9001规定质量体系程序的“范围和详略程度应取决于工作的复杂程度、所用的方法，以及开展这项活动所需的技能和培训”，同样作业指导书的详略程度也与此有关，并应尽可能简单、实用；三是使用通俗易懂的语言进行表述，易于指导试验和管理工作；四是作业指导书应易于修改，方便实用。

2. 解决技术疑难问题的方法

当遇到技术疑难问题时，对于技术员或是技术团队来说，最关键的并不是对于技术细节的把握，而更多的是对问题处理阶段和进程的把握。一般都会经历几个不同的重要阶段。如果能清晰地把握这个过程，那么解决疑难问题的思路就会更加清晰，问题就会迎刃而解。

（1）摆正心态　很多时候，我们会因为急于解决问题，而盲目的采取各种措施，却丢失了大局观，陷入极为被动的困境。所以，当遇到技术难题时，摆正位置和心态非常重要，积极迎战，不躲不拖，甚至做好“让暴风雨来的更猛烈些”的准备。面对问题，解决问题，从解决疑难问题中体会快乐。

（2）摸清症状　所谓症状，就是异常情况的现象，其与本来预期的不同之处。面对“疑难”，“调查研究，摸清根源”最重要，是解决问题的第一方向和先决条件。建议先冷静、深入地收集本问题涉及各方的真实情况，形成第一手资料，必要时需进行测量。症状查看得越仔细越具体，甚至能获得更多量化的数据，就越容易打下分析解决的基础。

（3）分析诊断　分析，简单地说就是将上面的所有关于此症状的信息、线索、测量数据放到一起，找到它们之间的因果关系，从而找到问题出现的原因。需要注意的是：分析的结果取决于之前的线索和测量的结果，没有充分的线索和数据，是无法得出好的分析结果。原因的追溯是可以没有终点的，分析可能在继续。分析是一个系统工作，疑难问题一般都不是单一的。分析的结果往往是可能性，不见得有十足的把握。在没有对分析结果进行测试之前，都是“可能”。

（4）采取措施　我们追溯问题原因的目的，在于通过对诱因的改变去解决问题，消除故障症状。一味地刨根问底的找原因，其实并不能最终解决问题；最终是一定要落到采取措施改变诱发条件上的。基于不同层次的原因，以及你对解决问题的紧急程度，其措施也会不同。如果采取的措施有效，那么我们的技术疑难问题就得以解决了。

（5）加强学习　解决疑难没有捷径，靠的是聪明才智，聪明才智来源于勤奋和学习。目前新技术、新工艺层出不穷，建议多学习、多历练，提高专业技术水平，提升分析解决问题的能力。我们应努力向身边的高技能人才学习，“三人行必有我师”，边干、边学、边总结、边提高。我们也可借助网络，开阔视野及思路，借鉴成熟方法，有的放矢，为我所用。

3．检测产品质量参数的相关标准

（1）印刷品的产品质量与印前、印中、印后等多方面的因素有关，如印刷方式、印刷设备、印刷材料、原稿情况、制版情况等，印刷产品的最终质量则由印后加工及其设备所决定。印刷界常把评价印刷质量的方法分为主观评价、客观评价和综合评价三类：

① 主观评价。此方法通常是指用人眼而不是用仪器进行质量评判，即由人眼评价出人们对产品的主观印象。

② 客观评价。此方法本质上是要用恰当的物理量或者说质量特性参数对各方面质量进行量化描述，为有效地控制和管理各方面质量提供依据。

对于彩色图像来说，印刷质量的评价内容主要包括色彩再现、阶调层次再现、清晰度和分辨率、网点的微观质量和质量稳定性等内容。可使用密度计、分光光度计、控制条、图像处理手段等测得这些质量参数。

③ 综合评价。所谓综合评判方法就是采用主观评价方法来确定客观评价方法难以解决的变量相关之间权重的方法，即将主观评价与客观评价综合在一起的一种评价方法。由于印刷质量参数很少有独立变量，而且每个变量对图像影响的权重又不同，所以在生产实践中，通过主观的定性质量评价和客观的定量质量评价相结合的方法。

（2）印刷品在成型的过程中要经过印前、印中、印后等多道工序，每道工序都有自己相关的评判标准；印刷方式的不同（如平印、网印、凹印、柔印等），也对应自己相应的评判标准，这是各工序、各阶段的标准。

在生产实践中，除了各阶段工序的检测外，对产品的质量评价一般是参照相关的标准，通过主观、客观相结合的评价法对最终成品的检测。如观色时用规定的光源（如用CY/T3《色评价照明和观察条件》）、以量化方式多方面测量和评价印刷图像质量的新国际印刷质量标准ISO3660等。印品质量的标准评判内容主要包括：

印刷特征：① 颜色鲜艳，深浅均匀。

② 层次分明，色调丰富。

③ 阶调清晰，反差适中。

④ 套印准确，图像清晰。

外观特征：产品整洁、干净、无脏污、无任何印刷故障等。

成品特征：① 裁切尺寸符合相关标准要求。

② 最终成品符合相关标准要求。

二、操作步骤

（1）明确作业指导书的编写任务，组建编写团队。

（2）明确作业指导书的编写时间，编写目的，编写内容，编写过程及相关的人员职责，并形成书面文件。

（3）编写工序作业的具体操作步骤及注意事项（可进行必要的现场操作拍摄）。

（4）复核内容，初步制作该工序标准作业指导书。

（5）到现场进行试做，对该工序标准作业指导书进行确认。

（6）召开研讨会，总结标准作业指导书在执行过程中存在的问题，并提出解决措施。对现行标准作业指导书提出改善意见并分析其可行性。

（7）按规定的程序向主管部门审核批准。

三、注意事项

（1）编写人员编写作业指导书时应吸收操作人员参与，并使他们清楚作业指导书的内容。若涉及其他过程（或工作）时，编写人员要认真处理好接口。

（2）作业指导书属于质量体系的受控文件。作业指导书应按规定的程序批准后才能执行，一般由部门人负责人批准。经过批准的作业指导书只能规定的场合使用，并且按受控文件发放和执行，可按规定的程序进行更改和更新，但严禁使用无效版本和作废的作业指导书。

第四章

管理

学习目标

1. 能制订制版各工序质量要求。
2. 能对供应商来料进行验收。
3. 能制订技术升级创新方案。

一、相关知识

1. 相关质量标准

在推行标准化的过程中主要以国际标准、国家标准和行业标准为依据。操作者应该熟悉国家标准中与印前制版相关的主要内容。

（1）网线数　对于四色印刷，加网线数应在45～80l/cm。

推荐的标准网线：卷筒纸期刊印刷45～60l/cm；连续表格印刷52～60l/cm；商业、特种印刷60～80l/cm。

国际标准中网线比国家标准要高，过去常用的单位是线/英寸，而现在统一为线/厘米，操作者要会换算，例：60l/cm＝150l/in、80l/cm＝200l/in。

（2）网线角度　对于单色印刷，网线角度应为45°，对于彩色印刷有两种网线角度，一是无主轴的网点，即圆形与方形网点；二是有主轴网点，即椭圆形或菱形网点。

无主轴网点，C、M、K角度差为30°，Y与其他色版角度差应是15°，主色版的网线角度应是45°（网点排列的一个方向与基准方向形成最小的夹角）。

有主轴的网点C、M、K角度差是60°，Y与其他色版的角度差应是15°，主色版的网线角度应是45°或135°（轴与图像基准方向形成的夹角），Y版的网线角度为0°。

（3）网点形状与阶调值的关系　一般应使用圆形、方形和椭圆形网点。对于有主轴的网点，第一次连接应发生在不低于40%的阶调值处，第二次连接应发生在不高于60%的阶调处。

（4）图像尺寸误差　在环境稳定的情况下，一套分色片或印版各对角线长度之差不得大于0. 02%。

注：该误差包括图文照排机或直接制版机的可重复性及胶片稳定性引起的误差。

（5）阶调值总和　单张纸印刷阶调值总和小于或等于350%。卷筒纸印刷阶调值总和小于或等于300%。

注：在阶调值总和高的情况下会发生诸如叠印不牢、背面蹭脏等现象。

（6）灰平衡　灰平衡指的是用黄、品红、青三原色油墨不等量混合，并在印刷品上形成灰色。如无特别说明，灰平衡阶调值如表5-4-1所示。

表5-4-1　灰平衡阶调值

阶调	青 / %	品红 / %	黄 / %	阶调	青 / %	品红 / %	黄 / %
1/4阶调	25	19	19	3/4阶调	75	64	64
2/4阶调	50	40	40				

2．制版材料的相关质量管理要求

印刷材料管理是生产作业的前期准备，以确保产品质量，控制成本，使交货期符合合同为目的所进行的物资采购与保管等相关活动。印刷企业做好材料管理，可以增加可供使用的资源，减少损失、杜绝浪费、提高企业的经济效益。

（1）控制好制版材料品质、价格　对于印刷所使用的纸张、油墨、印版等主要材料，原则上应该尽量使用优质材料，采购部门在采购时一定要事先作好调研，对主要材料的品质、性能、数据了如指掌，并能做适性实验，在此基础上根据本企业的设备情况，资金承受能力适当选择。

选择辅助材料时，同样要慎重。因为辅料出问题时，会使制版操作出现困难，印版质量不符合要求，所以选购辅料也要经过严格的检查筛选以及经过实际生产的检验。

材料采购费用在企业经济指标中具有重要地位，其费用占全部流动资金的比例很高。材料成本对印刷企业而言是生产成本最大的费用，所以，材料的采购价格是非常重要的管理项目。在采购材料的过程中，要善于利用价格磋商的手段，来降低材料买入价格，来降低买入成本。例如，可以指定一家公司特供订货，通过集中大量采购的方式来降低价格，也可以让多家公司进行竞争之后再进行选择性购买。这些需要根据实际情况灵活掌握。

在材料使用部门实施价格管理。具体地讲，当材料使用部门凭借材料出库单从仓库领取材料时，也要把材料价格作为一个要素做成表格进行管理，让使用材料者明白购买价格、材料性能，以便掌握材料使用方法，杜绝浪费，节约材料费用。

（2）印版的存放　为保护好印版，操作者应注意以下几点：

① 防氧化。晒版完成后，应及时在版面均匀涂布一层亲水胶体，并保持版面干燥。如果没有保护层，版面直接暴露在空气之中，版面易被氧化，生成的氧化物具有亲油性，使印版上脏。

② 防潮湿。空气相对湿度大，会使印版发生电化学腐蚀，破坏非图文部分改变其亲水疏油性能。而且感光药膜吸湿力强，会自然老化，降低感光度。温度在20℃±2℃，相对湿度在60%～65%为宜。

③ 防摩擦。印版在存放时，应使版面向上。如果两印版相对重叠，应使版面朝里，并用一张纸隔开两版面，防止相互擦伤。

④ 防光解。必须在弱光（最好是黄光）下存放。在白炽灯等强光下，感光层会发生光解。

⑤ 防酸碱。常用印版版基大多选用锌或者铝。它们既能与酸反应，又能与碱反应。

⑥ 防马蹄印。在拿版时，要轻拿轻放，不要任意卷曲，避免造成马蹄印，使印版局部造成凹凸不平，损坏图文部分。

3．生产过程相关规定及实施方法

质量是企业的生存基础，质量管理是一个企业的基础管理，是企业的生命线，是企业管理的重中之重。对于印刷企业而言，质量管理的难点在于过程控制，这是由印刷企业本身所决定的。

（1）印刷工序产品质量标准的制定　在进行质量管理的时候，到底执行国家标准、行业标准还是企业标准，一般来说，应根据企业的生产、技术设备和管理水平而定，原则上制定一个标准，这样做的优点是：

① 可以在员工的思想中形成固定的质量标准，强化质量意识。

② 执行标准等于给产品加上一个保险系数。

③ 可营造核心竞争力。

④ 国标和行标都具有效力。

在实际生产中，未必任何活件都必须套用国标或行标，例如，质量要求极为苛刻的高档精细印刷产品，还有创新设计的个性化产品以及印量极少的馈赠珍藏品。它们的质量标准，需要重新制定高于国标和行标的企业标准。而该标准是企业针对自身的情况和技术质量水平制订的，仅适用于本企业的标准，具体做法是：

① 与客户沟通，充分了解客户的要求，虚心听取客户的意见，耐心细致地为客户介绍印刷加工的全过程，使客户放心。

② 制定科学、合理、完善的生产工艺，并细化、贯穿于整个生产环节，内容包括：质量标准，印前、印刷、印后的作业参数，注意事项等。

③ 高级技师要针对本企业情况组织制定企业产品质量标准。根据生产工艺质量标准，检查设备、材料以及合理调配机台操作人员，严密监控印刷全过程。

④ 印刷品质量管理标准来源于印刷实践．绝非空中楼阁。所以，高级技师一定要通晓印刷品质量控制的全过程。

（2）印刷品质量的控制

印刷工序是一个承上启下的工序，在原稿确定的前提下，产品质量既受到印前的影响又受到印后的制约。所以，印刷工序产品质量的控制必然与印前、印后有关。

① 印前。印刷品质量控制的第一关，所以，制版操作者要高度重视认真做好以下各项工作：首先要整理原稿；其次要用色彩管理的程序进行阶调复制；最后要规范晒版操作。

② 印刷。印刷品质量管理是一项烦琐而又细致的工作，尤其是在印刷方面，影响印刷品质量的因素很多，综合起来可归结为：客观因素和主观因素。客观因素一般包括印刷材料、印刷设备、印刷工艺。而印刷操作者的技术素质则是主观因素。印刷工艺在印前已经设计好了，它在印刷执行过程中的作用是对印刷过程进行监督、约束与评判，是不可改变的。所以，通常在印刷作业中不予过多考虑。

③ 印后。任何一件印刷产品，都是由很多道印后加工工序完成的，这些工序包括覆

膜、上光、烫金、模切、装订等，影响印后加工的因素也很多。

印后加工的对象是印刷半成品，它们经印后加工完成后，即作为商品与消费者见面。所以，印后加工一定要严格执行印前工艺制定的质量标准，在具体实施过程中一定要规范操作，杜绝不合格产品出厂。

（3）印刷质量管理措施

制定印刷质量管理措施是一项严肃、慎重的工作，其目的就是要提高印刷产品质量。所以，任何一个印刷企业都要结合本企业的实际状况，制定出保证质量的管理措施，并认真贯彻执行。高级技师在做这方面的工作时，应注意以下几个方面。

① 树立“质量第一”的思想：“质量第一”是质量管理的指导思想，也是企业管理的主要内容，它是衡量印刷企业道德是否高尚的标准；它是厉行节约，提高企业经济效益的重要途径，也是企业兴衰荣辱的关键，直接关系到企业员工的经济效益。所以，认真贯彻这一方针要靠经常的思想教育，现场说法，让员工牢固树立“质量第一”的思想。

② 健全质量管理的基础工作

a．做好有关质量情况的原始记录工作。原始记录是通过填写对生产经营活动所做的最初直接记录，如产量、质量及设备运转等情况。原始记录要做到“数据准确、时间及时、情况完整”。

b．做好测试和计量工作。在生产过程中做好测试和计量工作是认真执行质量标准，保证产品质量的重要手段，是企业管理的一项基础工作。

c．重视标准化工作。标准化工作包括两方面的内容，一是技术标准，二是管理标准。要求所有员工都必须按照标准从事工作。

d．要有严格的质量责任制。印刷工程是一个复杂的工艺过程，影响产品的质量因素很多，所以，必须要有严格的质量责任制，明确工作中的具体任务和责任，做到职责明确。

③ 加强现场管理。现场管理是保证和提高产品质量的关键。

a．严格控制生产工艺过程。影响印刷产品质量的五大因素是：材料、设备、工艺、环境与操作。把五大因素切实有效地控制好，及时消除不良因素，就能保证稳定的优质产品。

b．定期综合分析，掌握质量动态。定期综合分析就是要认真查看原始记录，根据质量指标，寻找产品质量的缺陷，发现废品产生和变化的规律，以采取技术和组织措施，减小或杜绝废品。

c．搞好质量检验质量。检验是企业质量管理必不可少的内容，是保证产品质量最基本、最起码的职能。检验的内容包括：进厂的原材料、生产过程中的机器设备、工艺装备、工艺规程、加工方式、半成品、成品及外包装等。检验的方法通常是预检、中间检验和最后检验。

④ 强化技能培训。培训是一种企业文化，是质量管理的一种方式。一般要根据企业的情况来确定，有时要全员培训，有时要针对性地培训。其目的是：

a．提高专业理论水平。随着科技的发展，现代印刷业无论是材料、工艺、设备及自动控制技术都发生了很大的变化，所以，一定要注意专业理论知识的学习，不断更新知识，才能掌握和了解新工艺、新设备、新技术、新材料，才能跟上时代的步伐，才能胜任工作，产品质量才有保证。

b. 提高操作水平。现在新的设备，无论是结构还是控制技术都是超前的，所以，没有娴熟的操作和高超的技艺是干不出好活的，因此，既要认真学习理论又要提高操作水平。

4. 新技术的发展趋势

产品质量是现代企业管理的重要组成部分，是企业承揽业务、占领市场、企业竞争的重要条件，涉及到企业管理的全部内容：要培训提高管理者与操作者素质与技能；要技术进步、实施设备的更新、换代与整合，提高设备的完好率与利用率；重视材料的选型，保管与使用；优化工艺路线、健全相关制度，在保证产品质量的前提下简化运作；配备符合生产要求的环境与条件，而且要兼顾绿色生态环保。

现代企业质量管理的新技术发展趋势，是采用科学的管理方法与手段，实施全方位的、全员的、全过程的前管理（或叫预防管理），用文件化、制度化、规范化并逐步实施数字化、标准化、网络化、信息化的管理。数字化工作流程是建立在技术成熟与信息准确的基础上，并将逐步成为印制系统管理的规范或标准，是生产管理的方向和目标。

（1）提高认识，认真实施八项质量管理原则

① 以顾客为关注焦点。企业依存于顾客，要理解和满足顾客的要求，这实际上是市场导向，是企业生存与发展的前提，没有市场，管理也无从谈起。

② 领导作用。领导有支配企业资源（人力、物力、环境厂房）的权力，左右着企业长远规划与实施计划，决定着企业的质量方针与质量目标。

③ 全员参与。全员参与是质量管理的深化与发展，强调的是人的作用。企业的经营生产的各级人员，都要学习各自的一、相关知识，明确自身在体系中的权限与责任，有全局意识，树立敬业精神，努力完成各自任务。

④ 过程方法。质量管理不仅要保证产品质量符合相关标准，而且必须达到顾客满意，不仅要管好影响质量的要素，而且要管好全过程。

⑤ 管理的系统方法。管理不仅需要科学方法，而且需要系统性。将全员参与和过程方法有机地结合起来，实施全员、全过程、全方位的一体化动作，是实施文件化、规范化、标准化的主要方法，是控制产品质量最有效的措施。实践证明，全部的生产过程中，任何环节、任何方面出现问题，都会影响最终的产品质量。

⑥ 持续改进。提高管理水平与产品质量，改进企业的总体业绩是永恒的目标。

⑦ 基于事实的决策方法。把想做的事和做的结果真实记录，从实际出发，对记录进行分析是有效决策和质量管理的基础，是有效的质量管理方法。

⑧ 与供方互利的关系。企业与供方都要创造价值，应是双赢的关系。

（2）提高产品质量，是企业管理的根本目标

（3）技术管理的目标

① 提高设备的配套能力，提高设备的完好率与利用率；合理使用材料，降低材料的消耗，减少或杜绝不合格品的发生；监督与控制好全过程各环节的产品质量；保证印制周期；通过实践的运作与学习提高自身的技能与管理水平；节约费用、降低企业的综合成本；用高品质、合理的价格、准确的周期与诚信、优质的服务占领市场，满足顾客的要求；实施安全生产，促进企业的健康发展。

② 按国家规划纲要的要求，企业的管理目标要与国家的宏观要求相一致。要推进经济与社会信息化，走新型工业化道路，坚持节约生产，环保生产，安全生产，实现可持续发展。加快转变经济增长方式，提高企业的工艺技术、管理、制度、产品的创新能力，调整产品结构，创出更多名牌。

③ 提高经营管理能力。

二、操作步骤

（1）学习印刷品质量标准，掌握制版质量要求。

（2）根据客户要求制定相应的质量标准。

（3）了解印刷全过程质量控制要点。

（4）制定本单位质量管理措施。

三、注意事项

（1）质量管理标准要具有可操作性。

（2）应跟踪质量管理标准的实施过程。

第五章

生产与环境管理

学习目标

1. 能制订制版各工序的环境保护措施。
2. 能提出节能减排和提高设备利用率的可操作性方案。

一、相关知识

1. 相关环境管理体系标准

ISO 14000系列环境管理标准是ISO国际标准组织在成功制定ISO 9000族标准的基础上设立的管理系列国际标准。目前ISO 14000标准的最新标准是2015版，我国等同采用该标准并颁布了GB/T 24001-2016《环境管理体系要求及使用指南》。

（1）ISO 14000系列标准的组成　ISO 14000系列标准是国际标准化组织ISO/TC 207负责起草的一份国际标准。ISO 14000是一个系列的环境管理标准，它包括了环境管理体系、环境审核、环境标志、生命周期分析等国际环境管理领域内的许多焦点问题，旨在指导各类组织（企业、公司）取得和表现正确的环境行为。

ISO 14001标准是ISO 14000系列标准的龙头标准，它的总目的是支持环境保护和污染预防，促进环境保护与社会经济的协调发展。为此，ISO 14001标准突出强调了污染预防和持续改进的要求，同时要求在环境管理的各个环节中控制环境因素、减少环境影响，将污染预防的思想和方法贯穿环境管理体系的建立、运行和改进之中。目前，现代企业正在推行实施ISO 14001环境管理体系标准。

（2）ISO 14000系列标准的作用与意义

① 有助于提高组织的环境意识和管理水平。ISO 14000系列标准是关于环境管理方面的一个体系标准，它是融合世界许多发达国家在环境管理方面的经验于一身而形成的一套完整的、操作性强的体系标准。企业在环境管理体系实施中，首先对自己的环境现状进行评价，确定重大的环境因素，对企业的产品、活动、服务等各方面、各层次的问题进行策划，并且通过文件化的体系进行培训、运行控制、监控和改进，实行全过程控制和有效的管理。同时，通过建立环境管理体系，使企业对环境保护和环境的内在价值有进一步的了解，增强企业在生产活动和服务中对环境保护的责任感，对企业本身和与相关方的各项活动中所存在的和潜在的环境因素有充分的认识。该标准作为一个有效的手段和方法，在企业原有管理机制

的基础上建立起一个系统的管理机制，新的管理机制不但提高环境管理水平，而且还会促进企业整体管理水平。

② 有助于推行清洁生产，实现污染预防。ISO 14000环境管理体系高度强调污染预防，明确规定企业的环境方针中必须对污染预防作出承诺，推动了清洁生产技术的应用，在环境因素的识别与评价中全面地识别企业的活动、产品和服务中的环境因素。对环境的不同状态、时态可能产生的环境影响，以及对向大气、水体排放的污染物、噪声的影响以及固体废物的处理等逐项进行调查和分析，针对现存的问题从管理上或技术上加以解决，使之纳入体系的管理，通过控制程序或作业指导书对这些污染源进行管理，从而体现了从源头治理污染，实现污染预防的原则。

③ 有助于企业节能减排，降低成本。ISO 14001标准要求对企业生产全过程进行有效控制，体现清洁生产的思想，从最初的设计到最终的产品及服务都考虑了减少污染物的产生、排放和对环境的影响，能源、资源和原材料的节约，废物的回收利用等环境因素，并通过设定目标、指标、管理方案以及运行控制对重要的环境因素进行控制，达到有效地减少污染、节约资源和能源，有效地利用原材料和回收利用废旧物资，减少各项环境费用（投资、运行费、赔罚款、排污费），从而明显地降低成本，不但获得环境效益，而且可以获得显著的经济效益。

④ 减少污染物排放，降低环境事故风险。由于ISO 14000标准强调污染预防和全过程控制。因此，通过体系的实施可以从各个环节减少污染物的排放。许多企业通过体系的运行，有的通过替代避免了污染物的排放；有的通过改进产品设计、工艺流程以及加强管理，减少了污染物的排放；有的通过治理，使得污染物达标排放。实际上ISO 14000标准的作用不仅是减少污染物的排放，从某种意义上，更重要的是减少了责任事故的发生。因此，通过体系的建立和实施，各个组织针对自身的潜在事故和紧急情况进行了充分的准备和妥善的管理，可以大大降低责任事故的发生。

⑤ 保证符合法律、法规要求，避免环境刑事责任。现在，世界各地各种新的法律、法规不断出台，而且日趋严格。一个组织只有及时地获得这些要求，并通过体系的运行来保证符合其要求。同时由于进行了妥善的有效的控制和管理，可以避免较大的事故发生，从而避免承担环境刑事责任。

⑥ 满足顾客要求，提高市场份额。虽然目前ISO 14000标准认证尚未成为市场准入条件之一，但许多企业和组织已经对供货商或合作伙伴提出此种要求，一些国际知名公司鼓励合作公司按照ISO 14001的要求，比照自己的环境管理体系，力争取得对这一国际标准的注册，暗示将给予正式实施ISO 14001的供应商以优先权。

⑦ 取得绿色通行证，走向国际贸易市场。从长远来看，ISO 14000系列标准对国际贸易的影响是不可低估的。目前，国际市场上兑现的“绿色壁垒”多数是由企业向供货商提出的对产品或是生产过程的环境保护要求，ISO 14000系列标准将会成为国际贸易中的基本条件之一。

实施ISO 14000系列标准将是发展中国家打破贸易壁垒，增强竞争力的一个契机。

ISO 14000系列标准为组织、特别是生产型企业提供了一个有效的环境管理工具，实施标准的企业普遍反映在提高管理水平，节能降耗，降低成本方面取得不小的成绩，提高了企业产品在国际市场上的竞争力。

（3）ISO 14001：2015环境管理体系标准

见相关标准。

2．制版设备利用率和成本控制方法

设备利用率是表明设备在数量、时间和生产能力等方面利用状况的指标。提高设备利用率是提高印刷企业经济效益的重要目标，而提高设备利用率的措施则是实现这一目标的重要内容。

一般而言，制版设备利用率低下的因素有：制版故障造成的停机；制版设备调整的非生产时间（即制版准备时间）；设备空转和短暂停机；生产有缺陷的产品和降低设备的产量（开机造成的损失）。为全面提高制版设备生产利用率，可从实现制版设备效率的最大化，制订彻底有效的制版设备预防性维护计划，建立持续改进制版设备利用率的实施小组，在企业内实施全面生产质量管理和激励政策四个方面着手。

制版设备成本不但包括一次性购置设备的付出，还包括使用过程中的维护、保养、维修等。制版设备成本控制就是控制制版设备的购置、使用、维护、维修和能力的充分发挥。可从以下几个方面加强管理。

（1）制版设备引进的决策要正确　设备引进决策正确与否是印刷企业控制成本的第一关键条件和前提。印刷企业在购进制版设备时，要综合分析拟购设备的性能、价位和配件、维修、服务成本等，设备要适应所在印刷市场的活源与供求关系，以提高设备的开工率，减少停机成本。还要了解该设备的寿命周期，在设备的优势年龄段购入。

（2）要做好制版设备的日常运行和维护　企业设备管理部门或生产部门要制定制版设备的日常管理、维护制度，并对车间生产实施过程进行检查监督；日常的维护要有书面制度，如定时定位查看、清洁等；制定周、月、年保养的具体范围和内容；还要灵活掌握保养的时间，忙时可以适当延期，闲时就要仔细检修，一定要从设备方面做好充分准备，防止关键时刻掉链子。

（3）易损件的购备要形成三级标准目录　配件、易损件应分别按不同时限提前购进，并按存货的最低数量随时补充，以保证生产的不间断进行；非易损件紧急损坏时的处置要有预案，要有最短的供货途径和时间；最好有不止一个以上的供货渠道，做到双保险。

（4）应把设备的设计能力发挥到极限　为适应市场激烈的竞争，印刷企业普遍缩短了印刷设备的折旧年限，因此，要求我们在有限的时间内，要充分发挥出制版设备的生产能力。要在设备调试、磨合好以后，依据产品情况，在许可的前提下，尽量提高制版设备使用效率。

3．节能减排的管理知识

广义而言，节能减排是指节约物质资源和能量资源，减少废弃物和环境有害物（包括三废和噪声等）排放；狭义而言，节能减排是指节约能源和减少环境有害物排放。

我国早在1997年制定、1998年正式施行的《中华人民共和国节约能源法》，将节能赋予法律地位。内容涉及节能管理、能源的合理利用、促进节能技术进步、法律责任等。该法明确了我国发展节能事业的方针和重要原则，确立了合理用能评价、节能产品标志、节能标准与能耗限额、淘汰落后高能产品、节能监督和检查等一系列法律制度。

印刷企业作为服务加工型企业，并非工业企业中的耗能大户，因此印刷企业的节能关键是在生产的各个能源使用环节上要减少损失和浪费，提高其有效利用程度。印刷企业主要节能措施有：

（1）热能节约 热能主要使用形式是为印刷工艺过程某环节加热、对原料和产品的热处理、企业建筑冬季采暖等，节能途径的关键是提高热交换过程的效率、尽可能使用低晶位的热能，特别是余热。如印刷企业的印前制版显影、胶印油墨干燥、凹印色间干燥、无线胶订上胶等环节，都是可以节约热能、利用余热的环节。

（2）电能节约 电能作为全球应用最广的二次能源，已得到普遍地应用。但在传输和使用中不可避免地会有损耗。提高输电效率、提高用电设备的利用率，将对节约能源起到重要作用。印刷企业作为终端用电户，节电措施应为淘汰低效电机或高耗电设备，改造原有电机系统调节方式，推广变频调速、独立驱动等先进用电技术，正确选择电加热方式，降低电热损失。

（3）水能节约 水资源短缺是我国尤其是北方地区经济社会发展的严重制约因素，中国已开始进入用水紧张时期。印刷企业在生产中的胶片显影、印版显影、印刷机循环冷却、印刷车间冷却等都较大量用水，提高用水设备的能源利用效率，采用新工艺降低产品生产的有放用水，从而能够直接节约水能。

（4）降低能耗 加强企业科学的组织管理，通过各种途径减少原材料消耗，如纸张、油墨、润湿液、版材、胶片、胶辊、橡皮布、洗车水、用胶、薄膜等，在保证印刷品质量的前提下，既要减少印刷直接能耗，也要减少印刷间接能耗。

（5）提高印刷设备利用率 先进印刷设备的投资巨大，每年的设备维护、维修费用也不小，如何充分利用好印刷设备，发挥好印刷设备的全部功能，使其达到最大限度的使用，减少印刷设备的非工作时间，特别是还要付出成本的维修，就是充分利用了印刷设备。

二、操作步骤

（1）了解产品加工工艺流程和产品质量的要求。

（2）对全面质量管理诸多因素进行分析与控制。

（3）在实施过程中，找出需要调整或重点加以控制的因素，稳定产品质量。

（4）实施全面质量控制和综合管理。

三、注意事项

（1）各从业人员应积极学习环保部印发的《国家环境保护标准“十三五”发展规划》。

（2）各单位应开展多种形式的宣传教育活动，普及绿色印刷知识，增强全行业从业人员的绿色印刷意识。

参考文献

［1］ 穆健．实用电脑印前技术［M］．北京：人民邮电出版社，2008.

［2］ 谢普南，王强译．印刷媒体技术手册［M］．北京：世界图书出版公司，2004.

［3］ 田全慧，张建青，莫春锦．印刷色彩控制技术［M］．北京：印刷工业出版社，2014.

［4］ 科雷机电初级培训手册．杭州科雷机电工业有限公司，2017.

［5］ 科雷机电中级培训手册．杭州科雷机电工业有限公司，2017.

［6］ 佳盟优联数字化工作流程操作手册，北京佳盟锐普科技发展有限公司，2017.

［7］ PDF文件，百度百科，https://baike.baidu.com.

［8］ 字库．百度百科，https://baike.baidu.com.

［9］ 赵广，姚磊磊．科印网．ISO 12647-7数码打样新标准话你知．http://www.keyin.cn /people /mingjia zhuanlan /201710/30-1107622.shtml.

［10］沈伟志．数码打样色彩管理认证．科印传媒数码印刷，2010.

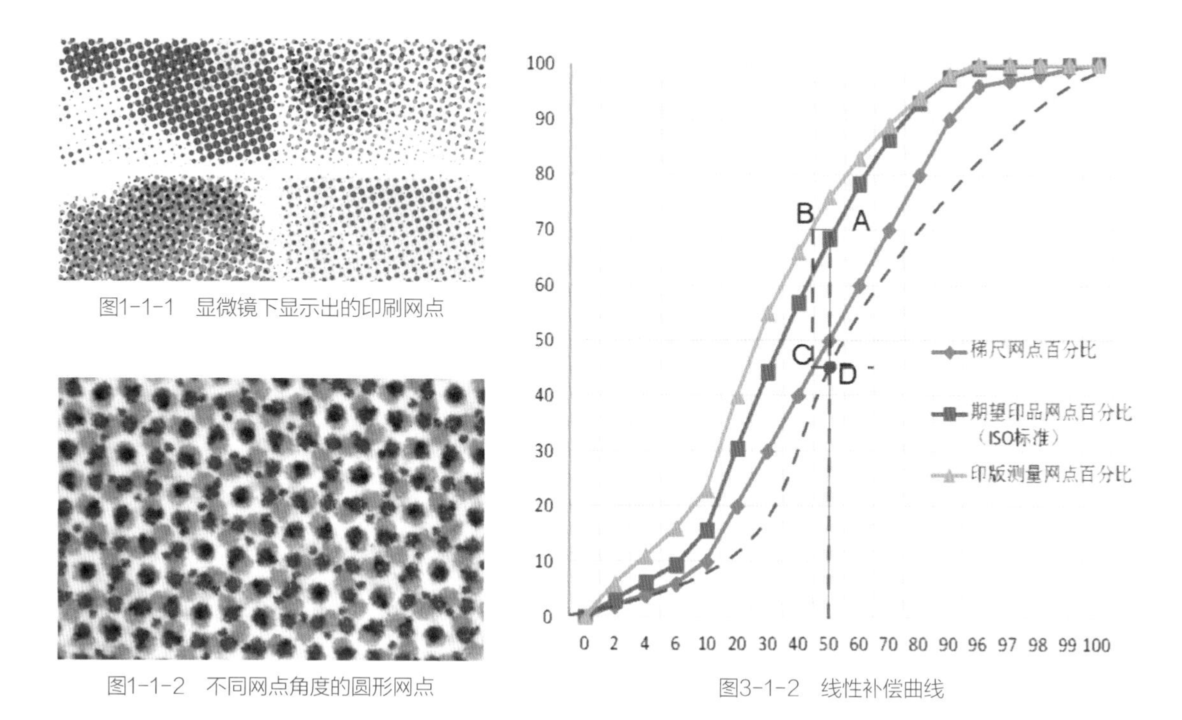

图1-1-1　显微镜下显示出的印刷网点

图1-1-2　不同网点角度的圆形网点

图3-1-2　线性补偿曲线

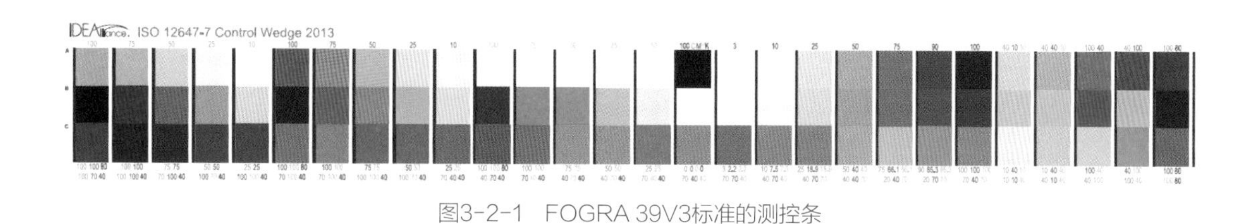

图3-2-1　FOGRA 39V3标准的测控条

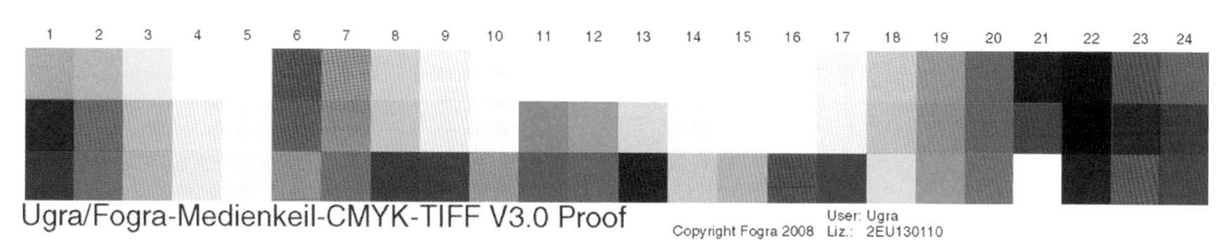

图3-2-2　ISO 12647-7数码打样的国际标准测试文件

图3-3-5　GATF4.1数字测试文件印刷常见故障测试区

（b）套印测试区

图3-3-6　GATF数字测试文件最大墨量测试区与套印测试区

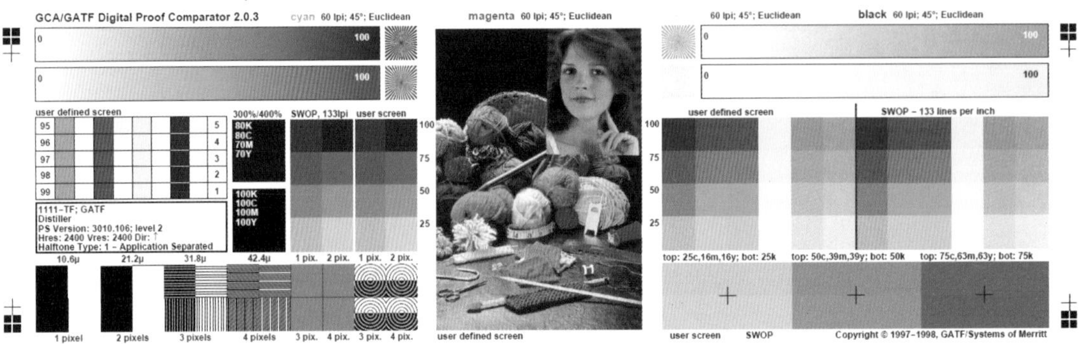

图3-3-7　GATF数字测试文件数字校样比较区

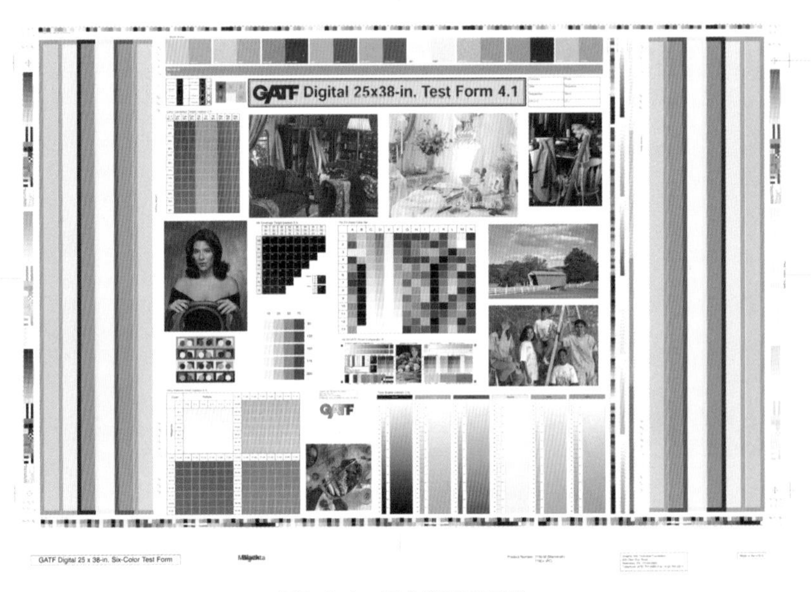

图5-1-1　标准样张示意图